序

任意の配列を改変するゲノム編集（Genome Editing）技術は，基盤となるゲノム編集ツール（部位特異的ヌクレアーゼ）の発明によって，最近5年間で急速に開発が進んできた．特にCRISPR/Cas9システムが発表された2012年以降，われわれの予想をはるかに越えたスピードで技術開発が進行し，基礎から応用までのさまざまな分野へ展開している．すでにゲノム編集は，すべての研究者のためのバイオテクノロジーといっても過言ではなく，ライフサイエンス研究の激しい競争に勝つための必要不可欠な技術になっている．生物種にもよるが，遺伝子機能解析に当然のようにゲノム編集を求められる時代がもう間もなく来るかもしれない．

ゲノム編集は簡単に導入できる技術となったが，『論文や実験書を参考にしても思い通りに遺伝子改変ができない』という声をたびたび耳にする．技術的な問題の場合もあるが，細胞株や生物種の固有の問題（遺伝子導入効率やDNA修復活性の依存度など）が原因でゲノム編集効率が上がらないこともあるようである．そのため，対象とする培養細胞や生物でのゲノム編集研究の状況（成功例やDNA修復経路に関する情報）をまず把握して，実験を開始することが依然として重要であると感じている．特に，相同組換え（HR）に依存した遺伝子ノックインは，HR活性が低い細胞株や生物種では，まだまだハードルの高いゲノム編集であり，目的の改変に到達するまでに予想以上の時間を要する場合もある．

本書は，2014年3月に刊行された実験医学別冊「今すぐ始めるゲノム編集」の内容をアップデートするとともに，Q＆Aとすることで読者の疑問に効率よく答えることをめざして編集を行った．各生物のゲノム編集で想定される問題について，国内トップレベルの研究者が的確に回答しており，最新のゲノム編集法について理解できる内容となっている．とはいえ，ゲノム編集技術は日々進歩しており，常に新しい方法に目を向ける必要があることも忘れてはいけない．

国内のゲノム編集に関する技術開発は，現状では海外に大きく遅れをとっている．本書を参考にして多くの研究者が積極的にゲノム編集を取り入れ，若手研究者がこの技術の開発に参入してくれることを強く願っている．最後に，本書の作製にあたってご協力いただいた筆者の方々や，羊土社編集部の方々に心より感謝いたします．

2015年11月

山本　卓

実験医学別冊
論文だけではわからない
ゲノム編集成功の秘訣Q&A
TALEN、CRISPR/Cas9の極意

目次

第9章 カイコでのゲノム編集

大門高明

第10章 線虫でのゲノム編集

杉　拓磨

第11章 植物でのゲノム編集

安本周平，關　光，刑部祐里子，刑部敬史，村中俊哉

第12章 その他の生物でのゲノム編集

山本　卓

第Ⅲ部 その他のQ&A

第1章 応用技術について 佐久間哲史

第2章 情報収集について 佐久間哲史

第3章 ゲノム編集生物の取り扱いについて 田中伸和，山本 卓

巻頭ガイド

ゲノム編集実験の流れ

（佐久間哲史，山本　卓）

1 実験に必要な材料・設備を準備しよう

TALEN, CRISPR/Cas9を導入する対象

培養細胞・動植物個体

TALEN, CRISPR/Cas9の評価に必要なもの

・変異検出用プライマー
・変異検出用試薬　など

TALEN, CRISPR/Cas9の導入に必要なもの

・トランスフェクション試薬 / 装置
・マイクロインジェクション装置
・TALEN，CRISPR/Cas9 発現ベクター　など

その他

細胞の培養や生物の飼育に必要な設備，ゲノム情報　など

各細胞・生物で必要な設備等は**第Ⅱ部**の各章を参考に準備しましょう．

2 TALEN, CRISPR/Cas9の標的配列の選定とベクターの構築をしよう

TALENを使用する場合

標的配列：
TALE-NT などを利用して選定しましょう．

ベクターの構築：
Addgeneのキットなどを利用して作製しましょう．キットに含まれるプラスミドを連結することで作製できます．

CRISPR/Cas9を使用する場合

標的配列：
CRISPRdirectなどを利用して選定しましょう．

ベクターの構築：
Addgeneのベクターなどを利用して作製しましょう．ベクターの他に，sgRNAの鋳型となる合成オリゴDNAが必要です．

第Ⅰ部や**第Ⅱ部**の関連する各章を参考に，設計と構築を進めましょう．
ベクターやRNA，タンパク質をメーカーから入手することも可能です．

3 TALEN, CRISPR/Cas9を培養細胞・動植物個体に導入しよう

TALEN, CRISPR/Cas9
- 発現ベクター
- RNA
- タンパク質
- ウイルスベクター

ドナーDNA
- プラスミド
- 一本鎖 DNA
- ウイルスベクター

導入
- トランスフェクション（リポフェクション，エレクトロポレーション）
- マイクロインジェクション
- ウイルスベクターの感染　など

培養細胞・動植物個体

各細胞や生物で最適な導入法が異なります．
第Ⅱ部を参考に，相応しい手法を選択しましょう．

4 TALEN, CRISPR/Cas9の効果を評価しよう

TALEN，CRISPR/Cas9 を導入した細胞や動植物個体

変異率の検討・PCR ベースでのジェノタイピング　など

フェノタイプ観察・蛍光顕微鏡観察　など

ゲノム構造の解析（サザンブロッティングなど）

発現解析（ウエスタンブロッティングなど）

機能解析・レスキュー実験など

オフターゲット解析など

どのようなゲノム編集を施したか，どの細胞・生物に適用したか，また実験の目的などによって，評価の方法もさまざまです．**第Ⅰ部**，**第Ⅱ部**，**第Ⅲ部**の各章の情報を参考に，適切な解析を行いましょう．

執筆者一覧

編　集

山本　卓　　広島大学大学院理学研究科数理分子生命理学専攻

執筆者（50音順）

伊川正人　　大阪大学微生物病研究所遺伝子機能解析分野

刑部敬史　　徳島大学農工商連携センター

刑部祐里子　　徳島大学農工商連携センター

落合　博　　科学技術振興機構さきがけ/広島大学大学院理学研究科数理分子生命理学専攻

川原敦雄　　山梨大学大学院総合研究部医学教育センター

木下政人　　京都大学大学院農学研究科応用生物科学専攻

佐久間哲史　　広島大学大学院理学研究科数理分子生命理学専攻

笹倉靖徳　　筑波大学生命環境系下田臨海実験センター

杉　拓磨　　京都大学物質－細胞統合システム拠点/科学技術振興機構さきがけ

鈴木賢一　　広島大学大学院理学研究科数理分子生命理学専攻

關　光　　大阪大学大学院工学研究科生命先端工学専攻

大門高明　　農業生物資源研究所昆虫科学研究領域昆虫成長制御研究ユニット

田中伸和　　広島大学自然科学研究支援開発センター遺伝子実験部門

林　茂生　　理化学研究所多細胞システム形成研究センター形態形成シグナル研究チーム

藤原祥高　　大阪大学微生物病研究所遺伝子機能解析分野

堀田秋津　　京都大学iPS細胞研究所未来生命科学開拓部門

真下知士　　大阪大学医学系研究科附属動物実験施設

村中俊哉　　大阪大学大学院工学研究科生命先端工学専攻

安本周平　　大阪大学大学院工学研究科生命先端工学専攻

山本　卓　　広島大学大学院理学研究科数理分子生命理学専攻

李　紅梅　　ボストン小児病院/ハーバード大学医学大学院（Boston Children's Hospital/Harvard Medical School）

第Ⅰ部

ゲノム編集ツールに関するQ&A

TALENの設計法・作製法について教えてください.

TALENの設計には,「TALEN Targeter」などのウェブツールが利用可能です. 作製用キットはAddgeneから入手することができます.

解説

TALENの構造と性質

TALENを適切に設計するためには,まずTALENの構造や性質について正しく理解する必要があります.TALENは,図に示すように,TALE部分とFok Iに由来するヌクレアーゼドメインからなります.TALE部分はさらにN末端ドメイン・DNA結合リピート・C末端ドメインの3つのドメインに分類することができ,それぞれが重要な役割を担っています.標的となる塩基配列を認識して結合するのは主にDNA結合リピートの部分ですが,この領域の1つのリピートは34アミノ酸から構成され,その内の12番目と13番目のアミノ酸(repeat-variable diresidue:RVD)が塩基認識の特異性を定義しています[1) 2)].RVDとしてはHD,NG,NI,NNの4種類がよく使用されており,それぞれC,T,A,Gの塩基を認識するとされていますが,これらのRVDのなかでも結合力や特異性の程度には違いがあります.大まかにいえば,HDとNNは結合力が強く,NGとNIは結合力が弱いことがわかっています[3)].またNNはGだけでなくAも認識する傾向があります[4)].さらに,TALEのN末端ドメインにもTを認識する性質があるため,TALENの標的配列の外側はTである必要があります(N末端ドメインの塩基認識の特異性を変化させたバリアントも報告されています[5) 6)]が,一般的に使用されるには至っていません).一方C末端ドメインには塩基認識の特異性はありませんが,非特異的なDNAへの結合を担っていたり,このドメインの長さを変えることで最適なスペーサー領域の長さの範囲が変わったりすることが知られているため,TALENの機能性に大きく関係するドメインであるといえます(Q2参照).

TALEN Targeterを用いたTALENの設計

前述の性質を踏まえたうえで,TALENを実際に設計する際には,Cornell大学のBaoらが

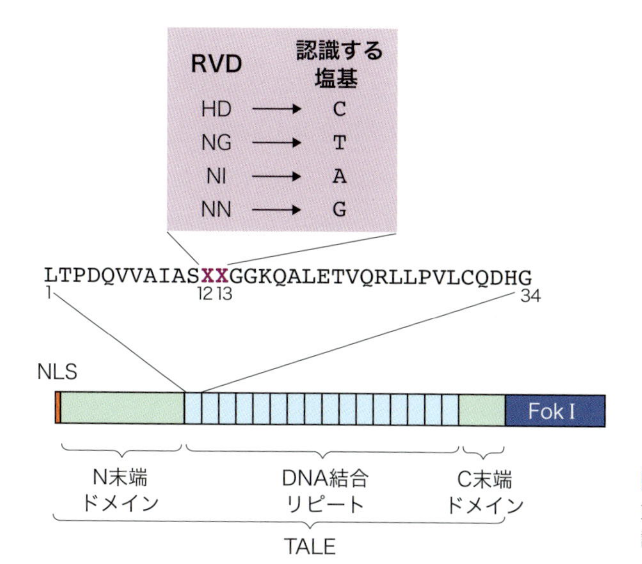

図　TALENの基本構造
NLSは核局在シグナルを示す．詳細は本文参照．

開発したウェブリソースであるTAL Effector Nucleotide Targeter 2.0（TALE-NT 2.0）[7]に含まれるTALEN Targeter[8]というウェブツールを使用すると大変便利です．具体的なパラメーターの設定などは，「実験医学別冊 今すぐ始めるゲノム編集」に記載した通り[9]ですので，ここでは説明を省きますが，DNA結合リピートの数やスペーサーの長さ，N末端ドメインが認識するTの設定，結合力が低いNGモジュールやNIモジュールが連続する候補サイトの除外など，さまざまな機能があり，現状では最も使い勝手のよいTALENの設計ツールであるといえます．

さまざまなTALEN作製法

TALENの設計を終えたら，次はTALENベクターの作製です．TALENを自作できるプラスミドキットは米国の非営利プラスミド配布機関であるAddgeneから入手することが可能です．現在Addgeneから入手可能なTALENの作製キットについては，Q2表にまとめていますが，ここではこれらのキットを用いたTALENの作製法の概要を簡単に解説しておきます．

TALENの場合，TALEのN末端ドメインやC末端ドメイン，Fok Iヌクレアーゼドメインは常に共通のものを使用できるため，標的配列に応じてつくり変えなければいけないのはDNA結合リピートの部分のみです．つまりTALENベクターの作製は，ベクタープラスミドへのDNA結合リピートの連結と実質的に同義といえます．ただし，ほとんど同一の配列から構成されるDNA結合リピートを，任意のならびで任意の数だけ連結するには工夫が必要です．最も用いられている方法は，Golden Gate法とよばれるアセンブリー法であり，この方法を用いれば，複数のDNA結合リピート（インサート）を一気に連結することが可能です．基本的には制限酵素消化とライゲーションに依存したクローニングシステムなのですが，あらかじめ制限酵素処理をしてからDNAを抽出精製する必要がなく，複数のインサートプラスミドとベクタープラスミドを単一のチューブ内で混合し，制限酵素処理とライゲーションを同時に行うことで連結を実行できるのが特徴です．詳細についてはこちらも「実験医学別冊 今すぐ始めるゲノム編集」を参照してください[10]．

文献・URL

1）Boch J, et al : Science, 326 : 1509-1512, 2009
2）Moscou MJ & Bogdanove AJ : Science, 326 : 1501, 2009
3）Streubel J, et al : Nat Biotechnol, 30 : 593-595, 2012
4）Scholze H & Boch J : Curr Opin Microbiol, 14 : 47-53, 2011
5）Lamb BM, et al : Nucleic Acids Res, 41 : 9779-9785, 2013
6）Tsuji S, et al : Biochem Biophys Res Commun, 441 : 262-265, 2013
7）TAL Effector-Nucleotide Targeter 2.0（https://tale-nt.cac.cornell.edu/）
8）TALEN Targeter（https://tale-nt.cac.cornell.edu/node/add/talen）
9）佐久間哲史：「実験医学別冊 今すぐ始めるゲノム編集」（山本 卓/編），pp46-60, 羊土社，2014
10）佐久間哲史，山本 卓：「実験医学別冊 今すぐ始めるゲノム編集」（山本 卓/編），pp23-28, 羊土社，2014

（佐久間哲史）

Q2 TALENの標的配列とスペーサー配列の長さの最適な範囲を教えてください．

A TALENの標的配列は，片側当たり15～20 bp程度が一般的です．最適なスペーサー配列の長さは，TALENの構造によって異なりますが，広く使用されている構造のTALENでは12～23 bp程度です．

解説

TALENの標的配列の長さと切断活性の関係

TALENの標的配列の長さは，DNA結合リピートの数＋1（N末端ドメインが認識するチミン）となります．理論上は標的配列の長さに制限はありませんが，実際にTALENとして機能させた際に高い活性が出やすい範囲は15～20 bp程度です（図）．後述するベクター構築上の都合もあり，特に16～18 bp辺りがよく使用されています．15 bp以下になると，標的DNA配列への十分な結合力が確保できず切断活性が落ちるだけでなく，特異性の面でもリスクが高まるためお勧めできません．逆に21 bp以上になると，TALENタンパク質のサイズが大きくなり，発現効率・翻訳効率は低下する傾向があるため，こちらもあまりお勧めできません．ただし特に高い特異性を必要とする場合や，転写制御などの目的で単量体

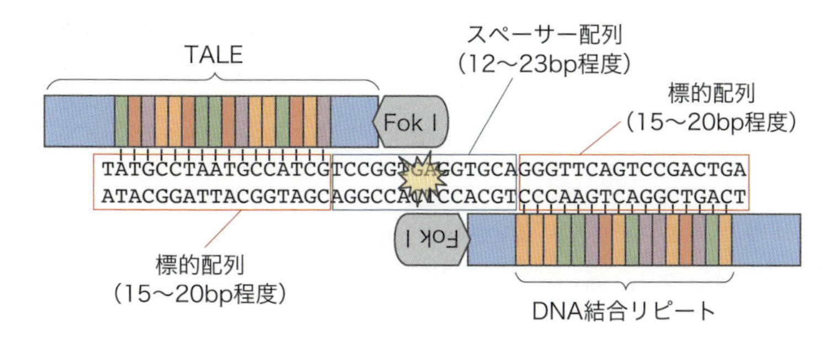

図　TALENによるDNA切断

TALENはTALEとFok Iヌクレアーゼドメインを融合させたキメラタンパク質です．TALEのDNA結合リピートとN末端ドメインが標的配列を認識してDNAに結合します．スペーサー配列の中央付近にDNA二本鎖切断（DSB）が導入されます．

のTALEとして使用する場合などでは，リピートの数を通常より増やすのもよいでしょう．転写活性化型のTALEを用いた実験では，25リピートくらいまでであれば，活性化の効率はそれほど大きく落ちないことが示されています[1]．

ベクター構築の工程上の最適な標的配列の長さ

実際にTALENを自作するうえでは，ベクター構築の工程を考慮に入れた，実用上の最適な長さに設計することも重要なポイントとなります．現在Addgeneより入手可能なTALEN作製キットと，各キットを用いた場合に作製可能なリピート数を表に示しています．作製システムに依存して，実用上最適な長さは異なりますが，最も高い機能性を有する15～20 bp（14～19リピート）の範囲内で選択するのが無難でしょう．われわれが開発した高活性型Platinum TALENを作製するPlatinum Gate TALEN Kitを使用する場合には，14～19リピートのいずれでも作製可能ですが，17リピート以内と18リピート以上とで，作製工程に差があります．18リピート以上になると，一段階目のGolden Gateアセンブリー（Q1，Q19参照）で作製する中間ベクターの種類が1つ増えますので，17リピート以内に抑えておくと，ベクター構築の労力が軽減されます．

TALENのC末端ドメインとスペーサー配列の長さの関係

最適なスペーサー配列の長さの範囲は，TALENのC末端ドメイン（DNA結合リピートとFok Ⅰヌクレアーゼドメインをつなぐリンカー部分）の長さに依存します．カスタムデザインのTALENを最初に報告したSangamo BioSciences社の研究グループは，＋63と＋28の2種類のC末端ドメイン（数字はアミノ酸の数を表します）を採用しました[2]．論文によると，＋63では12～23 bpの範囲内のスペーサーで広く活性がみられ，15 bp周辺に活性のピークが存在するようです．一方＋28タイプのTALENでは，12～13 bpのごく限られた範囲で高い活性を有することが示されています．＋63の方が高い活性が出やすいことから，この構造のTALENが一般的に使用されています（表）．しかしながら，さまざまなスペーサー長で高い活性が出やすいということは，オフターゲット切断のリスクを高める要因にもなりますので，安全性の高いTALENを得る目的で，C末端ドメインの長さを短くする試みもされています[3)～5]．高い活性と高い安全性はトレードオフの関係にありますが，われわれの検討では，＋47くらいまでであれば，ある程度限られたスペーサー長でのみ活性を出す安全性を確保しつつ，高い活性が維持されることがわかっています[6]．

各種TALEN作製キットにおける最適なスペーサー配列の範囲

ほとんどのTALEN作製キットでは，＋63タイプのTALENが採用されていますので，12～

表 AddgeneのTALEN作製キットの一覧

キットの名称	開発者	概要	作製可能なリピート数	TALENのC末端ドメインの長さ
Golden Gate TALEN 2.0	Daniel Voytas & Adam Bogdanove	Golden Gate法（10モジュールアセンブリー法）でTALENを作製するキット	12～31	＋63*2
TALEN Construction Accessory Pack*1	山本 卓	Golden Gate法（6モジュールアセンブリー法）でTALENを作製するためのアドオン	8～31	＋47
Joung Lab TAL Effector Engineering Reagents	Keith Joung	制限酵素処理とライゲーションでTALENを作製するキット	制限なし	＋63
Zhang Lab TALE Toolbox	Feng Zhang	PCR＋Golden Gate法でTALENを作製するキット	13/19/25	＋63
LIC TAL Effector Assembly Kit	Veit Hornung	LIC法でTALENを作製するキット	10～19	＋63*3
Musunuru/Cowan Lab TALEN Kit	Kiran Musunuru & Chad Cowan	ライブラリーを使用し，1段階のGolden Gate法でTALENを作製するキット	15	＋63
Ekker Lab TALEN Kit*1	Stephen Ekker	15モジュールのTALENを作製するための部分的なライブラリー	15	—
Platinum Gate TALEN Kit	山本 卓	Golden Gate法（4モジュールアセンブリー法）でTALENを作製するためのキット	6～21	＋47/＋63

＊1：単独では使用できず，Golden Gate TALEN 2.0と併用する必要がある．
＊2：pZHY500およびpZHY501を使用した場合．
＊3：pTALEN_v2を使用した場合．

23 bpの範囲内でスペーサー配列を設定すればよいと考えられます（15～19 bp程度が特に最適です）．われわれが開発したTALEN Construction Accessory PackやPlatinum Gate TALEN Kitを使用して＋47タイプのTALENを作製する場合には，12～16 bp程度の範囲内が最適です．標的配列を自由に選択できる場合は，スペーサー配列を15 bpに設定しておいて，＋47と＋63のどちらにも対応できるようにしておくとよいでしょう．

文献

1）Gao X, et al : Stem Cell Reports. 1 : 183-197, 2013
2）Miller JC, et al : Nat Biotechnol, 29 : 143-148, 2011
3）Mussolino C, et al : Nucleic Acids Res, 39 : 9283-9293, 2011
4）Kim Y, et al : Nat Biotechnol, 31 : 251-258, 2013
5）Guilinger JP, et al : Nat Methods, 11 : 429-435, 2014
6）Sakuma T, et al : Sci Rep, 3 : 3379, 2013
7）佐久間哲史，山本 卓：「実験医学別冊 今すぐ始めるゲノム編集」（山本 卓/編），pp8-12，羊土社，2014

（佐久間哲史）

Q3 TALENの標的配列にミスマッチがあった場合の切断効率について教えてください．

A ミスマッチの数や位置，TALENの構造などに依存しますが，片側のTALENに3塩基のミスマッチが入ると，切断効率が劇的に下がる例が報告されています．

解説

DNA結合リピートの位置・組成と特異性の関係

TALENの塩基認識の特異性は，DNA結合リピートの位置や組成によって変化することが知られています．大まかにいえば，TALENのN末端側（標的配列の外側）に近い領域は特異性が高く，C末端側（標的配列の内側）に近い領域は特異性が低い傾向があります[1]．一方で，*in vitro*での生化学的解析（SELEXアッセイ）では，必ずしも前述の傾向と一致しないこともわかっています[2]．また，TALEに転写活性化ドメインを融合させたdTALEを用いた評価系によって，ミスマッチの位置だけでなく，どの塩基に変わるかによってもDNAへの結合力に大きな違いが生じることが示されています[3]．

TALENの各ドメインと標的配列の特異性との関係

前述のように，DNA結合リピートの特異性だけでも十分に複雑なのですが，実はTALEのDNA結合リピート以外の部分（N末端ドメインやC末端ドメイン）も，塩基認識の特異性に深く関与しています．また，最終的なオフターゲット変異の多寡にはFok Ⅰヌクレアーゼドメインの影響も受けます．まずN末端ドメインは，Q1にも記載したように，DNA結合リピートが認識する配列の外側に存在するチミンに結合するという特性があります．しかしながら，N末端ドメインやC末端ドメインの長さを変化させると，このチミンの認識の厳密性が変化することが報告されています[4]．さらに，C末端ドメインに存在する塩基性アミノ酸（リシンやアルギニン）をグルタミンに置換したり，C末端ドメインの長さを短くしたりすることにより，オフターゲット切断の頻度を抑えられることも知られています[5]．Fok Ⅰヌクレアーゼドメインがホモ二量体型かヘテロ二量体型かも，オフターゲット変異の頻度に大きくかかわります[5]．

表　TALENの特異性にかかわる要素

- **TALEのN末端ドメイン：**
  基本的にはチミンを認識するが，長さを変化させたり変異を加えたりすることで，特異性を変化させたバリアントも存在する．
- **DNA結合リピート：**
  N末端側に近い領域とC末端側に近い領域では，特異性に差がある．使用するRVDの違い（例えばグアニンを認識するRVDとしてNN，NK，NHのどれを使用するか）や標的配列上の塩基の組成によっても特異性が変化する．
- **TALEのC末端ドメイン：**
  長さやアミノ酸組成により，最適なスペーサーの長さの範囲，N末端ドメインが認識するチミンの特異性，DNAへの非特異的な結合力などさまざまな要素が変化する．
- **Fok Iヌクレアーゼドメイン：**
  ホモ二量体型かヘテロ二量体型かによって，TALENの特異性に大きな影響を与える．

ミスマッチの数とゲノム編集効率

以上述べてきたように，TALENの特異性にかかわる要素（**表**）は非常に多く，ミスマッチの数だけで切断効率を正確に判断することは困難です．しかしながら，これまでのさまざまな報告をもとに，あえて乱暴に述べるとするならば，単一のTALE/TALEN分子は，2塩基までのミスマッチであればある程度許容してしまうケースが多く，3塩基以上のミスマッチが入ると，結合力が大きく落ちる傾向があります[6]．もちろん例外もあり，N末端ドメインとC末端ドメインを最適化させたTALENを用いることで，片側の2塩基のミスマッチだけで培養細胞での切断活性をほぼ完全に消失させた例[7]や，TALE-GFPが培養細胞内で2塩基のミスマッチをみわけて選択的に結合する例[8]も報告されています．

一般的な例として，動物個体での実例を2例紹介します．

ゼブラフィッシュでの実施例

まずゼブラフィッシュ（**第Ⅱ部第6章**参照）の例では，*ryr3*という遺伝子を標的としたTALENが，よく似た配列をもつ*ryr1a*および*ryr1b*を切断するかどうか，また*ryr1a*を標的としたTALENが，*ryr3*および*ryr1b*を切断するかどうかを検討しています[9]．前者の*ryr3* TALENは，*ryr1a*，*ryr1b*ともに，左側が3塩基，右側が4塩基のミスマッチとなります．後者の*ryr1a* TALENは，*ryr3*が左側・右側ともに3塩基のミスマッチ，*ryr1b*が左側の2塩基のみのミスマッチとなります．結果としては，*ryr3* TALENでは*ryr1a*，*ryr1b*ともに変異は入らず，*ryr1a* TALENでは，*ryr3*には変異が入らなかったものの，*ryr1b*では高効率に変異が導入されました．よってこのケースでは，片側の2塩基のみのミスマッチは許容してしまったということになります．

アフリカツメガエルでの実施例

2つ目の例として，アフリカツメガエル（第Ⅱ部第5章参照）での実施例[10]を紹介します．アフリカツメガエルは偽四倍体であり，ほとんどの遺伝子がホメオログとよばれる倍加した遺伝子をもっています．この例では，*cygb*遺伝子のホメオログaとb（*xlcygba*, *xlcygbb*）を標的としており，各*cygb*ホメオログのエキソン1およびエキソン2を標的としたTALENが，それぞれ作製されています．エキソン1を標的としたTALENは，ホメオログa，b間で片側のみの3塩基ミスマッチ，エキソン2を標的としたTALENは，ホメオログa，b間で片側のみの2塩基ミスマッチとなります．培養細胞を用いた活性評価の結果，3塩基ミスマッチのケースでは2例とも活性が消失したのに対し，2塩基ミスマッチだと2例中1例で活性が消失し，1例ではオンターゲット（本来の標的配列）とほぼ同等の活性がみられました．同様に，アフリカツメガエルの個体内でも，片側の3塩基のミスマッチだけで切断活性が全くみられなくなることが確認されています．これらの結果から，片側に3塩基以上のミスマッチが入ると，多くの場合切断活性が消失するものの，2塩基までのミスマッチは許容する可能性があると判断できます．

文 献

1）Juillerat A, et al : Nucleic Acids Res, 42 : 5390-5402, 2014
2）Miller JC, et al : Nat Biotechnol, 29 : 143-148, 2011
3）Zhang F, et al : Nat Biotechnol, 29 : 149-153, 2011
4）Sun N, et al : Mol Biosyst, 8 : 1255-1263, 2012
5）Guilinger JP, et al : Nat Methods, 11 : 429-435, 2014
6）Mali P, et al : Nat Biotechnol, 31 : 833-838, 2013
7）Mussolino C, et al : Nucleic Acids Res, 39 : 9283-9293, 2011
8）Miyanari Y, et al : Nat Struct Mol Biol, 20 : 1321-1324, 2013
9）Dahlem TJ, et al : PLoS Genet, 8 : e1002861, 2012
10）Nakade S, et al : In Vitro Cell Dev Biol Anim, 51 : 879-884, 2015

（佐久間哲史）

TALENのオフターゲット変異の調べ方について教えてください.

in silico 検索でオフターゲット候補サイトを予測し，解析するのが一般的です．最も推奨できる検索ツールはGeorgia工科大学のPROGNOS，次点がCornell大学のTALE-NT 2.0です．

解説

ゲノムワイドなオフターゲット切断・変異の評価

TALENのオフターゲット変異を厳密かつ網羅的に解析するには，バイアスのかからないゲノムワイドな解析が必要となります．1つの方法は全ゲノムシークエンス（WGS）であり，実際にTALENを導入した培養細胞に対してWGSによる解析を行った例もあります[1)～3)]．もう1つの方法は，ゲノム中で変異が入りうる箇所を実験的に同定したうえで，それらの候補箇所に実際に変異が入るかどうかをディープシークエンスによって確認する方法です[4)～7)]．しかしながら，TALENを用いたすべての実験に対してこれらの手法を適用するのは，労力面でもコスト面でも負担が大きすぎるでしょう．実際のところ，遺伝子治療に応用する場合などのきわめて正確な遺伝子改変が必要となる事例を除き，全ゲノムレベルでのオフターゲット変異の評価を求められることはまずありません．最も手軽かつ合理的なオフターゲット変異の解析法は，オンターゲットの標的配列とよく似た配列の部分に変異が入るかどうかを確かめる手法です．ここでは，この一般的なオフターゲット変異の解析法について紹介します．

TALENの塩基認識の特性

TALENの標的配列は，Q2に記載したように，スペーサー配列を挟んでそれぞれ17 bp前後ですが，一律ではありません．スペーサー配列の長さも厳密ではなく，ある程度の範囲内であれば切断を誘導できます．さらに，Q3にも記載したように，外側（N末端側）に近いDNA結合リピートと，内側（C末端側）に近いDNA結合リピートは，特異性に違いがあることも知られています．また，使用するRVDと認識する塩基の関係も完全に1対1

表　PROGNOSとTALE-NT2.0の比較

	PROGNOS	TALE-NT2.0
検索対象となるゲノム編集ツール	ZFNとTALEN（いずれも二量体のみ）	二量体のTALENおよび単量体のTALE
検索可能なデータベース	ウェブツールに登録されている種のゲノムのみ	ウェブツールに登録されている種のゲノム・プロモーター配列に加え，NCBIのゲノムデータやFASTA形式の塩基配列データも利用可能
オフターゲット候補サイトのランク付け	複数の評価基準にもとづくランク付けが可能	1種類の評価基準のみ
その他の特徴	変異解析用のプライマー配列も自動的に設計される	ペアとしてではなく，個々のTALE/TALENのオンターゲット・オフターゲット配列への特異性が数値化される

ではなく，連結したDNA結合リピートの前後関係によっても塩基認識の特異性に変化が生じることが報告されています[8)]．これらの特性から，単純なBlast検索によってTALENのオフターゲット候補サイトを予測することは困難であるといえます．

*in silico*検索によるオフターゲット候補サイトの予測

前述の特性を反映させ，特定の（あるいは任意の）ゲノムデータベースに対し，オフターゲットの候補サイトを予測するプログラムが複数のグループによって開発され，オンラインで利用可能になっています．ここでは，筆者がお勧めする2つのウェブツール（表）について解説します．

PROGNOS

まず紹介したいのは，Georgia工科大学のBaoらが開発した「PROGNOS」[9)]とよばれるウェブツールです[10)]．ヒトやマウス，ラット，ゼブラフィッシュ，ショウジョウバエ，線虫，シロイヌナズナなど，主なモデル生物のゲノムに対して，ZFNとTALENのオフターゲット検索を実行できます．また，同時に変異解析用のプライマーも自動で設計してくれます．検索対象としてゲノムデータが登録されている種であれば，筆者はPROGNOSを使用することを推奨しています．詳細は原著論文[10)]に記載されていますが，PROGNOSでは，標的塩基配列の相同性によるランク付けやRVDによるランク付けに加え，Baoらが独自に開発したTALEN v2.0システムによるランク付けを比較検討することができ，信頼性の高い検索結果を得ることができます．通常はTALEN v2.0システムによるランク付けを指標にするとよいでしょう．

TALE-NT 2.0

次に，Q1でも取り上げたCornell大学の「TAL Effector Nucleotide Targeter 2.0」(TALE-NT 2.0)[11)]を紹介します[12)]．TALE-NT 2.0には，TALENの設計ツールだけでな

く，オフターゲット候補サイトの予測プログラムも含まれています．TALE-NT 2.0の特徴としては，TALENの標的候補サイトを検索する「Paired Target Finder」だけでなく，単一のTALEタンパク質の標的候補サイトを検索する「Target Finder」も利用可能である点があげられます．また，一部の種についてはゲノムだけでなくPromoterome（全プロモーター）を検索することも可能であり，これは特に転写調節・エピゲノム改変のオフターゲット候補サイトを予測する場合にとても役立ちます．さらに，TALE-NT 2.0に登録されていない種であっても，NCBI上にゲノムデータが登録されていれば，任意の種のゲノムに対して検索を実行できる点も非常に便利です．

文献・URL

1）Smith C, et al : Cell Stem Cell, 15 : 12-13, 2014
2）Veres A, et al : Cell Stem Cell, 15 : 27-30, 2014
3）Suzuki K, et al : Cell Stem Cell, 15 : 31-36, 2014
4）Wang X, et al : Nat Biotechnol, 33 : 175-178, 2015
5）Frock RL, et al : Nat Biotechnol, 33 : 179-186, 2015
6）Tsai SQ, et al : Nat Biotechnol, 33 : 187-197, 2015
7）Kim D, et al : Nat Methods, 12 : 237-243, 2015
8）Rogers JM, et al : Nat Commun, 6 : 7440, 2015
9）PROGNOS（http://bao.rice.edu/cgi-bin/prognos/prognos.cgi）
10）Fine EJ, et al : Nucleic Acids Res, 42 : e42, 2014
11）TAL Effector-Nucleotide Targeter 2.0（https://tale-nt.cac.cornell.edu/）
12）Doyle EL, et al : Nucleic Acids Res, 40 : W117-W122, 2012

（佐久間哲史）

Q5 TALENをウイルスベクターで導入することはできますか?

A アデノウイルスベクターを用いた例が多く報告されています.一般的なレンチウイルスベクターを使用すると,DNA結合リピートで再編成が起きやすいため,注意が必要です.

解説

アデノウイルスベクターおよびAAVを用いたTALE/TALENのデリバリー

ウイルスベクターによるTALENのデリバリーを最初に報告した論文で,第1世代および第2世代のアデノウイルスベクターを用いたデリバリーが有効であることが示されました[1].その後,Gateway® システム(Thermo Fisher Scientific社)を用いた効率的なベクター構築法[2]や,詳細な実験プロトコール[3]なども報告されており,これらを参考にアデノウイルスベクターでTALENを使用することは十分に可能でしょう.また,その他のTALE融合タンパク質(TALE-VP64など)をAAV(アデノ随伴ウイルス)に搭載して使用した例も報告されています[4].

レンチウイルスベクターを用いたTALE/TALENのデリバリー

一方で,レンチウイルスベクターを使用する場合には注意が必要です.一般的なレンチウイルスベクターを使用した場合,TALENのDNA結合リピートの再編成が起こりやすいことが知られています[1].その後,TALEやTALE-KRABをレンチウイルスベクターで導入した例も報告されました[5][6]が,TALENとして効果的に機能させられるかどうかには疑問が残ります.他にも逆転写酵素変異型のレンチウイルスベクターを用いたTALEN mRNAのデリバリー[7]や,ZFNやTALENのタンパク質をレンチウイルス粒子でパッケージングして導入した例[8]なども報告されていますが,一般的な手法として確立されるには至っていません.

文献

1）Holkers M, et al : Nucleic Acids Res, 41 : e63, 2013
2）Zhang Z, et al : PLoS One, 8 : e80281, 2013
3）Holkers M, et al : Methods, 69 : 179-197, 2014
4）Konermann S, et al : Nature, 500 : 472-476, 2013
5）Zhang Z, et al : Stem Cell Reports, 1 : 218-225, 2013
6）Zhang Z, et al : Sci Rep, 4 : 7338, 2014
7）Mock U, et al : Sci Rep, 4 : 6409, 2014
8）Cai Y, et al : Elife, 3 : e01911, 2014

（佐久間哲史）

TALENを大腸菌組換えタンパク質として精製することはできますか?

複数の論文で報告されており可能です. *in vitro*転写/翻訳システムも利用されています.

解説

大腸菌組換えによって作製したTALENタンパク質の精製

Agilent Technologies社の大腸菌BL21 (DE3) 株を用いて, TALENを組換えタンパク質として精製した報告があります[1) 2)]. いずれの報告も, Hisタグ融合タンパク質として発現させ, QIAGEN社のNi-NTAアガロースレジンで精製を行っています. これらの報告で精製されたTALENタンパク質には, Hisタグの他に膜透過性ペプチドが付加されており, 培養細胞へのTALENタンパク質の直接導入によるゲノム編集が可能であることも示されています.

*in vitro*転写/翻訳システムによるTALENタンパク質の作製

Promega社のTNT® Quick Coupled Transcription/Translation Systemを用いて, *in vitro*転写/翻訳システムによってTALENタンパク質を作製した報告もあります[3)]. こちらは*in vitro*での切断実験に使用されています.

TALEタンパク質およびTALE-VP64タンパク質の作製と精製

TALENタンパク質だけでなく, TALEタンパク質やTALE-VP64タンパク質 (Q88参照) の作製・精製も行われています. TALEを大腸菌組換えタンパク質として精製した例[4) 5)]や, TALEタンパク質を*in vitro*転写/翻訳によって作製した例[6)], TALE-VP64タンパク質を大腸菌組換えで精製した例[7)]などが報告されています.

文 献

1）Ru R, et al : Cell Regen, 2 : 5, 2013

2）Liu J, et al : PLoS One, 9 : e85755, 2014

3）Guilinger JP, et al : Nat Methods, 11 : 429-435, 2014

4）Christian ML, et al : PLoS One, 7 : e45383, 2012

5）Meckler JF, et al : Nucleic Acids Res, 41 : 4118-4128, 2013

6）Miller JC, et al : Nat Biotechnol, 29 : 143-148, 2011

7）Zuris JA, et al : Nat Biotechnol, 33 : 73-80, 2015

（佐久間哲史）

Q7 CRISPR/Cas9の設計法・作製法について教えてください.

A PAM配列さえあれば，基本的にはどのような配列上でも設計できますが，極力オフターゲット作用のリスクが少ないsgRNAを選択するべきです．作製法は合成オリゴDNAをアニーリングして挿入するのが一般的です.

解説

CRISPR/Cas9の設計に関する基本情報

CRISPR/Cas9システムにおける標的配列は，sgRNA（single guide RNA；100塩基ほどのRNA分子）が結合する約20塩基のDNA配列に，Cas9が認識するPAM配列（数塩基分）を加えたものになります．さまざまなPAM配列を認識するCas9のバリアントや，sgRNAが認識する配列の長さを変更した例なども存在しますが，それらの詳細については，Q8およびQ9で解説していますので，ここでは最も一般的な「20塩基＋5′-NGG-3′（SpCas9のPAM配列）」で設計することを想定して記載します．なお，一般的な設計にもとづいた場合のCRISPR/Cas9の設計の“基礎の基礎”については，ゲノム編集の入門書である「今すぐ始めるゲノム編集」に記載しています[1]ので，ここではもう少し踏み込んだ実践的な設計法について紹介します．

PAM配列を除く20塩基の標的配列については，明確な制約はありませんが，U6プロモーターなどでsgRNAを発現させる場合には，Tが4～5つ以上連続すると転写停止シグナルとなるため，避けなければいけません（Q15に記載した化学合成RNAを使用する場合はこの限りではありません）．また，U6プロモーターおよびT7プロモーターから効率的に発現させるためには，それぞれ5′末端にGおよびGGが必要となりますが，この部分については認識の特異性が甘く，ミスマッチがあった場合でも効率的に切断できる場合がほとんどですので，設計段階ではあまり気にする必要はありません．

設計の際に最も注意すべき点は，オフターゲット切断の候補となる配列がゲノム中にどの程度あるかです．オフターゲット変異の調べ方についてはQ11に詳しく記載していますが，sgRNAを設計する段階でオフターゲット変異のリスクが低い箇所を選んでおくことが重要です．

オンラインツールを利用したCRISPR/Cas9の設計

CRISPR/Cas9技術の爆発的な普及に伴い，sgRNAの設計が可能なオンラインツールも多数開発されています．すべてのツールについて説明することは紙面の都合上困難ですので，ここでは筆者がお勧めする代表的なツールをいくつか紹介します．

CRISPR design tool

まず紹介したいのは，Broad研究所のZhangらによって開発されたCRISPR design tool（図A）[2]です．このツールでは，500 bpまでの任意の配列上で設計可能なsgRNAを視覚的に表示するとともに，ヒトやマウス，ゼブラフィッシュ，線虫などの主なモデル動物のゲノムに対する簡単なオフターゲット検索も実行可能です．それによって，オフターゲットのリスクが低いsgRNAを設計段階で選抜できる点が非常に優れています．ただしCRISPR design toolのオフターゲット予測プログラムは，決して精度が高いとはいえない[3]ため，あくまでも簡易的な評価であることを念頭に置くべきです．

CRISPRdirect

次に，ライフサイエンス統合データベースセンターの内藤雄樹氏らが開発したCRISPR-direct（図B）[4][5]を紹介します．こちらは10 kbまでの長い配列を入力可能である点と，検索結果が得られるまでの時間が非常に短時間である点，Tが4つ以上連続する標的配列を除外できる点，5′-NGG-3′以外のPAM配列にも対応できる点，CRISPR design toolには登録されていないアフリカツメガエルやネッタイツメガエル，カイコ，酵母などのゲノムデータベースも利用可能である点などが優れています．一方で，オフターゲット候補サイトの検索については，PAM配列に隣接する8塩基，12塩基，20塩基の配列が完全に一致するサイトを表示するというきわめて簡易的なものですので，例えばPAM配列に比較的近いところに1塩基のミスマッチがあるだけのサイトなどを見逃す可能性があります．

より高精度なオフターゲット予測プログラムとの併用

以上を踏まえて筆者がお勧めするsgRNAの設計法は，CRISPR design toolやCRISPRdirectなどを用いて特異性の高いsgRNAの候補をいくつか選抜したうえで，Q11で紹介するより精度の高いオフターゲット予測プログラムを用いてオフターゲットサイトの多寡を判定し，設計を確定させるという方法です．少し手間が掛かりますが，設計の段階でこの一手間を加えるだけで，その後の実験の信頼性が上がると考えれば，決して無駄な労力ではないでしょう．

A

B

図　CRISPR design tool（A）とCRISPRdirect（B）

CRISPR/Cas9の作製法

CRISPR/Cas9の場合，Cas9ヌクレアーゼは常に同じものが使用できますので，標的とする遺伝子座が変わるごとにつくり変える必要があるのは，sgRNAの部分だけです．CRISPR/Cas9を発現ベクターで導入する場合でも，*in vitro*転写を行う場合でも，まずはsgRNAの鋳型となる20塩基ほどのDNA配列を，アニーリングした合成オリゴのライゲーションによって，任意のsgRNA発現用ベクターに挿入する手法が一般的です．その他の手法として，プロモーターやターミネーター配列を含むsgRNAカセットを，IDT社の遺伝子合成受託サービスgBlocks® Gene Fragmentsなどを利用して合成してしまう方法もあります[6]．化学合成したcrRNAとtracrRNAを利用することもできます（Q15参照）．

合成オリゴの挿入によってCRISPR/Cas9を作製する手法の一例として，pX330ベクター（Addgene, Plasmid #42230）を用いた作製法を，文献1に記載しています．また，pX330ベクターを含むお勧めのCRISPR/Cas9ベクターをQ19で紹介しています．

文献・URL

1）佐久間哲史：「実験医学別冊 今すぐ始めるゲノム編集」（山本 卓/編），pp46-60, 羊土社，2014
2）CRISPR design tool（http://crispr.mit.edu/）
3）Tsai SQ, et al：Nat Biotechnol, 33：187-197, 2015
4）CRISPRdirect（http://crispr.dbcls.jp/）
5）Naito Y, et al：Bioinformatics, 31：1120-1123, 2015
6）Mali P, et al：Science, 339：823-826, 2013

（佐久間哲史）

標的としたい領域にPAM配列の5′-NGG-3′がみつからない場合にはどうすればよいですか？

まずは逆鎖を認識する5′-CCN-3′を探しましょう．それもみつからないときには，別の種に由来するCas9や改変型のCas9などが利用可能な場合があります．

解説

SpCas9を利用する

最も一般的に使用されている*Streptococcus pyogenes*（化膿レンサ球菌）由来のCas9（SpCas9）を利用する場合には，やはり5′-NGG-3′か5′-CCN-3′が存在する配列を選択する必要があります．5′-NGG-3′の他にも，5′-NGA-3′や5′-NAG-3′をPAM配列として利用することも不可能ではありませんが，切断効率は著しく低下します[1]．

別の種に由来するCas9を利用する

Cas9が必要とするPAM配列は，Cas9の由来する種によって異なります（表）．*Neisseria meningitidis*（髄膜炎菌）に由来するNmCas9のPAM配列は5′-NNNNGATT-3′であり，*Streptococcus thermophiles*（乳酸菌の一種）に由来するStCas9のPAM配列は5′-NNAGAAW-3′（W＝AまたはT）です[2]．さらに，SpCas9よりも小型で今後利用が広がりそうなのが，*Staphylococcus aureus*（黄色ブドウ球菌）に由来するSaCas9です[3]．SaCas9のPAM配列は5′-NNGRR(T)-3′（R＝AまたはG，3′末端はTが最も効率が高いが必須ではない）であり，NmCas9やStCas9と比べると標的配列の自由度が高めです．いずれのCas9バリアントもAddgeneからベクターを入手可能です．なお，Cas9の由来種によって，sgRNAの構造も異なりますので注意が必要です．例えばSpCas9と複合体を形成するsgRNAは，SaCas9とは複合体を形成しません．この性質を利用して，マルチカラーDNAラベリングなどに応用することも可能です（Q91参照）．

表　利用可能なCas9とCpf1の一覧

名称	由来種	PAM配列	PAM配列の位置	備考
SpCas9	*Streptococcus pyogenes*	5′-NGG-3′*1	3′側	最も広く使用されているCas9
NmCas9	*Neisseria meningitidis*	5′-NNNNGATT-3′	3′側	ヒトES細胞での使用例あり[2)]
StCas9	*Streptococcus thermophilus*	5′-NNAGAAW-3′ *2	3′側	異なるPAM配列をもつ*S. thermophilus*由来のCas9も存在する
SaCas9	*Staphylococcus aureus*	5′-NNGRR（T）-3′	3′側	利用可能なCas9のなかで最も小型
AsCpf1	*Acidaminococcus sp. BV3L6*	5′-TTTN-3′	5′側	Cas9とは異なる性質をもつ（詳細は本文参照）
LbCpf1	*Lachnospiraceae bacterium ND2006*	5′-TTTN-3′ *3	5′側	Cas9とは異なる性質をもつ（詳細は本文参照）

＊1：PAM配列の特異性を変更したバリアントも存在する（詳細は本文参照）．
＊2：LMD-9 strainのCRISPR1 locusのCas9の場合．
＊3：TだけでなくCも許容する傾向あり．

改変型のCas9を利用する

最近，PAM配列の塩基認識の特異性を変化させた改変型のCas9も報告されました[4)]．執筆時点では，SpCas9を改変した5′-NGA-3′や5′-NGCG-3′を認識する改変型Cas9が利用可能になっており[5)]，これらのバリエーションは今後より豊富になっていくものと予想されます．

Cpf1を利用する

CRISPR/Cas9は，Class 2のType IIに分類されるCRISPRシステム※ですが，ごく最近，Class 2のType Vに分類されるCRISPR/Cpf1を用いたゲノム編集の例が報告されました[6)]（**表**）．Cpf1は，tracrRNAを必要としない点や，切断されたDNAが突出末端となる点など，Cas9とは異なる性質をもっています．PAM配列は5′側に存在し，Tリッチな配列であるという特徴があります．論文中で哺乳類培養細胞でのゲノム編集の実例が示されているのは，*Acidaminococcus sp. BV3L6*由来のCpf1（AsCpf1）と*Lachnospiraceae bacterium ND2006*由来のCpf1（LbCpf1）の2種であり，PAM配列は基本的に5′-TTTN-3′となっています（LbCpf1はCも許容する傾向あり）．特にATリッチなゲノム領域を標的とする際に有効な選択肢となりそうです．

※　真正細菌および古細菌が有する内在のCRISPRシステムは，その遺伝子構成と機能性の違いから，2つのClassと5つのTypeに分類されています．Class 1にはType I，III，IVが含まれ，Class 2にはType IIおよびVが含まれます．Cas9とCpf1は，それぞれType IIとType Vに固有の遺伝子です[7)]．

TALENを利用する

Q1，Q2で解説したように，TALENは標的配列の自由度が高く，リピートの長さやスペーサー配列の長さの融通も効くため，どうしてもCRISPRによるターゲティングが難しい場合には，TALENを利用するのも有効な方法です．

文献

1）Zhang Y, et al：Sci Rep, 4：5405, 2014
2）Hou Z, et al：Proc Natl Acad Sci U S A, 110：15644-15649, 2013
3）Ran FA, et al：Nature, 520：186-191, 2015
4）Kleinstiver BP, et al：Nature, 523：481-485, 2015
5）文献4で使用されているプラスミド（http://www.addgene.org/browse/article/14602/），Addgene
6）Zetsche B, et al：Cell, 163：759-771, 2015
7）Makarova KS, et al：Nat Rev Microbiol, 13：722-736, 2015

（佐久間哲史）

Q9 sgRNAの標的配列の長さは20 bpでなければいけないのですか?

必ずしも20 bpである必要はありませんが，20 bpが最も標準的な設計として認知されており，さまざまな知見が豊富に蓄積されています．標的配列の長さを変更すると，活性や特異性に影響をおよぼします．

解説

標準的なsgRNAの設計

sgRNAの標準的な設計規定は，Q7でも紹介したように「5′-N_{20}(NGG)-3′」であり，U6プロモーターを用いる場合において，sgRNAの5′末端がGにならないときにはさらにGを付加するのが一般的です．この設計規定にもとづいたsgRNAが，これまで最も広く用いられており，多くの知見が蓄積されています．一方で，5′末端に余分なGを2つ付加したり[1]，逆に5′末端を削って短くしたりして[2]，切断活性や特異性を評価した例もあります．ここでは，これらの実施例について簡単に紹介します．

標的配列を短くしたsgRNAを使用した例

Massachusetts総合病院のJoungらは，sgRNAの5′末端を削ったsgRNAの機能性を，培養細胞を用いて検証しました[2]．標的配列の長さを，標準の20 bpから19 bp，17 bp，15 bpと短くしていくと，17 bpまでは活性が維持され，15 bpで活性が消失することが確認されました（ここでは，便宜上sgRNAが認識する部分の配列を「標的配列」と表現しており，PAM配列を含まないことにご留意ください）．さらに標的配列を変更し，18 bpや16 bpの機能性も検証したところ，18 bpでは活性があり，16 bpでは活性がなくなるという結果になりました．このことから，sgRNAとして機能させるには，PAM配列を除いて17 bp分のDNA配列を標的として結合させる必要があることが示唆されました（ただし転写の活性化など，ヌクレアーゼ以外の用途で使用する場合においてはこの限りではありません[3]）．この傾向は動物個体でも確認されており，ショウジョウバエにおいても17 bpや18 bpの配列を標的とするsgRNAが十分な切断活性を示すことが報告されています[4]．

標的配列を長くしたsgRNAを使用した例

同じくショウジョウバエを用いて，標的配列を21 bp，22 bpに伸ばした場合の変異率も検討されていますが，長くすればするほど変異率が減少した例が2例示されています[4]．また，培養細胞において，N_{20}の外側（5′側）に余分なGを2つ付加した場合の変異率が検討されており，4例中2例で同程度の変異率を示したものの，残りの2例では変異率が下がる結果が得られています[1]．ではさらに長くするとどうなるでしょうか．Broad研究所のZhangらは，標的配列を30 bpまで伸ばして，培養細胞での変異率と発現効率を検討しました[5]．その結果，少し率は下がったものの，十分な変異効率を示しましたが，発現したsgRNAのサイズを確認してみると，30 bpを標的としたつもりが，結局はプロセシングを受けて20 bpを標的としたsgRNAと同じ長さになっていることが明らかとなりました．これらの結果から，標的配列を20 bp以上に伸ばすのはあまり効果的ではないと考えられます．

標的配列の長さとオフターゲット変異の頻度

sgRNAの長さと標的配列に対する特異性については，意外な事実が明らかとなっています．ふつうに考えれば，標的配列を長く設定した方が，その分sgRNAとゲノムDNAの間の結合力が強くなり，特異性は高まりそうな気がしますが，実際には逆の現象が観察されています．すなわち，17 bpや18 bpを標的とするトランケート型のsgRNAの方が，一般的な20 bpを標的とするsgRNAよりも特異性が高いということです．確かに，20 bpを標的とするsgRNAでは，結合力が強いがゆえに，ある程度のミスマッチを許容してしまうものの，17 bpや18 bpを標的とするsgRNAでは，効率的にターゲティングするための必要最低限の結合力しか有さないがゆえに，少しでもミスマッチがあると結合できなくなる，と解釈することもできます．Joungらは，このトランケート型のsgRNAを“tru-gRNA”と名付け，オフターゲット変異のリスクの低いsgRNAとして提唱しています．ただし，標的配列が17 bpや18 bpまで短くなると，100％に近い相同配列を有するオフターゲット候補サイトが多数みつかる場合もあるため，tru-gRNAを使用する場合には，オフターゲット候補サイトに十分注意して標的配列を決定する必要があるともいえるでしょう．

文献

1）Cho SW, et al：Genome Res, 24：132-141, 2014
2）Fu Y, et al：Nat Biotechnol, 32：279-284, 2014
3）Kiani S, et al：Nat Methods, in press（2015）
4）Ren X, et al：Cell Rep, 9：1151-1162, 2014
5）Ran FA, et al：Cell, 154：1380-1389, 2013

（佐久間哲史）

Q10 sgRNAの標的配列にミスマッチがあった場合の切断効率について教えてください.

1塩基のミスマッチで切断されなくなることもあれば,稀に5塩基のミスマッチがあっても切断されることもあり,ケースバイケースです.また,ミスマッチだけでなく塩基の挿入や欠失を許容する場合もあります.

解説

sgRNAによる塩基認識の特異性の基本情報

sgRNAは,PAM配列の上流約20 bpを認識して結合します(Q7)が,その特異性のプロファイルを調べた仕事が多数報告されています.後述するように,すべてのケースで当てはまるわけではありませんが,一般論として大まかな傾向を記述するならば,1〜3塩基程度のミスマッチ(図A)は許容する可能性があり,特に5′側の特異性は厳密ではないことが明らかとなっています[1].一方,PAM配列に隣接する10〜12塩基のシード配列は比較的特異性が高い傾向がありますが,そのなかにも例外はあり,ミスマッチの種類(sgRNA側の塩基とDNA側の塩基の対応関係)によっては,許容しやすいタイプのミスマッチも存在するようです[2].また,ミスマッチだけでなく,塩基の欠失や挿入があった場合でも,sgRNAあるいは一本鎖にほどかれたゲノムDNAがループを形成して結合してしまう性質もあります[3].この場合でも,やはり挿入・欠失の位置が5′末端に近い方が許容されやすい傾向があります.論文中で示されているデータでは,挿入(DNA側がループを形成する構造;図B)の場合,ループアウトの長さが2塩基以上になると切断は起こらなくなりますが,より柔軟性の高いsgRNAの方がループを形成する構造(欠失;図C)の場合は,最大で4塩基分までのループアウトが存在しても切断活性を維持できることが示されています(もちろん必ず切れるわけではなく,例外もあります).

オフターゲット変異の多寡を決定づけるさまざまな要因

sgRNAによる塩基認識の一般的な性質は前述の通りですが,実際にオフターゲット変異がどの程度入るかについては,一般化して論じることはほとんど不可能に近いといえます.

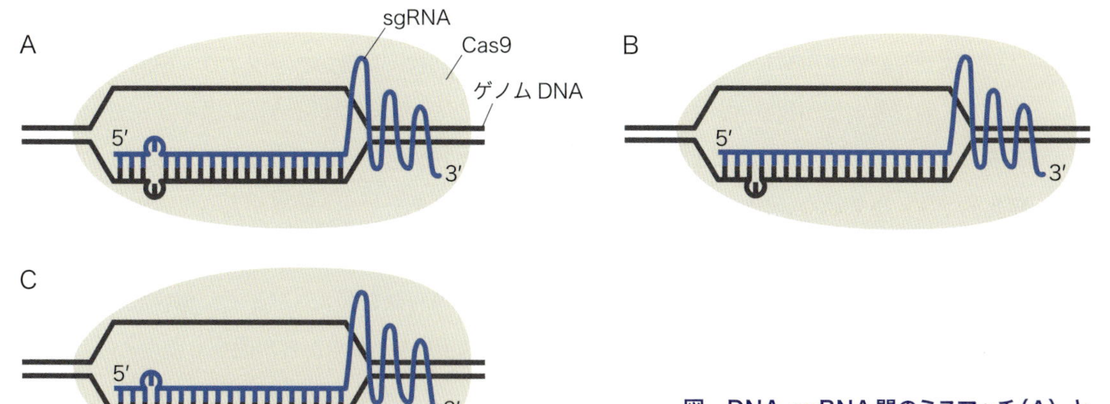

図　DNA-sgRNA間のミスマッチ（A）とDNAループ（B），RNAループ（C）

なぜならば，オフターゲットの変異率に影響しうる要因が山のように存在するからです．まずおのおのの標的配列と類似した配列がゲノム中にどの程度存在するかが一律ではありませんし，sgRNAの活性も配列に応じてさまざまです．オンターゲットの切断活性が高ければ高いほど，オフターゲットの切断活性も上昇します．他にも，sgRNAの構造（Q9に記した塩基認識にかかわる領域の長さに加え，tracrRNAに由来する部分の構造も特異性に影響します）や，遺伝子導入法（リポフェクションかエレクトロポレーションかマイクロインジェクションか），発現させる形態（発現ベクターかRNAかタンパク質-RNA複合体か），標的配列周辺のクロマチン環境なども考慮に入れる必要があります[4]．TALENの場合でも同様ですが，特に野生型のCas9ヌクレアーゼを利用するCRISPR/Cas9システムでは，オフターゲット切断は起こりうるという前提で，いかにしてその数と変異率，そしてそれらが目的の実験に与える影響を正当に評価するかを考える必要があるでしょう．これまでのさまざまな報告から，以下にその判断の基準となりうる情報を，培養細胞と生物個体に分けて記します．

培養細胞でのオフターゲット変異とデータの信頼性

培養細胞でのオフターゲット変異の解析は，大別して2通りに分けられます．1つはクローン化して均一な細胞集団にしたうえでの解析，2つ目は独立に変異が入ったさまざまな細胞集団をそのまま解析する方法です．後者では頻度の低いオフターゲット変異も検出されますが，前者では単一の細胞に入った変異だけが継承されるため，当然ながら頻度の低いオフターゲット変異は検出されにくい傾向があります．実際に，前者の解析を，ヒトiPS細胞に対する全ゲノムシークエンスによって行った結果，顕著なオフターゲット変異はみられなかったという報告が複数のグループから出されています[5)～7)]．一方で，後者の解析では多数のオフターゲット変異が観察されている例もあります[2) 3), 8) ～10)]．よって，例えばノックアウト細胞を作製して遺伝子の機能解析をする際には，複数のノックアウト細胞株を樹立し，同じ表現型が観察されるかどうかを確認することが重要でしょう．レスキュー実験や別の配列を標的としたsgRNAで作製したノックアウト細胞を用いた実験があると，より理想的です．なぜなら，これらの実験を行えば，仮にオフターゲット変異が入っていたとしても，それが実験結果に影響している可能性を否定できるからです．Q4やQ11にも記しているように，すべての実験に対しオフターゲット変異の有無をゲノムワイドに調べることは困難ですので，オフターゲット変異のリスクが低いsgRNAをあらかじめ選抜したうえで，実験結果が信頼性に足るかどうかをサポートするデータを取ることが肝要であるといえます．

生物個体でのオフターゲット変異とデータの信頼性

生物個体を用いたゲノム編集でも，考え方は基本的には同じです．例えば動物の受精卵に対してゲノム編集を施した場合，導入した世代（ファウンダー世代，F0世代）では，多くはモザイクな変異を有する個体となるため，この世代でのオフターゲット変異を厳密に評価することは困難ですが，F1以降では均一な遺伝子型となるため，F1，F2あるいはそれ以降の世代の複数個体を用いて解析を行うことが重要といえるでしょう．一般に，動物個体でのオフターゲット変異の頻度は培養細胞と比べると低い傾向がありますが，全く起こらないわけではありませんので，やはりレスキュー実験や別ラインの個体などの結果をもとに，データの信頼性を確認する必要があります．

文献

1）Mali P, et al：Nat Biotechnol, 31：833-838, 2013
2）Hsu PD, et al：Nat Biotechnol, 31：827-832, 2013
3）Lin Y, et al：Nucleic Acids Res, 42：7473-7485, 2014
4）Wu X, et al：Quant Biol, 2：59-70, 2014
5）Smith C, et al：Cell Stem Cell, 15：12-13, 2014
6）Veres A, et al：Cell Stem Cell, 15：27-30, 2014
7）Suzuki K, et al：Cell Stem Cell, 15：31-36, 2014
8）Fu Y, et al：Nat Biotechnol, 31：822-826, 2013
9）Cradick TJ, et al：Nucleic Acids Res, 41：9584-9592, 2013
10）Cho SW, et al：Genome Res, 24：132-141, 2014

（佐久間哲史）

Q11 CRISPR/Cas9のオフターゲット変異の調べ方について教えてください.

TALENと同様に, *in silico*検索でオフターゲット候補サイトを予測し, 解析するのが一般的です. 最も推奨できる検索ツールは, 挿入・欠失を含む配列も検索可能なGeorgia工科大学のCOSMIDです.

解説

オフターゲット変異の厳密な解析

Q4にも記載したように, オフターゲット変異を完全な形で評価するためには, ゲノムワイドな解析をする必要があります. ゲノムワイド解析といっても, 必ずしも全ゲノムシークエンス (WGS) すればよいというわけでもありません. 例えばクローン化されていない細胞をまとめて解析する必要がある場合, WGSでは頻度の低い変異が結果に反映されない可能性があります. また, 転座などの染色体レベルの再編成を見逃す恐れもあります. 一方, オフターゲット変異が入りやすい場所について, ディープシークエンスなどで重点的に精査すれば, 頻度の低いオフターゲット変異についても解析可能です. しかしながらこの手法では, その他のゲノム領域に変異が入っていないことを証明できません. よって現状では, オフターゲット変異の有無を完全な形で実証できるような評価法は確立されておらず, 遺伝子治療などの目的で利用するための厳密な安全性評価の手法については, まだ画一的なガイドラインが定まっていない状況です. とはいえ, スタンダードな評価基準を策定しようとの声も高まっています[1)]ので, いつまでもこの状況が続くわけではなく, そう遠くない時期に何らかの指針が研究者コミュニティにおけるコンセンサスを得て, ゲノム編集技術が実用に向かって動き出すものと思われます.

遺伝子の機能解析などにおける一般的なオフターゲット解析

TALENの場合と同様に, 一般的な基礎実験のレベルでは, *in silico*検索によってオフターゲット変異の候補箇所をリストアップし, 確度の高そうな箇所から上位5〜10カ所程度を解析すれば, 大抵の場合はOKです. 遺伝子ノックインの場合はこの他にランダムインテグレーション（目的としない場所への遺伝子挿入）が起こっていないかどうかをサザンブロッティングなどによって確認する必要があります．また，Q10にも記載したように，目的の表現型が標的とした遺伝子の改変によって得られたものであるという確証を得るために，複数の細胞クローンや別の箇所に設計したsgRNAでの確認，レスキュー実験による確認などを行うのが理想的です．

CRISPR/Cas9オフターゲット候補サイトの予測プログラム

CRISPR/Cas9のオフターゲット候補サイトの検索に利用可能なウェブツールは，TALEN以上に多く作製されており，現在でもより予測精度を高めた新しいツールが報告され続けています．比較的早くから公開され，使用例が蓄積されているツールとしては，Q7で紹介したCRISPR design tool[2]やCRISPRdirect[3]の他，E-CRISP[4) 5)]やCasOT[6) 7)]，Cas-OFFinder[8) 9)]などがあります．実際にわれわれも，これまでに発表した論文のなかで，CRISPR design toolを使用してオフターゲット候補サイトを予測し，解析した例を報告しています[10) 11)]し，過去の文献を参考に，これらのいずれかを利用してオフターゲット解析を行うというのも1つの方向性です．しかしながら，最近開発されたウェブツールのなかには，これらのツールよりも明確な利点を有するものも存在しますので，ここではそれらについて少し詳しく取り上げます．

● COSMID

Q10にも記載したように，CRISPR/Cas9のオフターゲット切断の候補となりうるサイトには，塩基のミスマッチを有する配列だけでなく，欠失や挿入を含んでいる場合も含まれることがわかっています．にもかかわらず，これまでのオフターゲット検索ツールでは，塩基のミスマッチのみにもとづいたランク付けがされており，欠失や挿入を含むサイトが検索できないという問題点がありました．Georgia工科大学のBaoらが開発したCOSMID（図A）[12) 13)]というツールは，この欠失や挿入を含む配列をも検索可能にした最初のウェブツールであり，執筆時点では唯一この機能を搭載しています．検索可能なゲノムデータベースはさほど多くありませんが，ヒトとマウスの他，アカゲザル，ラット，ゼブラフィッシュ，線虫のゲノムが執筆時点で登録されています．ミスマッチは3つまで，挿入・欠失は2塩基までを設定することが可能です．また，オプションの機能として，変異解析用のPCRプライマーを自動で設計するように設定することも可能です．この辺りには，同じくBaoらが開発したZFN/TALENの高機能オフターゲット検索ツールであるPROGNOS（Q4参照）の仕様が継承されています．

A

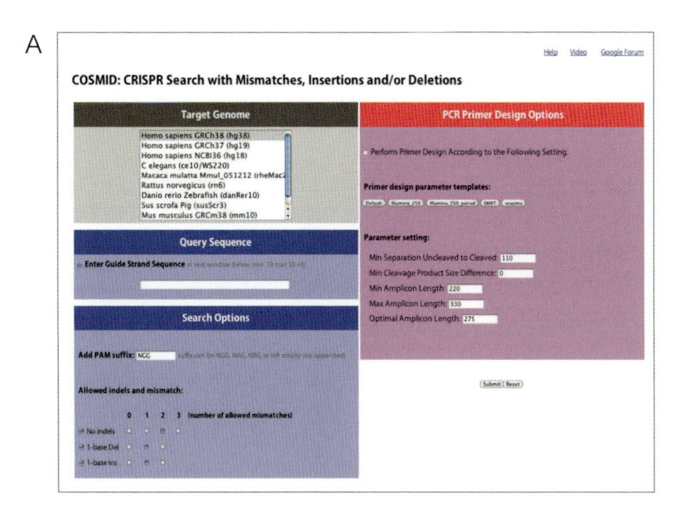

B

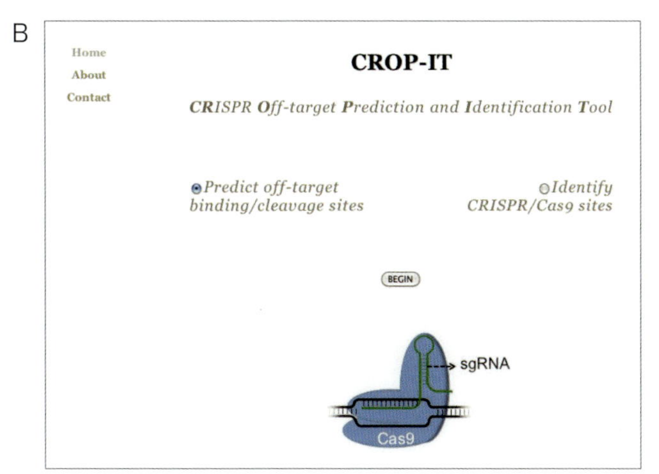

図　COSMID (A) とCROP-IT (B)

● CROP-IT

高機能型のCRISPR/Cas9オフターゲット検索ツールとしてもう1つ紹介したいのが，Virginia大学のAdliらが開発したCROP-IT（図B）[14) 15)] です．このツールは，執筆時点でヒトとマウスの2種に対してしか検索を実行できないものの，この2種についてはゲノムワイドなCas9の結合プロファイルを実験的に同定した[16)] うえで，その情報を取り込んで構築された次世代型のオフターゲット予測ツールになっています（ただし他のウェブツールと比べて検索結果を得るまでに長い時間を要する点が難点です）．CROP-ITのオフターゲットサイトの予測精度は，前述のCRISPR design toolやE-CRISP，Cas-OFFinderを含むさまざまなオフターゲット予測プログラムと比較して有意に高いことが証明されており，今後はこのタイプのウェブツールが増えていくものと予想されます．

文献・URL

1）Joung JK：Nature, 523：158, 2015
2）CRISPR design tool（http://crispr.mit.edu/）
3）CRISPRdirect（http://crispr.dbcls.jp/）
4）E-CRISP（http://www.e-crisp.org/E-CRISP/）
5）Heigwer F, et al：Nat Methods, 11：122-123, 2014
6）CasOT（http://eendb.zfgenetics.org/casot/）
7）Xiao A, et al：Bioinformatics, 30：1180-1182, 2014
8）Cas-OFFinder（http://www.rgenome.net/cas-offinder/）
9）Bae S, et al：Bioinformatics, 30：1473-1475, 2014
10）Nakade S, et al：Nat Commun, 5：5560, 2014
11）Aida T, et al：Genome Biol, 16：87, 2015
12）COSMID（https://crispr.bme.gatech.edu/）
13）Cradick TJ, et al：Mol Ther Nucleic Acids, 3：e214, 2014
14）CROP-IT（http://www.adlilab.org/CROP-IT/homepage.html）
15）Singh R, et al：Nucleic Acids Res, 43：e118, 2015
16）Kuscu C, et al：Nat Biotechnol, 32：677-683, 2014

（佐久間哲史）

12 CRISPR/Cas9の特異性を上げる方法があれば教えてください.

sgRNAの長さを短くする方法やCas9タンパク質を直接導入する方法の他，ペアで結合することで切断を起こすようなCas9バリアント（Cas9ニッカーゼ，Fok I-dCas9）を用いる方法があります.

解説

オフターゲット切断を回避する戦略

遺伝子ターゲティングの効率を落とさずにオフターゲット切断のリスクを下げることは一見困難なように思えますが，実際には，❶塩基認識の特異性を上げる，❷DNAへの過剰な結合力を排除し必要最小限の結合力にとどめる，❸ヌクレアーゼが過剰に存在し続ける状況をつくらない，などさまざまなアプローチによって実現できることが証明されています．ここでは主に❶について解説しますが，その他の方法についても簡単に触れておきます．❷については，Q9に記したように，塩基認識の特異性が低く，標的DNAへの余分な結合力を担っている5′側のsgRNA配列を削ってしまうことで，オフターゲット切断が起こりにくくなることがわかっています[1]．❸については，CRISPR/Cas9を発現ベクターで導入せずに，Cas9タンパク質とsgRNAの複合体として導入することで，持続的な発現を防ぐことができます．これにより，オフターゲット切断を極力回避することが可能です[2]（Cas9タンパク質とsgRNAの複合体を用いた方法の詳細はQ14を参照のこと）.

ダブルニッキング法とFok I-dCas9法

TALENと比べて，CRISPR/Cas9では特にオフターゲット切断が問題視されがちです．その理由は，通常の野生型Cas9を用いた場合1種類のsgRNAだけでDNA二本鎖切断（DSB）が誘導されてしまうからで（図A），単純に標的配列の長さがTALENよりも短いことが原因です．かといって，sgRNAの長さを長くすればよいというものでもありません（詳細はQ9参照）．だとすれば，TALENと同じようにペアで結合したときにはじめて切断が起こるように改良すればよい，という考え方で，現在2つの手法が開発されています.

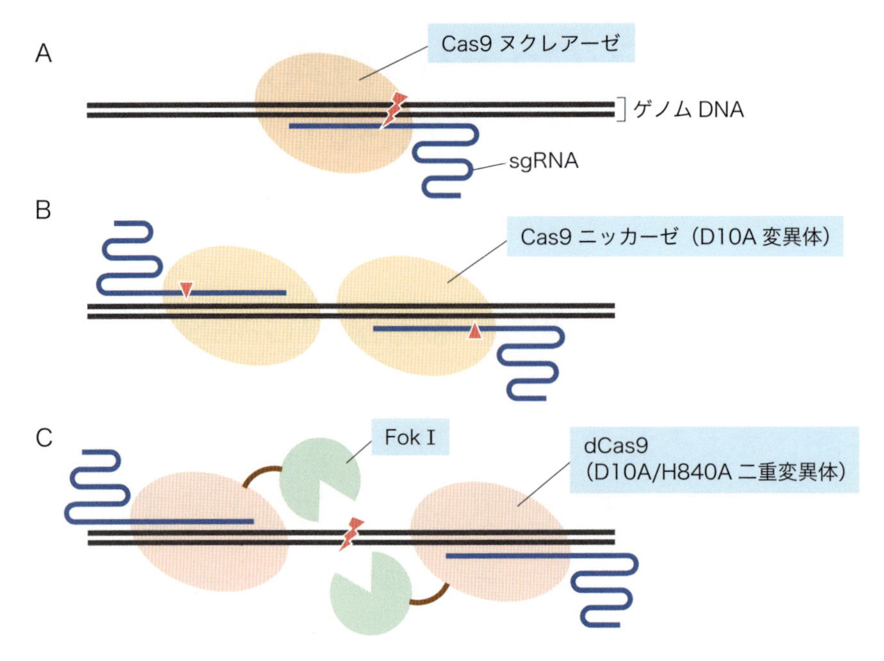

図　Cas9ヌクレアーゼによるDSBの誘導（A）とダブルニッキング法（B），Fok I-dCas9法（C）

文献8より引用．

1つはダブルニッキングとよばれる手法[3) 4)]（図B）で，Cas9に存在する2つのヌクレアーゼドメインのうちの1つを不活性化させたCas9バリアント（Cas9ニッカーゼ）を使用します．Cas9ニッカーゼを用いると，DNA二本鎖の片方の鎖だけが切断されます．通常，ニックが入っただけでは変異は入りにくく，近接する位置で別々の鎖にニックが入ったときだけDNA二本鎖切断が生じることになりますので，実質的に標的配列が2つのsgRNAによって定義されることとなり，特異性が向上するというしくみです．

もう1つの手法は，Fok I-dCas9とよばれるCas9バリアントを用いた手法[5) 6)]（図C）です．dCas9というのは，ヌクレアーゼ活性を完全に失くしたCas9を指しており，これにTALENで用いられるFok Iのヌクレアーゼドメインを融合させたのがFok I-dCas9です．Fok I-dCas9の場合，Fok Iが二量体化しないと切断が起きませんので，ダブルニッキング法と同様に2つのsgRNAによって標的配列を定義することができ，高い特異性を実現できます．

ダブルニッキング法とFok I-dCas9法の長所と短所

ダブルニッキング法とFok I-dCas9法にはそれぞれに長所と短所があります．両者に共通する長所はもちろん特異性が高いことですが，一方で野生型Cas9に比べると切断活性が劣る傾向がありますので，特異性と切断活性はある程度トレードオフの関係にあると割り切る必要があります．また，両者とも標的配列の制約が厳しくなるという難点もあります．具体的には，野生型Cas9を使用する場合は，PAM配列が1カ所あればターゲティングが可能ですが，ダブルニッキング法やFok I-dCas9法では，PAM配列が2カ所必要になります．特にFok I-dCas9法では効率的に切断できるスペーサー（2つのsgRNA間の距離）の長さが非常に限定的であり，実用上はこの点が最大のネックとなります．ただし裏を返せばそれだけ（ダブルニッキング法以上に）特異性が高いということでもあり，うまく設計できれば非常に有用な方法です．さらにいえば，ダブルニッキング法に使用するCas9ニッカーゼは，単独でもニックを入れる活性をもっていることから，真の二量体型酵素とはいえません（ニックを入れただけでも稀に塩基の置換などが起こる場合があります）が，Fok I-dCas9は単独では全く酵素活性を有しませんので，Fok I-dCas9はダブルニッキング法をも上回る特異性を誇ります．最近では，トランケート型のsgRNAとFok I-dCas9を組合わせた手法も報告されています[7]．少なくとも執筆時点では，これが最も特異性の高いCRISPR/Cas9システムであるといえるでしょう．ただし，Fok Iが付加される分，ただでさえ大きめなCas9の分子量がさらに大きくなる点は，ウイルスベクターでのデリバリーなどを考えるうえでは問題になりえます．このように，2つの手法にはさまざまな特徴がありますので，目的に応じてうまく使い分けるとよいでしょう．

文献

1）Fu Y, et al：Nat Biotechnol, 32：279-284, 2014
2）Kim S, et al：Genome Res, 24：1012-1019, 2014
3）Mali P, et al：Nat Biotechnol, 31：833-838, 2013
4）Ran FA, et al：Cell, 154：1380-1389, 2013
5）Tsai SQ, et al：Nat Biotechnol, 32：569-576, 2014
6）Guilinger JP, et al：Nat Biotechnol, 32：577-582, 2014
7）Wyvekens N, et al：Hum Gene Ther, 26：425-431, 2015
8）Sakuma T & Yamamoto T：「Targeted Genome Editing Using Site-Specific Nucleases：ZFNs, TALENs, and the CRISPR/Cas9 System」（Yamamoto T, ed）, pp25-41, Springer, 2015

（佐久間哲史）

Q13 Cas9ニッカーゼを用いた相同組換えは可能ですか？

可能ではありますが，野生型のCas9ヌクレアーゼと比較すると，組換え効率は著しく低下するケースが多いようです．Cas9ヌクレアーゼ，ダブルニッキング法，単独のCas9ニッカーゼの順に，効率が低下します．

解説

Cas9ニッカーゼを用いた相同組換え

哺乳類培養細胞でのCRISPR/Cas9によるゲノム編集が最初に報告された2013年の2報の論文[1) 2)]で，いずれもCas9ニッカーゼ（Q12参照）による相同組換えが可能であることを示していたことから，相同組換えの誘導には必ずしもCas9ヌクレアーゼを使う必要はなく，Cas9ニッカーゼでも問題ないと考えている研究者は多いでしょう．しかしながら，実際の組換え誘導効率はCas9ヌクレアーゼには遠くおよばないケースも多く，前述の論文でCas9ニッカーゼによる相同組換えを報告したZhang自身も，後に発表したプロトコール論文では，Cas9ヌクレアーゼの方がニッカーゼよりも相同組換えの誘導能が高いことや，Cas9ニッカーゼが使用できるかどうかは細胞種に強く依存すること，Cas9ニッカーゼだけを使うのではなく，同時にCas9ヌクレアーゼも試すべきであることを記載しています[3)]．

そもそも，ヌクレアーゼとニッカーゼを用いた場合の相同組換えの誘導効率の違いは，CRISPR/Cas9が普及する前から，ZFNを用いて検討されてきました[4)〜6)]．いずれの報告でも，誘導が可能であることは示しているものの，ヌクレアーゼよりはやはり誘導能が劣ることを示しており，過去の知見からもニッカーゼによる相同組換えは効率が悪いことが証明されています．もちろん，予期せぬ変異導入のリスクを低減させる効果があることは間違いありませんので，特にオフターゲット変異に注意を払う実験では有効な方法ですが，一般的なターゲティングの目的で利用するのはあまりお勧めできません．

ダブルニッキング法を用いた相同組換え

Q12でも紹介したように，Cas9ニッカーゼをペアで標的配列に作用させれば，ダブルニッキングによりDNA二本鎖切断（DSB）を誘導することができます．切断を入れるという点ではヌクレアーゼと同じですが，特異性を高められることから，Cas9ヌクレアーゼではオフターゲット切断が心配なケースで有効な手段といえます．実際に培養細胞やマウス個体でダブルニッキング法による相同組換えを誘導できることも証明されています[7,8]．ただし，Cas9ニッカーゼを単独で用いた場合よりは効率が上昇するものの，Cas9ヌクレアーゼの効率にはやはり届かないようです[8]．

文献

1）Cong L, et al：Science, 339：819-823, 2013
2）Mali P, et al：Science, 339：823-826, 2013
3）Ran FA, et al：Nat Protoc, 8：2281-2308, 2013
4）Ramirez CL, et al：Nucleic Acids Res, 40：5560-5568, 2012
5）Wang J, et al：Genome Res, 22：1316-1326, 2012
6）Kim E, et al：Genome Res, 22：1327-1333, 2012
7）Lee AY & Lloyd KC：FEBS Open Bio, 4：637-642, 2014
8）Bialk P, et al：PLoS One, 10：e0129308, 2015

（佐久間哲史）

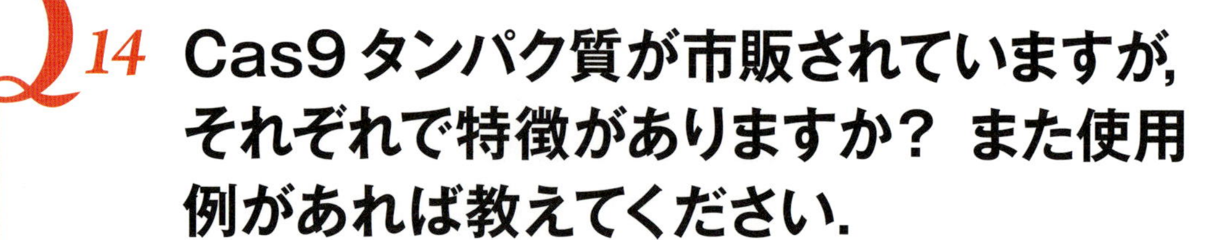

Q14 Cas9タンパク質が市販されていますが，それぞれで特徴がありますか？ また使用例があれば教えてください．

送付される形態（凍結乾燥品か溶液か）や反応バッファーの有無，Cas9タンパク質上の核移行シグナルの有無など，さまざまな違いがあるようです．用途によって使い分けるとよいでしょう．

解説

市販のCas9タンパク質の特徴

執筆時点で商業的に入手可能なCas9タンパク質とその特徴を表にまとめました．現在，New England Biolabs社，PNA Bio社，Thermo Fisher Scientific社，Agilent Technologies社の計4社からCas9タンパク質を購入することができます．送付形態はPNA Bio社を除いて溶液です（PNA Bio社は凍結乾燥）．ただし同じ溶液状態でもタンパク質濃度や溶液中に含まれる成分に違いがあるため注意が必要です．PNA Bio社の場合は，同梱のヌクレアーゼフリー水で溶解すると，1％ Sucrose，20 mM Hepes（pH 7.5），150 mM KClを含み，動物の受精卵などにそのまま使用できるインジェクション用組成の溶液となります．Cas9タンパク質自体はいずれも化膿レンサ球菌由来のSpCas9ですが，核移行シグナルが付加されているか否かは，培養細胞や動物個体で使用する際には重要なポイントとなります．

*in vitro*および培養細胞，動物個体での使用例

New England Biolabs社およびAgilent Technologies社のCas9タンパク質は，基本的に*in vitro*での使用（プラスミドDNAやPCR産物などの精製DNAをチューブ内で切断する用途）を目的とした商品のようで，核移行シグナルが付加されていませんので，培養細胞や動物個体での使用は推奨されません．ただし例外的に，前核に直接注入できるマウスでは，New England Biolabs社のCas9タンパク質を使用した例が報告されています[1)]．一方*in vitro*での使用に関しては，これら2社のCas9タンパク質には専用のバッファーが同梱されているため，非常に扱いやすいといえるでしょう．

表　市販のCas9タンパク質の一覧

名称	販売元	送付形態 / 内容量	核移行シグナル	*in vitro* 切断用反応バッファーの有無	備考
Cas9 Nuclease, *S. pyogenes*	New England Biolabs社	溶液 / 50 pmol, 250 pmol, 500 pmol	無	有	・*in vitro*での使用が想定されているが，動物個体での使用例あり[1] ・溶液に50 % Glycerolが含まれる
Cas9 protein	PNA Bio社（開発元はToolGen社）	凍結乾燥 / 50 μg，250 μg＊1	有	無	・*in vitro*[2]，培養細胞[3) 4)]，動物個体[1) 2) 5) 6)]のいずれも使用例あり ・Cas9ニッカーゼおよび不活性型Cas9（dCas9）もラインナップ ・溶解後の溶液には1% Sucroseが含まれる
GeneArt Platinum™ Cas9 Nuclease	Thermo Fisher Scientific社	溶液 /25 μg，75 μg	有	無	・培養細胞での使用例あり[4) 7)]
SureGuide Cas9 Programmable Nuclease, 100rx	Agilent Technologies社	溶液 / 100 Reactions＊2	無	有	・*in vitro*での使用が想定されており，使用例もある[4)] ・培養細胞や動物個体での使用例はなし

＊1：より大容量のパッケージもリクエスト可能.
＊2：質量の記載なし.

培養細胞および動物個体での使用例は，PNA Bio社のCas9タンパク質を用いた報告が圧倒的に多く，初代培養細胞（プライマリー細胞）を含む哺乳類培養細胞[3) 4)]，線虫[6)]，ゼブラフィッシュ[2) 5)]，マウス[1) 2)]などに使用した論文が多数発表されています．Cas9ヌクレアーゼ以外のCas9バリアント（Cas9ニッカーゼや不活性型のdCas9）が購入可能である点も大きな魅力です．Thermo Fisher Scientific社のCas9タンパク質は，発売開始時期の違いもあり，執筆時点では培養細胞に使用した例が2例報告されているのみですが[4) 7)]，論文ではPNA Bio社のCas9タンパク質を上回る切断活性を有するというデータも示されており[4)]，今後利用が広がっていくと予想されます．

文 献

1）Aida T, et al：Genome Biol, 16：87, 2015
2）Sung YH, et al：Genome Res, 24：125-131, 2014
3）Kim S, et al：Genome Res, 24：1012-1019, 2014
4）Hendel A, et al：Nat Biotechnol, 33：985-989, 2015
5）Kotani H, et al：PLoS One, 10：e0128319, 2015
6）Cho SW, et al：Genetics, 195：1177-1180, 2013
7）Liang X, et al：J Biotechnol, 208：44-53, 2015

（佐久間哲史）

Q15 化学合成したsgRNAを使用することはできますか？

使用できます．ただしsgRNAとして合成すると100塩基ほどの長鎖RNAとなり，合成コストが高くつきますので，crRNAとtracrRNAに分けて合成するのがお勧めです．

解説

crRNA, tracrRNAとsgRNA

現在はsgRNAをsgRNAとして単一の分子にしてしまうのが主流になっていますが，元来細菌が有する内在のCRISPR/Casのシステムでは，crRNA（CRISPR RNA）とtracrRNA（trans-activating CRISPR RNA）とよばれる2種類の短鎖RNAが複合体を形成して機能しています．SpCas9のcrRNAとtracrRNAの構造を図に示していますが，crRNAは標的配列に対応する20塩基の配列を含む42塩基のRNA分子で，tracrRNAは標的配列に依存せず一定の配列（69塩基）のRNA分子です．tracrRNAは，標的が変わっても常に同じものを使用できますので，標的遺伝子ごとに合成する必要があるのは42塩基のcrRNAのみであり，合成コストが格段に抑えられます．ファスマック社では，crRNAとtracrRNAの受託合成を行っており，「ゲノム編集　CRISPR/Cas RNAセット」として販売しています[1]．

化学合成crRNA/tracrRNAを用いたゲノム編集

crRNAとtracrRNAを化学合成し，*in vitro*での切断アッセイとマウス受精卵でのゲノム編集に利用した例が報告されています[2]．この報告によると，*in vitro*での切断効率はsgRNAと同等であり，マウス受精卵でのゲノム編集（ノックイン）効率は，sgRNAを用いた場合よりも格段に高いようです．さらに，同様のストラテジーをゼブラフィッシュ個体に適用した例も最近報告されました[3]．

sgRNAの化学修飾によるゲノム編集効率の上昇

sgRNAを化学合成する際に，5′末端および3′末端に化学修飾を施すことで，ゲノム編集

```
5′−nnnnnnnnnnnnnnnnnnnnGUUUUAGAGCUAUGCUGUUUUG−3′  crRNA
                           |||||   ||||||||||||
              A UAAAAUU  CGAUACGACAAA−5′        tracrRNA
       U C GGA           GAA
         |||
       A G CCGUUAUCAACUUG A
          U           ||||
          AGCCACGGUGAAA A
          G||||||
          UCGGUGCU−3′
```

図　crRNAとtracrRNAの構造

SpCas9のcrRNAおよびtracrRNAの構造を示す（配列は文献2より引用）．nで示す20塩基の配列が，標的配列に応じて設計すべき部分である．これらのRNAの構造は，Cas9が由来する種に応じて異なるため，SpCas9以外のCas9を使用する場合には注意が必要である．

効率が上昇するという報告があります[4]．2′-*O*-methyl（M），2′-*O*-methyl 3′phosphorothioate（MS），2′-*O*-methyl 3′thioPACE（MSP）の3種類の化学修飾について検討されており，未修飾のsgRNAと比較して，特にMSとMSPでゲノム編集効率の顕著な上昇がみられています．crRNAとtracrRNAに分離して合成するdual RNAシステムでは，化学修飾の効果はまだ実証されていませんが，同様の効果が得られる可能性が高いと考えられます．

文献・URL

1）「ゲノム編集ガイドRNA」（http://www.fasmac.co.jp/genome_editing/index.html），ファスマック社
2）Aida T, et al：Genome Biol, 16：87, 2015
3）Kotani H, et al：PLoS One, 10：e0128319, 2015
4）Hendel A, et al：Nat Biotechnol, 33：985-989, 2015

（佐久間哲史）

Q16 sgRNAをU6プロモーター以外で発現させたいと思っています．組織特異的プロモーターや誘導型プロモーターは使えますか？

単純にU6プロモーターをPol IIプロモーターに置換することはできませんが，転写されたRNAがプロセシングを受けて機能的なsgRNAが生成されるような工夫を施せば使用可能です．

解説

Pol IIIプロモーターとPol IIプロモーターからのsgRNAの発現

sgRNAは，およそ100塩基ほどの短いRNAですので，siRNAを発現させるときと同様に，U6プロモーターなどのPol III（RNAポリメラーゼIII）プロモーターが使用されるのが一般的です（図A）．しかしながら，Pol IIIプロモーターはすべての細胞で恒常的に発現しますので，組織特異的な発現や薬剤誘導型の発現は望めません．これらの用途にはPol II（RNAポリメラーゼII）プロモーターが使用されますが，Pol IIプロモーターから転写されたRNAには，いわゆるmRNAが有する構造，すなわち5′のキャップ構造と3′のpolyA構造が付加されます．これらの構造が付加されると，sgRNAは機能できなくなりますので，一般的なsgRNA発現ベクターのU6プロモーターをPol IIプロモーターに置き換えて使用することはできません（図B）．

Pol IIプロモーターからのsgRNAの発現とプロセシング

ただし，余分なキャップ構造やpolyA構造が除かれるような工夫を施せば，Pol IIプロモーターから機能的なsgRNAを生成させることが可能です（図C）．例えばCsy4とよばれるRNAプロセシング酵素を利用する方法や，リボザイムを利用する方法などが報告されています[1)]．これらの手法を利用すれば，いったんsgRNAの前駆体ともよべるRNAが転写された後に，その一部が切り出され，成熟したsgRNAとして機能させることができます．

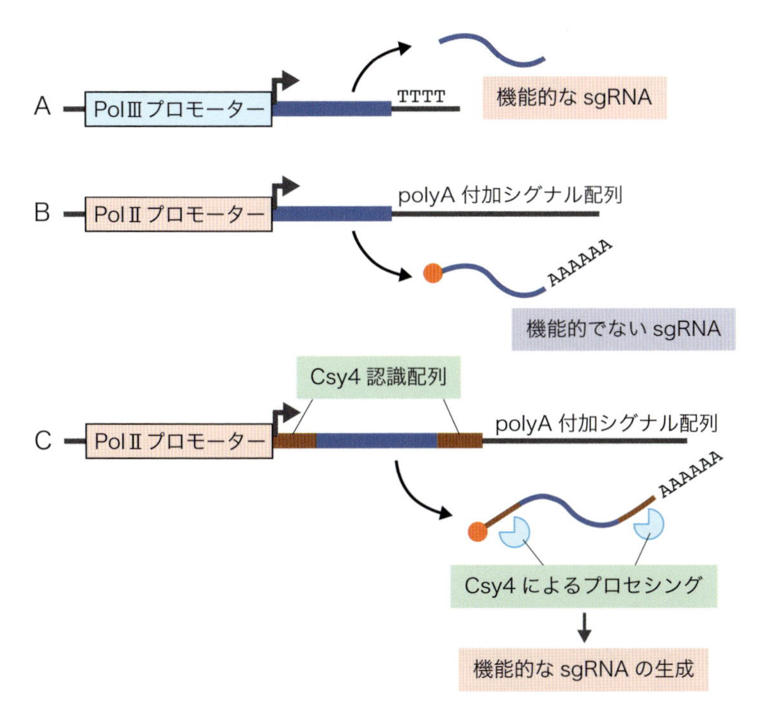

図　PolⅢプロモーターとPolⅡプロモーターからのsgRNAの発現
A) PolⅢプロモーターからの機能的なsgRNAの発現．**B)** PolⅡプロモーターからの機能的でないsgRNAの発現．**C)** PolⅡプロモーターからのsgRNA前駆体の発現と機能的なsgRNAの生成．

その他の選択肢

単純に組織特異的なゲノム編集や薬剤誘導型のゲノム編集を行いたい場合には，sgRNAはPolⅢプロモーターで恒常的に発現させておいて，Cas9のプロモーターを組織特異的/誘導型プロモーターにする[2)～4)]か，薬剤誘導型のCas9タンパク質[5) 6)]を利用する方が確実でしょう．複数のsgRNAをそれぞれ別々の組織で機能させたい場合にも，複数の種に由来するCas9（例えばSpCas9とSaCas9）を，それぞれ別々のプロモーターから発現させれば，おのおのに対応するsgRNAを組織選択的に機能させることが可能です．

文 献

1）Nissim L, et al：Mol Cell, 54：698-710, 2014
2）González F, et al：Cell Stem Cell, 15：215-226, 2014
3）Dow LE, et al：Nat Biotechnol, 33：390-394, 2015
4）Ablain J, et al：Dev Cell, 32：756-764, 2015
5）Zetsche B, et al：Nat Biotechnol, 33：139-142, 2015
6）Davis KM, et al：Nat Chem Biol, 11：316-318, 2015

（佐久間哲史）

Q17 CRISPR/Cas9をウイルスベクターで導入することはできますか？

アデノウイルスベクター，アデノ随伴ウイルスベクター（AAV），レンチウイルスベクターなどさまざまなウイルスベクターでの導入例があります．特にレンチウイルスベクターがよく使用されています．

解説

さまざまなウイルスベクターを用いたCRISPR/Cas9の実施例

ウイルスベクターを用いたCRISPR/Cas9のデリバリーは多数の報告があり，ここでそのすべてをカバーすることはできませんが，代表的な実施例をいくつか紹介します．まずアデノウイルスベクターを用いた例としては，培養細胞（CD4⁺初代培養T細胞）に導入した例[1]や，成体マウスの肝臓に導入した例[2)～4)]があります．CD4⁺初代培養T細胞での例では，*CCR5*遺伝子を破壊することでHIV-1の感染を抑制することに成功しています．また，成体マウスの肝臓への導入によって，*Pcsk9*の破壊による血中コレステロール濃度の減少や，*Pten*の破壊による非アルコール性脂肪性肝炎（NASH）の誘発が可能であることが示されています．アデノ随伴ウイルスベクター（AAV）は，免疫原性が低く，遺伝子治療をめざすうえでは有用なウイルスベクターですが，搭載可能なDNAのサイズが小さいために，CRISPR/Cas9での利用は進んでいませんでした．しかしながら従来のSpCas9よりも小型のSaCas9が報告された[5]ことから，高い安全性を必要とする目的においては，今後利用が広がるものと予想されます．一方，基礎研究においてCRISPR/Cas9のデリバリーに最もよく使用されているウイルスベクターは，レンチウイルスベクターです．以降はレンチウイルスベクターを用いた実施例について紹介します．

レンチウイルスベクターを用いたCRISPR/Cas9の実施例

レンチウイルスベクターを用いたCRISPR/Cas9のデリバリーは，Q18で紹介するsgRNAライブラリーを用いた遺伝学的スクリーニングとも深く関係しますが，そちらについてはここでは記載を省略します．

レンチウイルスベクターを用いると，CRISPR/Cas9を安定（stable）に発現する細胞を容易に得られるため，遺伝子導入効率の低い細胞で遺伝子の機能破壊を行いたい場合などに有効な手段となります．一方で，Cas9およびsgRNAが発現し続けることで，遺伝子型が不均一になったり，オフターゲット変異のリスクが高まったりする恐れもありますので，注意が必要です（誘導型ベクター[6]を用いれば，このリスクを軽減できます）．レンチウイルスベクター上でCas9とsgRNAを発現させるオールインワンベクターは，2013年にすでに発表されていました[7]が，最近ではさらにこれを拡張させ，複数箇所を同時に破壊できる（つまり複数のsgRNAとCas9を同時に発現させられる）レンチウイルスベクターの構築システムも報告されており[8][9]，Addgeneから取り寄せることもできます（Plasmid 53186～53192，59791[10]およびKit # 1000000060[11]）．また，Cas9をヌクレアーゼ以外の用途で利用する派生技術に関しても，レンチウイルスベクターが多数開発されています（**第Ⅲ部第1章**を参照）．さらに，インテグラーゼ欠損型レンチウイルスベクター（IDLV）を使用することで，一過的にCRISPR/Cas9を機能させることも可能であるとされており[10]，今後の報告が待たれる状況です．

文献・URL

1）Li C, et al：J Gen Virol, 96：2381-2393, 2015
2）Ding Q, et al：Circ Res, 115：488-492, 2014
3）Cheng R, et al：FEBS Lett, 588：3954-3958, 2014
4）Wang D, et al：Hum Gene Ther, 26：432-442, 2015
5）Ran FA, et al：Nature, 520：186-191, 2015
6）Aubrey BJ, et al：Cell Rep, 10：1422-1432, 2015
7）Malina A, et al：Genes Dev, 27：2602-2614, 2013
8）Kabadi AM, et al：Nucleic Acids Res, 42：e147, 2014
9）Albers J, et al：J Clin Invest, 125：1603-1619, 2015
10）文献8で使用されているプラスミド（http://www.addgene.org/browse/article/8975/），Addgene
11）Multiple Lentiviral Expression System Kit（http://www.addgene.org/kits/mule-system/），Addgene

（佐久間哲史）

18 sgRNAライブラリーを用いたノックアウトスクリーニングについて教えてください.

レンチウイルスベクターを用いてsgRNAライブラリーを導入し，順遺伝学的スクリーニングを実行することができます．ヒトとマウスの全遺伝子およびmiRNAを標的としたライブラリーが利用可能です.

解説

sgRNAライブラリーを用いたノックアウトスクリーニングの概要

sgRNAライブラリーを用いたノックアウトスクリーニングは，2013年12月にScience誌オンライン版に連報で発表され[1) 2)]，少し遅れてNature Biotechnology誌オンライン版でも1報報告されました[3)]．その後にもいくつかの報告がありましたが，主には下記のストラテジーを踏襲しています.

❶レンチウイルスベクター上で，ヒトやマウスの全遺伝子を標的とするsgRNAをそれぞれ個別に組み込んだライブラリーを作製する.

❷作製したライブラリーを目的の培養細胞に導入する（Cas9も同時に発現させる）．これにより，細胞ごとに異なる単一遺伝子が破壊された集団が生じる.

❸任意のスクリーニング（薬剤耐性など）を行い，生き残った細胞集団を回収する.

❹ゲノムに組み込まれたレンチウイルスベクター上のsgRNA発現カセットの配列を，ディープシークエンスにより解析する.

❺得られたsgRNA標的配列の存在量から，スクリーニングに対する感受性に影響を与える遺伝子を同定する.

なお，sgRNAライブラリーを用いた遺伝学的スクリーニングのワークフローや，後述する改良型・応用型システムを含めた現在までの実施例については，文献4にわかりやすくまとめられていますので，そちらもぜひご参照ください.

その他の遺伝学的スクリーニングおよび改良型・応用型システム

前述の遺伝学的スクリーニング法と，Q88に記載する転写調節法を組合わせることで，転写調節（活性化または抑制）を利用したスクリーニングを行うこともできます．すでに複数の報告があり[5)6)]，オープンリソースとしてAddgeneから利用可能になっています[7)]．また，最初にScience誌に本法を発表した2グループの内の1つであるZhangらは，CRISPRによるゲノムスケールのノックアウトスクリーニング法をGeCKOとよんでいますが，バージョンアップさせたGeCKOライブラリー（GeCKO v2）を2014年に発表しており[8)]，これが執筆時点では包括的なノックアウトスクリーニング用ライブラリーとして最も高水準といえます．GeCKO v2では，ヒトとマウスの全遺伝子およびmiRNAを標的としたライブラリーが利用可能です．一方で，同じく最初にScience誌に論文を発表したLanderらは，単純なゲノムスケールライブラリーにとどまらず，機能未知のタンパク質やキナーゼ，リボソームタンパク質，核タンパク質など，特定の遺伝子群に重点を置いたカスタムライブラリーを多数構築しています．ZhangらやLanderらのライブラリーも，前述のAddgeneウェブページ[7)]より取り寄せて利用することができます．また，GeneCopoeia社が開発したsgRNAライブラリーをコスモ・バイオ社より購入することも可能です[9)]．その他にも，機能ドメインを標的とするsgRNAを用いることで，従来のターゲティングの手法（当該遺伝子がコードするタンパク質のN末端側にフレームシフト変異を誘導する方法）に比べ，高い機能破壊の効果が得られることが実証されています[10)]が，こちらはゲノムスケールでのスクリーニングに利用されるには至っていません．

文献・URL

1）Wang T, et al：Science, 343：80-84, 2014
2）Shalem O, et al：Science, 343：84-87, 2014
3）Koike-Yusa H, et al：Nat Biotechnol, 32：267-273, 2014
4）Agrotis A & Ketteler R：Front Genet, 6：300, 2015
5）Gilbert LA, et al：Cell, 159：647-661, 2014
6）Konermann S, et al：Nature, 517：583-588, 2015
7）CRISPR/Cas Plasmids：Pooled Libraries（http://www.addgene.org/crispr/libraries/），Addgene
8）Sanjana NE, et al：Nat Methods, 11：783-784, 2014
9）GeneCopoeia社 Genome-CRISP™ human single guide RNA（sgRNA）ライブラリー（http://www.cosmobio.co.jp/product/detail/genome-crisp-sgrna-library-gcp.asp?entry_id=14485），コスモ・バイオ社
10）Shi J, et al：Nat Biotechnol, 33：661-667, 2015

（佐久間哲史）

Q19 多くのベクターがあり，どれを使えばよいかわかりません．お勧めのベクターがあれば教えてください．

TALENはGolden Gate法で作製できるベクターキットがお勧めです．CRISPR/Cas9は用途に応じてさまざまですが，培養細胞ではAddgeneから入手できるpX330ベクターが最も広く利用されています．

解説

TALENの作製キット

現在Addgeneから入手できるTALEN作製キットの一覧を，Q2表にまとめました．また，TALENの作製法の概要については，Q1に簡単に記載しています．ここではこれらの情報を踏まえ，筆者が推奨するTALENの作製キットを2つ紹介します．TALENの作製キットといえば，まずはAddgeneに寄託された最初のTALENキット（のバージョンアップ版）であるGolden Gate TALEN and TAL Effector Kit 2.0（Kit #1000000024，以下Golden Gateキット）[1)] があげられます．Golden Gateキットは，2段階のGolden Gateアセンブリー法によってTALENを作製するキットであり，研究室ベースで扱いやすいことから，世界中で最も広く利用されています．ただし，1段階目のGolden Gateアセンブリーで10個のDNA結合リピートを連結する必要があり，この部分の成功率が必ずしもよくないことが1つの難点です．この点は，TALEN Construction Accessory Pack（Kit #1000000030）[2)] を利用することで改善されます．

一方で，その後のわれわれの解析により，Golden Gateキットで作製できるTALENのDNA結合リピートに改変を加えることで，TALENの活性をより高められることがわかりました．その高活性型TALENの作製キットが，Platinum Gate TALEN Kit（Kit #1000000043，以下Platinum Gateキット）[3)] です．Platinum Gateキットでは，Golden Gateキットよりも高い活性のTALENを作製できるだけでなく，1段階目で連結するDNA結合リピートの数を4つに制限することで，TALENの作製効率も大幅に向上されています．Platinum Gatcキットを使用して作製されるTALEN（Platinum TALEN）は，培養細胞はもちろん，ラットやマウス，カエル，ホヤ，線虫などさまざまな動物個体においても非常に高活性であることが証明されており[4]，現状ではPlatinum Gateキットが公的に入手できるTALEN作製キットのなかで最も高水準であると筆者は考えています．

用途に応じたさまざまなCRISPR/Cas9ベクターの探し方

CRISPR/Cas9については，Addgeneに寄託されているものだけでも無数のラインナップがあり，本書のなかでそのすべてを記載することは難しい状況です．また，仮に本稿執筆時点での最新情報を本書で提供したとしても，新たなリソースが日々追加されていますので，やはりAddgeneのウェブサイトで随時最新情報をチェックすることが肝要です．

Addgeneから入手できるCRISPR関連のプラスミドは，「CRISPR/Cas9 Plasmids and Resources」[5]として，Addgeneのウェブサイト内にわかりやすくまとめられています．このページでは，機能ごと（切断用，ニック導入用，転写抑制用，転写活性化用，クロマチンの可視化用など）や適用する生物ごと（哺乳類，ツメガエル，ゼブラフィッシュ，ショウジョウバエ，植物，細菌など），あるいは寄託元の研究室ごとにベクターが分類されており，目的に応じて最適なベクターを探すことができるように工夫されています．また，CRISPRベクターの選択から変異解析までの基本的な流れを解説したページ[6]も，これから技術導入を図る研究者にとっては，大いに参考になるでしょう．

標準的なCRISPR/Cas9ベクター

筆者自身も，当然ながらすべての生物を扱っているわけではなく，すべてのベクターを試した経験があるわけでもありませんので，あくまでも前述の情報や本書の第II部に記載されている情報を参考に，各研究者が自身の目的に応じてベクターを選択することを推奨します．しかしながら，CRISPR/Cas9技術が開発されてから数年が経過し，さまざまな実施例が蓄積されていくなかで，世界的な標準ベクターとして広く利用されているものがいくつか存在します．最低限の情報として，ここではそれらについて紹介しておきます．なお，TALENと同様に，ここで紹介するプラスミドはすべてAddgeneより入手できます．

● pX330とその派生ベクター

1つ目は，Broad研究所のZhangらが開発したpX330ベクター（Plasmid #42230）です．pX330は，sgRNAの発現カセットとCas9の発現カセットを単一のベクターに搭載したタイプのもので，哺乳類培養細胞でのゲノム編集[7]やマウス受精卵でのゲノム編集[8)9]，また成体マウスでのゲノム編集[10]などに広く利用されています．マウス受精卵で使用する場合には，プラスミドを直接導入する方法[9]の他，T7プロモーター配列を付加したプライマーでPCR増幅した後にRNA合成し，合成したRNAをインジェクションする方法[8]もとられています．さらに，pX330のCas9ヌクレアーゼをニッカーゼ型に改変したpX335 (Plasmid #42335) や，Cas9の後ろに2A-GFPを連結したpX458（Plasmid #48138)，同じくCas9の後ろに2A-Puroを連結したpX459 V2.0（Plasmid #62988）など，派生型のベクターも数多く開発されています．

hCas9とgRNA_Cloning Vector

2つ目は，Zhangらと同時にCRISPR/Cas9による培養細胞でのゲノム編集を報告したHarvard大学のChurchらが開発したhCas9（Plasmid #41815）およびgRNA_Cloning Vector（Plasmid #41824）です．pX330と違ってCas9とsgRNAの発現カセットが別々のベクターに分かれています．これらもpX330と同様に，培養細胞や動物個体での使用例が多数報告されています[11) 12)]．

MLM3613とDR274

3つ目は，ゼブラフィッシュでのCRISPR/Cas9によるゲノム編集を最初に報告したMassachusetts総合病院のJoungらが開発したMLM3613（Plasmid #42251）およびDR274（Plasmid #42250）です．これらは主にRNA合成を経て動物の受精卵へのインジェクションに使用されるのが主な用途といえそうです[12) 13)]．

複数遺伝子の同時改変用CRISPR/Cas9ベクター

最後に，CRISPR/Cas9の魅力的な特徴の1つである，複数遺伝子改変の容易さを最大限に利用するためのベクターシステムについて紹介します．複数遺伝子改変の手法についてはQ22に記載していますので，ここではベクターの紹介のみにとどめます．

複数遺伝子改変に特化したベクターシステムとは，複数改変に必要なすべてのコンポーネント（複数のsgRNAとCas9）を単一のベクターから発現させられるようなベクターを指します．このようなベクターを，オールインワンベクターと表記しますが，このオールインワンベクターとして最も簡易的なものは，Memorial Sloan KetteringがんセンターのVenturaらによって構築されたpX333ベクター（Plasmid #64073）[14)]です．このベクターにはもともとsgRNAの発現カセットが2つタンデムに搭載されており，Bbs IとBsa Iの2種類の制限酵素によって，別々にインサート（アニーリングしたオリゴDNA）を挿入できるようになっています．2カ所の同時改変のみが目的であれば，このベクターでことたります．

さらに多くの領域を同時にターゲティングしたい場合には，われわれが開発したMultiplex CRISPR/Cas9 Assembly System Kit（Kit #1000000055）[15)]の利用が推奨されます．このキットを用いれば，pX330ベクターをベースに，sgRNAカセットを最大で7つまでタンデムに連結することができます．また，野生型のCas9だけでなく，Cas9ニッカーゼやヌクレアーゼ不活化型のdCas9，Fok I-dCas9にも対応しています．ただしdCas9とFok I-dCas9

を利用するためには，Multiplex CRISPR dCas9/Fok I -dCas9 Accessory Pack（Kit #1000000062）[16] が別途必要となります．また，培養細胞だけでなくマウス個体でも利用可能であることが示されています[16]．

ポジティブコントロール用ベクター

はじめてゲノム編集実験を行う研究者にとっては，確実にゲノムDNAを切断できることがわかっているTALENやCRISPR/Cas9のベクターをポジティブコントロールとして使用してみることが，自分の実験手技が間違っていないかを確認するうえで重要となります．ポジティブコントロール用ベクターを入手するには，論文の著者にサンプルの提供を依頼してもよいですが，Addgeneに寄託されているものも多数ありますので，それらを活用するとよいでしょう[17) 18)]．

文献

1）Cermak T, et al：Nucleic Acids Res, 39：e82, 2011
2）Sakuma T, et al：Genes Cells, 18：315-326, 2013
3）Sakuma T, et al：Sci Rep, 3：3379, 2013
4）Sakuma T & Woltjen K：Dev Growth Differ, 56：2-13, 2014
5）CRISPR/Cas9 Plasmids and Resources（http://www.addgene.org/crispr/），Addgene
6）CRISPR/Cas：Planning Your Experiment（http://www.addgene.org/crispr/planning-your-experiment/），Addgene
7）Ran FA, et al：Nat Protoc, 8：2281-2308, 2013
8）Wang H, et al：Cell, 153：910-918, 2013
9）Mashiko D, et al：Sci Rep, 3：3355, 2013
10）Yin H, et al：Nat Biotechnol, 32：551-553, 2014
11）Mali P, et al：Science, 339：823-826, 2013
12）Yoshimi K, et al：Nat Commun, 5：4240, 2014
13）Hwang WY, et al：Nat Biotechnol, 31：227-229, 2013
14）Maddalo D, et al：Nature, 516：423-427, 2014
15）Sakuma T, et al：Sci Rep, 4：5400, 2014
16）Nakagawa Y, et al：BMC Biotechnol, 15：33, 2015
17）「Reyon D, et al：Nat Biotechnol, 30：460-465, 2012」で使用されているTALENのプラスミド（http://www.addgene.org/browse/article/5318/），Addgene
18）CRISPR/Cas Plasmids：Validated gRNA Plasmids（http://www.addgene.org/crispr/validated-grnas/），Addgene

（佐久間哲史）

20 短い配列のノックインを行いたいと考えています．ssODNの設計の仕方について教えてください．

改変する配列を中心に，左右にそれぞれ60塩基程度のホモロジーアームを付加するのが一般的です．改変する配列と切断を入れる部位が近ければ近いほどノックイン効率が上昇する傾向があります．

解説

ssODNを用いた遺伝子ノックインの概要

一本鎖オリゴDNA（ssODN）を用いた遺伝子ノックイン法は，もともとはゲノム編集とは独立に開発されたものでしたが[1]，その後標的領域にDNA二本鎖切断（DSB）を導入することでノックイン効率を上昇させられることが明らかとなり[2]，さらにZFNやTALENと共導入することで培養細胞[3]，マウス[4]，ゼブラフィッシュ[5]などで正確な改変が可能であることが示されました．最近では，Q21に記載するターゲティングベクターを用いた手法と並んでメジャーな遺伝子ノックイン法として定着している感があります．後述するように，現状では化学的に合成できる長さに限界がありますので，レポーター遺伝子のような長い配列のノックインには利用できませんが，SNPの改変やタグ配列などの短い配列のノックインには便利な方法といえます．一方で，第Ⅱ部でも解説されているように，必ずしもすべての細胞種・生物種で効率的に遺伝子改変が実行できるとは限りませんので，注意が必要です．なお，ssODNを用いた遺伝子ノックインの概要については，文献6にも詳しく記載されていますので，そちらも併せてご参照ください．

最適なssODNの設計

さまざまな設計のssODNでノックイン効率を比較検討した論文が多数報告されています．細かい条件については，論文によってそれぞれ異なる結論が導かれている部分もありますが，大まかには以下の規定に則って設計するのがよいでしょう．

❶左右の相同配列の長さ

ノックインしたい配列を中心として，左右60塩基程度の相同配列を付加するのが一般的です．Doudnaらによる報告[7)]では，相同配列の長さとノックイン効率の関係は90＞60＞30となっており，Kmiecらによる報告[8)]では72＞100＞40となっています．化学合成できる長さの限界がおよそ200塩基程度ですので，左右の相同配列とノックインする配列を足した長さがこの範囲内に収まるように設計しなければなりません．

❷切断部位と改変配列の位置関係

切断部位と改変配列の位置関係は，近ければ近いほどよく，離れれば離れるほどノックイン効率が低下します[9)]．

❸転写鎖と非転写鎖

ヌクレアーゼで切断を入れる場合には，転写鎖と非転写鎖のどちらでも同程度のノックイン効率であり，ニッカーゼを用いる場合には，ニックを入れた側の鎖で（インタクトなアレルに対して相補的になるように）設計した方がよいとの報告があります[10)]．一方で，転写鎖と非転写鎖でそれぞれ設計したssODNをヌクレアーゼとともに用いると，非転写鎖の方がノックイン効率がよいという例も複数示されており[7) 9)]，このあたりは論文によって意見が分かれるところです．われわれの経験上は，ヌクレアーゼを用いる場合，どちらも利用可能です．

一本鎖DNAのマニュアル合成

ここまで化学合成したssODNを使用することを前提に記載しましたが，マニュアルで合成した一本鎖DNAも，ssODNと同様に利用できることが最近報告されました[11)]．合成法の概要を以下に記載します．

❶鋳型となる二本鎖DNAドナー（プラスミドまたはPCR産物）を準備します．
❷❶を鋳型にして，*in vitro*転写によってRNAを合成します．
❸合成したRNAを鋳型にして，逆転写反応を行います．
❹RNaseHによりRNA鎖を分解し，一本鎖のDNAドナーを調製します．

論文では，この方法を用いて約500塩基の一本鎖DNAを合成し，マウス個体での遺伝子ノックインに利用しています．少し手間はかかりますが，化学合成できる上限の長さ以上の一本鎖DNAが調製可能であることは，大きな魅力といえます．

文献

1）Igoucheva O, et al : Gene Ther, 8 : 391-399, 2001
2）Radecke F, et al : Mol Ther, 14 : 798-808, 2006

3）Chen F, et al：Nat Methods, 8：753-755, 2011
4）Meyer M, et al：Proc Natl Acad Sci U S A, 109：9354-9359, 2012
5）Bedell VM, et al：Nature, 491：114-118, 2012
6）相田知海，他：「実験医学別冊 今すぐ始めるゲノム編集」（山本 卓/編），pp83-93，羊土社，2014
7）Lin S, et al：Elife, 3：e04766, 2014
8）Rivera-Torres N, et al：PLoS One, 9：e96483, 2014
9）Bialk P, et al：PLoS One, 10：e0129308, 2015
10）Davis L & Maizels N：Proc Natl Acad Sci U S A, 111：E924-E932, 2014
11）Miura H, et al：Sci Rep, 5：12799, 2015

（佐久間哲史）

Q21 レポーター遺伝子をノックインしたいと考えています．ターゲティングベクターの設計の仕方について教えてください．

A ノックインしたい箇所の上流配列と下流配列をそれぞれ1 kbほどPCR増幅し，相同組換えのためのホモロジーアームとして付加するのが一般的です．その他，NHEJやMMEJを利用するノックイン法もあります．

解説

HRを利用したノックイン法

相同組換え（HR）を利用した遺伝子ノックインは，ゲノム編集法が一般化する前からマウスES細胞で利用されてきましたが，ゲノム編集を利用する場合のターゲティングベクターは，従来のHR用ベクターよりも簡略化することが可能です（図A）．最大の特徴は，付加するホモロジーアームの長さが比較的短くて済むことで，上流・下流ともに0.5～1 kbほどで十分であることが多いです．一方で，HRの効率が低いと思われる実験では，アームの長さを3 kb程度まで伸ばすことも効果的なようです[1)]．また，DSBの誘導によってHRの頻度が劇的に上昇しますので，ネガティブ選抜は必ずしも必要ありません．あらかじめターゲティングベクターを直鎖化する必要もなく，環状プラスミドの状態で導入するのが一般的です．

注意点として，TALENやCRISPR/Cas9の標的配列がホモロジーアームの内側に残っていた場合には，ターゲティングベクターが細胞内で切断されてしまい，うまくノックインされません．これを防ぐためには，標的配列が除かれるように設計するか，標的配列の部分にサイレント変異などを導入して切断を受けないようにする必要があります．その他のtipsとしては，ホモロジーアームの外側にゲノム編集ツールの標的配列を付加しておき，細胞内でホモロジーアームを有するノックインカセットが切り出されるように工夫すると，ノックインの効率が上昇することがわかっています[2)]．この場合，HRだけでなくシングルストランドアニーリング（SSA）を介するノックインが起こっていると考えられます．

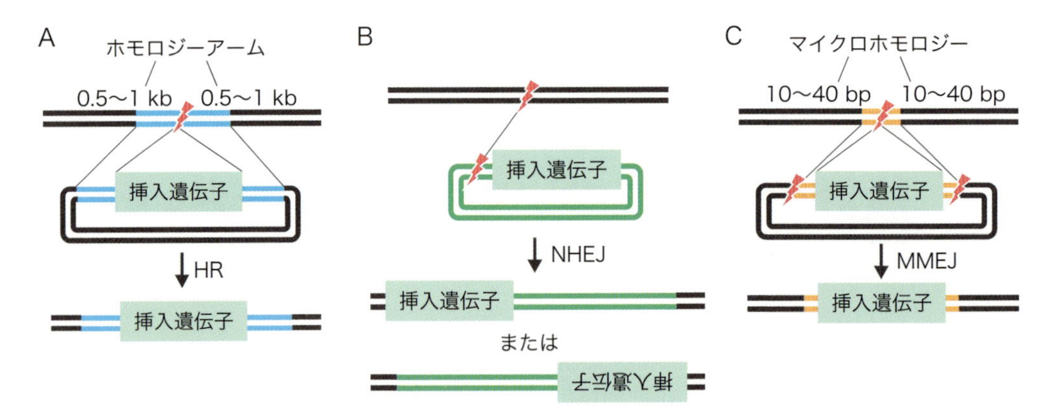

図　3つの遺伝子ノックイン法

A) HRを利用したノックイン法．**B)** NHEJを利用したノックイン法．**C)** MMEJを利用したノックイン法．詳細は本文参照．文献7より改変して転載．

NHEJを利用したノックイン法

HRに依存したノックインが最も広く利用されている一方で，HRの活性が低い一部の細胞株や動物個体などでは，ゲノム編集ツールを共導入してもノックインの効率がきわめて低い場合があります．例えばゼブラフィッシュやツメガエルの受精卵では，HRに依存したノックインは起こりにくいことが知られています．この問題を解決するために，非相同末端結合（NHEJ）を利用したノックイン法も開発されています[3) 4)]（図B）．NHEJを利用した方法では，ホモロジーアームを付加しないかわりに，ゲノム上のTALENやCRISPR/Cas9の標的配列と同一の配列をドナーベクター内に付加します．これにより，ゲノム上の標的領域が切断されると同時にドナーベクターも細胞内で切断・直鎖化され，NHEJによって目的のゲノム領域に一定の確率で取り込まれます．ただし挿入される向きやつなぎ目の正確性が担保されないことや，プラスミドバックボーンに含まれる余分な配列をもち込んでしまうことなどが問題点としてあげられます．

MMEJを利用したノックイン法

前述の二者の長所を活かし，短所を補う手法として，マイクロホモロジー媒介性末端結合（MMEJ）を利用した手法が開発されました[5)]（図C）．すなわち，HRの活性に依存せず，挿入される向きやつなぎ目の配列を定義でき，長いホモロジーアームを付加する必要のない手法です．この手法では，NHEJを利用した方法と同様にドナーベクターにTALENやCRISPR/Cas9の標的配列を付加しますが，切断される末端付近に10～40 bpほどの短い相同配列（マイクロホモロジー）が出現するように設計しておきます．これにより，マイクロホモロジーが融合する形の修復（MMEJ）を利用したノックインが可能となります．この手法はPITChシステムと名付けられており，HeLa細胞で従来のHR用ドナーベクターを用いた場合と比較して2.5倍程度のノックイン効率の上昇が示されています[5]．また，これまでノックインがきわめて困難であったカイコやゼブラフィッシュ，アフリカツメガエルにおいても，本法を用いることで正確性の高いノックインを実行できることが示されています[5) 6)]．

文献

1）Yang H, et al：Nat Protoc, 9：1956-1968, 2014

2）Ochiai H, et al：Proc Natl Acad Sci U S A, 109：10915-10920, 2012

3）Cristea S, et al：Biotechnol Bioeng, 110：871-880, 2013

4）Auer TO, et al：Genome Res, 24：142-153, 2014

5）Nakade S, et al：Nat Commun, 5：5560, 2014

6）Hisano Y, et al：Sci Rep, 5：8841, 2015

7）佐久間哲史，山本 卓：「進化するゲノム編集技術」（真下知士，城石俊彦/監），pp59-67，エヌ・ティー・エス，2015

（佐久間哲史）

22 複数の遺伝子を同時に破壊したいと考えています．どのような戦略が有効でしょうか？

TALENを用いた場合は2遺伝子くらいまでの同時破壊であれば効率的に実行できます．CRISPR/Cas9を用いれば，さらに多くの遺伝子を同時に破壊することも可能です．

解説

TALENを用いた複数遺伝子の同時破壊

TALENを用いる場合，1カ所のターゲティングに1ペア（2種類）のTALENが必要となりますので，2カ所の同時破壊（ノックアウト）のためには2ペア（4種類），3カ所の破壊のために3ペア（6種類）のTALENを，それぞれ導入しなければいけません（同じ設計のTALENで破壊できる遺伝子ファミリーなどは除く）．培養細胞にせよ，生物個体にせよ，導入できる核酸の量には上限がある場合が多く，導入するベクターやmRNAの種類が増えると，各TALEN分子の導入量が必然的に減少しますので，遺伝子破壊効率も下がっていくと考えられます．しかしながら，実際には，2カ所くらいまでであればさほど効率を落とすことなくターゲティングできることが培養細胞および生物個体で報告されています[1)2)]．われわれは，培養細胞での複数箇所のターゲティングを効率的に実行するシステムとして，1ペアのTALENを単一のベクターに統合する手法（FUSE法）を確立しており，この方法を用いれば，1カ所のターゲティングと同様の濃度比で，2カ所をターゲティングできるTALENベクターを導入することもできます[1)]．

CRISPR/Cas9を用いた複数遺伝子の同時破壊

TALENでも複数遺伝子の同時破壊が可能である，とはいいましたが，やはり4種類以上のTALENベクターの構築は，ルーチンでTALENを作製しているラボでなければなかなか手を出しづらく，より手軽なCRISPR/Cas9が利用できる今，特に複数遺伝子を破壊する用途では，TALENは敬遠される傾向があります．CRISPR/Cas9では，遺伝子座が違ってもCas9タンパク質は共通のものを使用できるので，sgRNAの種類を増やすだけで複数遺伝子を同

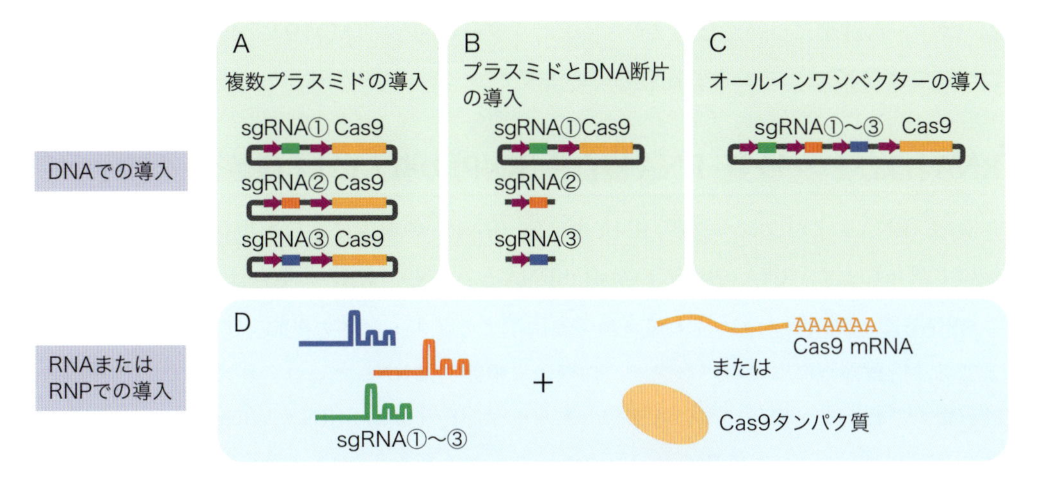

図　CRISPR/Cas9を用いた複数遺伝子の同時ターゲティングの戦略
詳細は本文参照．文献8より引用．

時に破壊することができ，複数箇所の同時ターゲティングに非常に適しています．加えて，同時に狙える遺伝子の数にも明確な上限はなく，現在では複数ターゲティングに特化したCRISPR/Cas9のベクターシステムも多数確立されていることから，CRISPR/Cas9を用いた複数遺伝子の同時破壊は，もはやスタンダードな手法の1つともいえる状況です．

CRISPR/Cas9における複数遺伝子の同時ターゲティング用ベクターシステム

まず，発現ベクターやDNA断片でCRISPR/Cas9を導入する場合の複数ターゲティングのストラテジーについて紹介します．前提として，導入効率や発現効率のよい細胞に導入する場合には，必ずしも複数ターゲティングに特化したベクターを使用する必要はなく，Q19で紹介したpX330などのオーソドックスなベクター上で構築したものを，複数種類混ぜて導入すれば十分である場合が多いです（図A）．一方で，ターゲティングしたい箇所が多数におよぶ場合や，Q12で紹介したCas9ダブルニッカーゼやFok I -dCas9を利用して複数箇所を標的とする場合，遺伝子導入効率・発現効率が高くない細胞を使う場合などでは，単一のベクター上にCas9の発現カセットと複数のsgRNAの発現カセットを統合したオールインワンタイプのベクターを使用することが推奨されます（図C）．また，Cas9は発現ベクターで，sgRNAの発現カセットは短いDNAフラグメントの状態で導入することで，効率を稼ぐという方法もあります（図B）[3]．今のところ，Addgeneから入手できるオールインワンタイプのベクターは，個々のsgRNAをそれぞれ別々のRNAポリメラーゼIII系プロモーターで発現させ，それをタンデムに連結するタイプのものが主流ですが，単一のプロモーターの転写産物から複数のsgRNAを生成させるストラテジーも報告されています[4]ので，今後はそのようなベクターもキット化されて流通していくものと思われます．具体的なベクターの詳細については，プラスミドベクターに関してはQ19に，ウイルスベクターについてはQ17に，それぞれ記載しています．

RNAおよびタンパク質-RNA複合体(RNP)の導入による複数ターゲティング

次に，RNAおよびタンパク質-RNA複合体（RNP）の導入による複数ターゲティングについて紹介します．RNAの場合はCas9 mRNAとsgRNA，RNPの場合はCas9タンパク質とsgRNAを，直接導入することによっても複数ターゲティングが可能です（図D）．一昔前までは，培養細胞には発現ベクター，動物の受精卵にはRNAというのが常識でしたが（現時点でもそれがまだ根付いている部分もありますが），Cas9 mRNAやCas9タンパク質が市販されており，それらを用いるメリットも多いことから，RNAやタンパク質で直接導入するケースが，動物個体はもちろん，培養細胞においても増えてきている状況です．

第1のメリットは，（少しお金はかかりますが）購入した物をそのまま使えばよいため，簡便であることがあげられます．最近はCas9だけでなくsgRNAについても，crRNAとtracrRNAに分離したdual RNAとして化学合成するサービスもはじまっており，完全にクローニングフリーでCRISPR/Cas9によるゲノム編集を実行可能になっています（Q15参照）．

第2のメリットは，エレクトロポレーション[5) 6)]やリポフェクション[6) 7)]で培養細胞に高効率に導入可能である点があげられます．Cas9タンパク質はsgRNAと複合体を形成し，*in vitro*でRNPの状態となりますので，sgRNAが有する負電荷によって，核酸のみを導入するときと同様のトランスフェクション法が適用可能です．

第3のメリットは，オフターゲット切断のリスクを低減できることです．発現ベクターでCRISPR/Cas9を導入した場合，sgRNAやCas9ヌクレアーゼが持続的に発現することで，オフターゲット切断が起きやすくなりますが，RNAやタンパク質（特に後者）で導入すれば，一過的に機能した後，速やかに活性が失われますので，オフターゲット切断の頻度が低下することが知られています[5)]．

文献

1）Tokumasu D, et al：Genes Cells, 19：419-431, 2014

2）Sakane Y, et al：Dev Growth Differ, 56：108-114, 2014

3）Wang H, et al：Cell, 153：910-918, 2013

4）Nissim L, et al：Mol Cell, 54：698-710, 2014

5）Kim S, et al：Genome Res, 24：1012-1019, 2014

6）Liang X, et al：J Biotechnol, 208：44-53, 2015

7）Zuris JA, et al：Nat Biotechnol, 33：73-80, 2015

8）Sakuma T & Yamamoto T：「Targeted Genome Editing Using Site-Specific Nucleases：ZFNs, TALENs, and the CRISPR/Cas9 System」(Yamamoto T, ed), pp25-41, Springer, 2015

（佐久間哲史）

Q23 染色体欠失を誘導したいと考えています．どのくらいの長さまで欠失させられるでしょうか？

A 欠失可能な長さに明確な制限はなく，メガベース（Mb）単位での欠失を誘導した報告もあります．ただし，欠失させる長さが長くなればなるほど効率は低下します．

解説

染色体レベルのゲノム編集

ゲノム編集技術を用いて，同一染色体上の2カ所を同時に切断した場合，以下の5通りの現象が起こりえます（図）．

❶正確な（あるいは小さな変異を伴う）修復によって，2カ所の切断点がそれぞれ独立に修復される．

❷2カ所の切断点に挟まれる染色体領域が欠失する．

❸2カ所の切断点に挟まれる染色体領域が逆向きに入れ替わる（逆位）．

❹相同染色体が存在する場合，片方の相同染色体由来の染色体領域がもう片方の染色体のどちらかの切断点に挿入される（重複）．

❺その他のイレギュラーな修復が生じる（逆位を伴う重複や相同染色体間の転座など）．

基本的には❶から順に頻度が下がっていくと考えられますが，挟まれる領域がきわめて短い場合（1 kb未満など）は，❷の頻度が❶を上回ることもあります．また，❸も同様に比較的起こりやすい現象であることが知られています．❹は前提として片方の染色体領域が欠失しなければ生じ得ませんので，必ず❷を伴います．❺の転座についても低頻度ながら複数の成功例が報告されています（Q24参照）．

欠失させられる長さと効率の関連性については，ソウル国立大学のKimらによる検討結果[1]が参考になります．デジタルPCRを用いて効率を評価した結果，15～33 kbの欠失の効率が0.1～10％，230～835 kbの欠失の効率が0.1～1％，15 Mbの欠失の効率が0.03％と見積もられています．

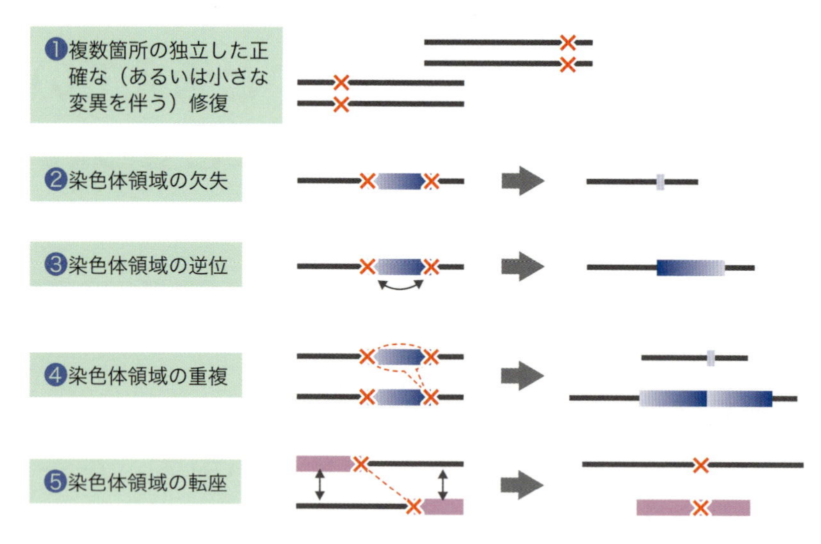

図　さまざまな染色体レベルのゲノム編集
文献8より改変して転載.

染色体欠失や逆位を誘導する意義

さまざまな細胞や生物で，前述の染色体レベルのゲノム編集がどの程度可能になっているかは，第Ⅱ部の各章をご参照ください．ここでは一般論として，染色体欠失や逆位の誘導がどういう目的で使われているかを，いくつかの実例とともに紹介します．

まず染色体欠失については，短い領域であればエキソンスキッピングや特定の転写調節領域の除去，miRNA遺伝子の除去など，中程度の欠失であれば単一遺伝子を完全にノックアウトする目的やlncRNA（long non-coding RNA）の除去[2) 3)]など，大規模欠失の場合はクラスター化した遺伝子群を丸ごと除去する目的や，疾患に関連するコピー数多型を再現する目的，特殊な例では部分的に倍化している不完全なハプロイド細胞を完全な一倍体にする目的[4)]などがあげられます．逆位については，Q24に記載している転座と同様に，逆位に伴って生じる融合遺伝子によって発症する疾患のモデリングや修復が主な目的となります[5)〜7)]．

文 献

1）Lee HJ, et al：Genome Res, 20：81-89, 2010
2）Han J, et al：RNA Biol, 11：829-835, 2014
3）Ho TT, et al：Nucleic Acids Res, 43：e17, 2015
4）Essletzbichler P, et al：Genome Res, 24：2059-2065, 2014
5）Park CY, et al：Proc Natl Acad Sci U S A, 111：9253-9258, 2014
6）Park CY, et al：Cell Stem Cell, 17：213-220, 2015
7）Blasco RB, et al：Cell Rep, 9：1219-1227, 2014
8）Sakuma T & Woltjen K, Dev Growth Differ, 56：2-13, 2014

（佐久間哲史）

Q24 転座を誘導したいと考えていますが，可能でしょうか？

異なる染色体間の転座は，同一染色体上の欠失・逆位などと比較しても頻度が非常に低く，個体レベルでの誘導はまだ実現されていません．培養細胞レベルでは複数の報告があり，効率も徐々に改善されつつあります．

解説

ゲノム編集技術を用いた転座の誘導

ゲノム編集技術を用いた染色体レベルの改変には，同一染色体上の2カ所を標的とした欠失や逆位，重複の他，別々の染色体上を標的とした転座も含まれます（Q23参照）．染色体間の転座は，例えばヒト22番染色体の*EWSR1*遺伝子と11番染色体の*FLI1*遺伝子が融合して生じる*EWSR1–FLI1*遺伝子のように，しばしばがんの原因となるキメラ遺伝子を生じさせることから，任意の転座を人為的に誘導できる技術が望まれています．理論上は，転座を起こさせたい2つの染色体領域をTALENやCRISPR/Cas9で切断すれば，確率的にキメラ染色体が生じるはずですが，実際には同一染色体上の欠失や逆位と比較しても起こりにくい現象のようです[1]．Q23にも記載した通り，欠失や逆位は動物個体でも誘導可能ですが，転座を個体レベルで誘導した報告はまだありません．

培養細胞での転座の誘導

最初にZFNを用いて転座が誘導可能であることを示した論文では，効率は10^{-6}（つまり10^6分の1）オーダーであり[2]，目的の細胞をクローン化して解析することはきわめて困難なレベルでした．その後，ZFNとTALENを用いて，ヒトES細胞では10^{-3}，ヒト網膜色素上皮細胞（RPE–1細胞）では10^{-2}の効率で転座が誘導可能と見積もられました[3]．低頻度の転座の効率を算出する方法としては，96ウェルプレートを用いたスクリーニングの他，テンプレートのゲノムDNAを段階希釈してPCR増幅を行う手法が使用されています[4]．この方法を用いて，CRISPR/Cas9を用いたRPE–1細胞での転座の頻度を10^{-3}オーダーと見積もった例も示されています（Cas9ダブルニッカーゼも利用可能なようです）[4]．これまでの報告で最も高い効率を示しているのが，一過的なハイグロマイシン選抜を介した手法で，最大で7.7％の効率で人為的な転座を誘導できています[5]．

文 献

1）Ota S, et al：Genes Cells, 19：555-564, 2014

2）Brunet E, et al：Proc Natl Acad Sci U S A, 106：10620-10625, 2009

3）Piganeau M, et al：Genome Res, 23：1182-1193, 2013

4）Renouf B, et al：Methods Enzymol, 546：251-271, 2014

5）Torres R, et al：Nat Commun, 5：3964, 2014

（佐久間哲史）

第Ⅱ部

細胞種・生物種ごとのQ&A

Q25 哺乳類培養細胞では，どのようなゲノム編集が可能ですか？

塩基の挿入・欠失・置換導入による遺伝子破壊，外来DNA塩基配列（外来遺伝子）の付加，染色体領域の欠失・逆位・重複などが可能です．

解説

塩基の挿入・欠失・置換導入による遺伝子破壊（ノックアウト）

TALENやCRISPR/Cas9を利用して細胞の特定遺伝子領域にDNA二本鎖切断（DSB）を導入した場合，主に非相同末端結合（NHEJ）または相同組換え（HR）の2つの経路のいずれかで修復されます．NHEJによる修復は細胞周期を通して起こりえますが，HRを介した修復は基本的にはS/G2期に限られると考えられており，多くのDSBはNHEJの経路で修復されます．NHEJは修復過程でエラーが生じやすく，その結果として数塩基の欠失，挿入，それらの複合および塩基置換がDSB部位に導入されやすい性質があります（図A）．このため，遺伝子コード領域にDSBを起こせば，フレームシフトなどによって遺伝子機能を破壊することが可能です[1)]．

外来DNA塩基配列（外来遺伝子）の付加

HRは修復時に姉妹染色分体または相同配列をもつDNA領域を鋳型としてDSBを修復します．そのため，TALENやCRISPR/Cas9発現ベクターとともに，DSB領域周辺と相同な配列をもつターゲティングベクターを培養細胞に導入することにより，相同配列に挟まれた外来DNA塩基配列を挿入（ノックイン）できます（図B）．HRを介したノックインはNHEJを介した遺伝子破壊と比較して頻度が低いため，基本的には薬剤耐性遺伝子または蛍光タンパク質遺伝子などのマーカー遺伝子をターゲティングベクターに挿入しておき，HRを介したゲノム編集が成功した細胞を選抜することが一般的です[2)]．

また近年，HRとは異なるマイクロホモロジー媒介末端結合（MMEJ）を介した高効率遺伝子導入法が報告されています[3)]．マイクロホモロジー媒介末端結合とは，DNA末端領域に数塩基の相同性がある場合，その相同性依存的にDNA末端をつなぎ合わせるDSB修復

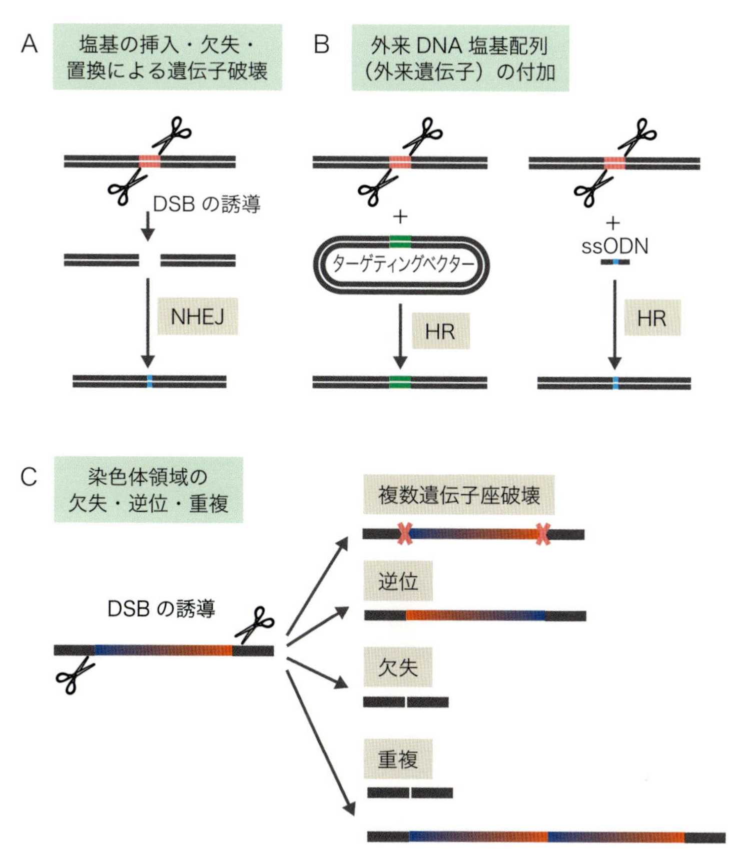

図　培養細胞で可能なさまざまなゲノム編集の模式図
詳細は本文参照.

経路の１つです．また，一本鎖オリゴDNA（single-stranded oligodeoxynucleotide：ssODN）を利用することで数〜数十塩基の付加および置換も可能です[4]（図B）．ターゲティングベクター（プラスミド）を導入すると，それ自身がランダムにゲノムDNA中に取り込まれてしまう可能性ありますが，ssODNはその可能性がきわめて低いのが特徴です．またssODNを利用することで，大きな欠失変異の導入も可能です[4]．

染色体領域の欠失・逆位・重複

２カ所にDSBを同時に起こすことによって，その間にある領域の欠失，逆位や重複を誘導することが可能です（図C）．これらの反応は基本的にNHEJを介して起こりますが，１カ所を切断した遺伝子破壊に比べて頻度はきわめて低いのが特徴です．前述したように，欠失に関してはssODNを利用することで効率よく誘導することができます[4]．また，欠失や逆位は*loxP*配列を２カ所に導入し，Creリコンビナーゼを利用した組換えによっても引き起こすことができます[5].

最適化について

Q26で述べるように，培養細胞では使う細胞種によって，最適な核酸導入法が異なり，またその効率も異なります．それに加えて，細胞種によってランダムインテグレーションが起きる頻度が異なっています．そのため，使用する細胞種ごとに，プラスミド導入法，導入量を最適化する必要があります．また，すべての細胞にプラスミドが導入されるわけではないことを常に意識し，一過的な薬剤処理やFACSなどでプラスミドが導入されてない細胞を除く手法を積極的に利用しましょう．

文 献

1）佐久間哲史，山本 卓：「実験医学別冊 今すぐ始めるゲノム編集」（山本 卓/編），pp14-20，羊土社，2014

2）落合 博：「実験医学別冊 今すぐ始めるゲノム編集」（山本 卓/編），pp62-72，羊土社，2014

3）Nakade S, et al：Nat Commun, 5：5560, 2014

4）Chen F, et al：Nat Methods, 8：753-755, 2011

5）Nagy A：Genesis, 26：99-109, 2000

（落合　博）

Q26 哺乳類培養細胞でゲノム編集を行う際の注意事項について教えてください.

TALENまたはCRISPR/Cas9をすべての培養細胞に均等に導入することはできません．また，細胞種，使用するベクターによって適切な導入量が異なるため，最適な条件を検討する必要があります.

解説

ゲノム編集ツールの導入効率

哺乳類培養細胞でゲノム編集を行う場合に最も注意しなければいけないことは，目的の細胞種におけるTALENやCRISPR/Cas9（発現ベクター）の導入効率です．培養細胞で利用される核酸やタンパク質導入法（Q28参照）では，集団中の細胞個々において導入量は均一ではありません（図1）[1]．TALENやCRISPR/Cas9の導入量（≒細胞内発現量）に依存してゲノム編集効率が変化し，さらにオフターゲット作用による負の効果も大きくなるため，細胞集団中の平均的なゲノム編集効率が最も高くなる導入量を経験的に知っておく必要があります.

変異導入効率を上げるために

TALENやCRISPR/Cas9とともに薬剤耐性遺伝子またはGFP（緑色蛍光タンパク質）などのマーカータンパク質を共発現させるようにしておき，導入後の一過的な薬剤選抜またはFACS（fluorescence activated cell sorter）による分取によって導入細胞のみを濃縮することで，非相同末端結合（NHEJ）を介したゲノム編集効率を劇的に上昇させることができます[1]（図1）．ただし，相同組換え（HR）を介したゲノム編集において，薬剤耐性遺伝子やGFPなどの発現カセットを導入できる場合はその必要はありません[1]（図2）.

文献

1）落合 博：「実験医学別冊 今すぐ始めるゲノム編集」（山本 卓/編），pp62-72，羊土社，2014

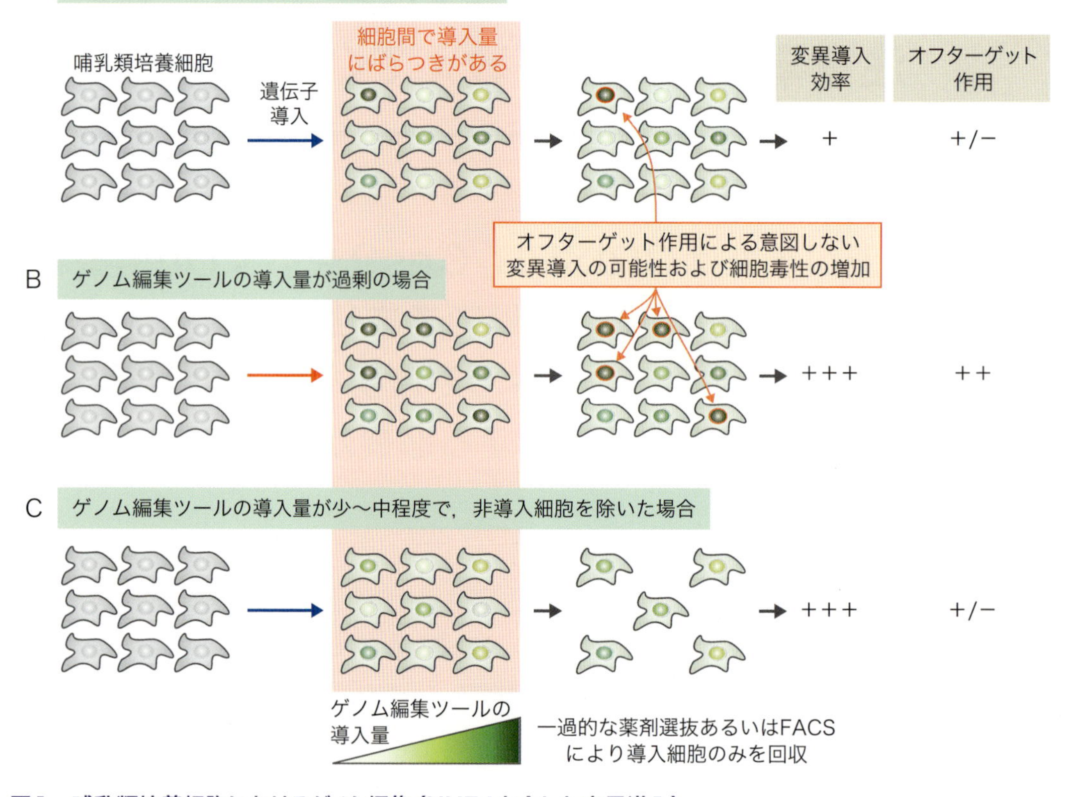

図1　哺乳類培養細胞におけるゲノム編集（NHEJを介した変異導入）

培養細胞にTALENまたはCRISPR/Cas9発現ベクターを導入した際の模式図．培養細胞では基本的に細胞間で導入量が不均一なため注意が必要です．**A)** 細胞に導入するTALENまたはCRISPR/Cas9発現ベクター量を少〜中程度に抑えた場合，十分な量のTALENまたはCRISPR/Cas9を発現しない細胞が大部分を占めるため，最終的な変異導入効率はそれほど高くなりません．**B)** 一方で，過剰に導入した場合は，大部分の細胞に導入されるものの，多くの細胞で大量のTALENまたはCRISPR/Cas9が発現し，オフターゲット作用により意図しない領域への変異導入や細胞毒性の増加が認められます．そのため，結果的には変異導入効率は高くなりますが，オフターゲット作用も有意に認められる可能性が高まります．**C)** これらの問題を解決するために，適量の発現ベクターを導入し，一過的な薬剤選抜またはFACSにより非導入細胞を除くことで，オフターゲット作用は低く最終的な変異導入効率を高めることができます．文献1より改変して転載．

図2　培養細胞におけるゲノム編集（HRを介した変異導入）

ターゲティングベクター上に薬剤耐性遺伝子を導入しておくことで，TALENまたはCRISPR/Cas9発現ベクターやターゲティングベクターが導入されていないもの，または導入されてもHRを介した遺伝子ターゲティングがうまくいかなかったものを薬剤選抜により除去することができます．ターゲティングベクター量を適切に加えていれば，生存した細胞のほとんどで遺伝子ターゲティングが成功しています．文献1より改変して転載．

（落合　博）

Q27 哺乳類培養細胞でゲノム編集を行う場合，どのベクターを用いればよいですか？

A 多くのプラスミドベクターがAddgeneより提供されています．個々の実験の目的に合わせてプラスミドを選び，容易かつ安価に入手することが可能です．

解説

Addgene

近年におけるTALENやCRISPR/Cas9を利用したゲノム編集技術の爆発的な普及は，これら技術の手軽さに加えて，関連プラスミドベクターを容易に入手できるシステムがあったことが大きな要因の1つとなっています．そのシステムは，米国の非営利団体Addgeneが提供するサービスで，世界中の研究者から寄託されたプラスミドの保存と配布を請け負っています．寄託されたプラスミドは，Addgeneのホームページ[1]より検索可能で，全世界の研究者が1プラスミドあたり$65程度の安価な価格で入手可能な状態です（複数プラスミドベクターがまとめて提供されるキットの場合は1プラスミド当たりの価格がより安価に提供されます．なお，別途輸送費が必要です）．このシステムにより，提供する側と提供される側で手軽にプラスミドのやりとりが可能となりました．

本書の執筆段階において，TALENやCRISPR/Cas9に関するプラスミドが複数の研究グループよりAddgeneに寄託されています[2]．TALEN作製に関するプラスミドはキットとして（Q2，Q19参照），CRISPR/Cas9に関連するプラスミドの多くは単品として（Q19参照）提供されています．文献3と4に詳細な作製法が書かれていますので，はじめてゲノム編集を行う方には，そちらも参考にプラスミドを入手されることをお勧めします[3) 4)]．

哺乳類培養細胞でよく使われるベクター

基本的にAddgeneで提供されているTALENまたはCRISPR/Cas9関連プラスミドの多くは哺乳類培養細胞で利用可能です．これらについては他章で詳細に述べていますので，そちらを参照して下さい（Q2およびQ19参照）．さらに，Zhangらが提供するsgRNAおよびCas9発現プラスミドpX330およびその派生プラスミドは，基本的に哺乳類培養細胞で使用可能で，広く利用されています．また，Cas9ニッカーゼ発現ベクター（pX335）や，一過的な薬剤選抜に対応したプラスミド（PX462），レンチウイルス用ベクター（lentiCRISPR v2）など，目的に応じたさまざまなプラスミドが提供されています．

文献・URL

1）Addgene（https://www.addgene.org）

2）「Genome Engineering Guide」（https://www.addgene.org/genome-engineering/），Addgene

3）佐久間哲史，山本 卓：「実験医学別冊 今すぐ始めるゲノム編集」（山本 卓/編），pp23-28，羊土社，2014

4）佐久間哲史：「実験医学別冊 今すぐ始めるゲノム編集」（山本 卓/編），pp46-60，羊土社，2014

（落合　博）

Q28 哺乳類培養細胞でゲノム編集を行う場合，どのような導入方法が適切ですか？

A 効率よくかつ細胞毒性が低い導入法であれば，どのような方法でもかまいません．

解説

外来DNAの導入

哺乳類培養細胞においてTALENやCRISPR/Cas9を利用したゲノム編集を行う場合，それらをコードするプラスミド発現ベクターをリポフェクションやエレクトロポレーションによって導入する方法が非常に容易です（表，Q29参照）．前者は最も簡便な導入法ですが，細胞種によっては導入効率が低いことがあるため注意が必要です．後者は，一般的に前者よりも導入効率が高いのが特徴ですが，多量のプラスミド調製や，エレクトロポレーターが必要になります．これらの方法で導入した環状プラスミドベクターは，多くの場合ゲノムDNAに取り込まれることなくプラスミドベクター上の外来遺伝子を発現させることが可能で，導入からしばらくして排除されていきます．またこれらの方法でも導入が難しい場合は，レンチウイルスやレトロウイルスなどのウイルスベクターを利用して導入することも可能です．しかし，ウイルスベクターを使用した場合は，基本的にゲノム中にランダムに外来遺伝子が挿入されてしまいますので，目的遺伝子領域以外にDNA配列変化を導入したくない場合は注意が必要です．ウイルスゲノムをホスト細胞のゲノムDNAへ挿入する際に必須の因子を欠いたレンチウイルス（integrase-deficient lentivirus：IDLV）[1]があり，これを使用することでゲノムDNAへの外来遺伝子の挿入を防ぎ，さらに相同組換え（HR）の鋳型として利用することも可能です．

RNAやタンパク質の導入

また，プラスミドベクターで導入したとしても，稀にそのDNA断片がゲノムDNAに取り込まれてしまう場合がありますが，*in vitro*で転写したRNAや精製Cas9タンパク質を直接導入することでこれを回避できるだけでなく，導入から一過的な活性化によりオフターゲット作用を下げることでできると報告されています[2]．

表　各種細胞株におけるゲノム編集実験の際の導入法

種	名称・略称	細胞種	導入法
ヒト（*Homo sapiens*）	iPS cell	ヒト人工多能性幹細胞	エレクトロポレーション：Gene Pulser Xcell™ システム（BioRad社）[3]，Nucleofector™（Lonza社）[5]
	ES cell	ヒト胚性幹細胞	エレクトロポレーション：Gene Pulser Xcell™ システム（BioRad社）[3]，Nucleofector™（Lonza社）[6]
	primary myoblast	初代ヒト骨格筋筋芽細胞	インテグラーゼ欠損型レンチウイルス（IDLV）ベクター[7]
	primary $CD4^+$ T cell	初代ヒト $CD4^+$T細胞	エレクトロポレーション：Nucleofector™（Lonza社）[8]
	$CD34^+$ hemato-poietic stem/pro-genitor cell	ヒト $CD34^+$造血幹/前駆細胞	エレクトロポレーション：Nucleofector™（Lonza社）[9]
	K562	白血病細胞株	エレクトロポレーション：Nucleofector™（Lonza社）[10] リポフェクション：Lipofectamine® 2000（Thermo Fisher Scientific社）[10]
	HCT116	ヒト大腸がん細胞	リポフェクション：Lipofectamine® LTX（Thermo Fisher Scientific社）[11]
	HeLa	ヒト子宮頸がん由来の細胞	リポフェクション：Lipofectamine® 2000（Thermo Fisher Scientific社）[12]
	U2OS	ヒト骨肉腫細胞	リポフェクション：Lipofectamine® 2000（Thermo Fisher Scientific社）[12]
	293T	ヒト胎児腎細胞	リポフェクション：Lipofectamine® 2000（Thermo Fisher Scientific社）[12]
	MCF7	ヒト乳腺がん細胞	リポフェクション：Lipofectamine® 2000（Thermo Fisher Scientific社）[12]
マウス（*Mus musculus*）	ES cell	マウス胚性幹細胞	リポフェクション：Lipofectamine® 2000（Thermo Fisher Scientific社）[13]，FuGENE® HD transfection reagent（Promega社）[14]
	NIH3T3	マウス線維芽細胞様細胞	リポフェクション：Xfect™ transfection reagent（Clontech社）[15]
	C2C12	マウス筋芽細胞株	リポフェクション：Xfect™ transfection reagent（Clontech社）[15]
ラット（*Rattus norvegicus*）	S16	ラットシュワン細胞株	エレクトロポレーション：Nucleofector™（Lonza社）[16]
	Rat-1	ラット線維芽様細胞株	エレクトロポレーション：Neon™ Transfection System（Thermo Fisher Scientific社）[17]
	ES cell	ラット胚性幹細胞	エレクトロポレーション：Nucleofector™（Lonza社）[18]
ブタ（*Sus scrofa*）	fetal fibroblast	ブタ胚性線維芽細胞	エレクトロポレーション：Nucleofector™（Lonza社）[19]

文献4より改変して転載．

表に各種細胞株におけるゲノム編集実験の際の導入法をまとめました．実際にゲノム編集ツールを導入する際には，目的の細胞，利用する施設，実験の厳密性などを考慮し，適切な方法を見極める必要があります．

文献

1）Lombardo A, et al：Nat Biotechnol, 25：1298-1306, 2007

2）Kim S, et al：Genome Res, 24：1012-1019, 2014

3）Hockemeyer D, et al：Nat Biotechnol, 29：731-734, 2011

4）落合 博：『実験医学別冊 今すぐ始めるゲノム編集』（山本 卓/編），pp62-72，羊土社，2014

5）Miyaoka Y, et al：Nat Methods, 11：291-293, 2014

6）Ran FA, et al：Cell, 154：1380-1389, 2013

7）Benabdallah BF, et al：Mol Ther Nucleic Acids, 2：e68, 2013

8）Perez EE, et al：Nat Biotechnol, 26：808-816, 2008

9）Holt N, et al：Nat Biotechnol, 28：839-847, 2010

10）Urnov FD, et al：Nature, 435：646-651, 2005

11）Ochiai H, et al：Proc Natl Acad Sci U S A, 111：1461-1466, 2014

12）Fung H & Weinstock DM：PLoS One, 6：e20514, 2011

13）Ochiai H, et al：Sci Rep, 4：7125, 2014

14）Wang H, et al：Nat Biotechnol, 31：530-532, 2013

15）Xu L, et al：Mol Ther Nucleic Acids, 2：e112, 2013

16）Tesson L, et al：Nat Biotechnol, 29：695-696, 2011

17）Mashimo T, et al：Sci Rep, 3：1253, 2013

18）Tong C, et al：J Genet Genomics, 39：275-280, 2012

19）Carlson DF, et al：Proc Natl Acad Sci U S A, 109：17382-17387, 2012

（落合　博）

Q29 哺乳類培養細胞でゲノム編集を行う場合に必要となる材料や施設について教えてください.

培養細胞の維持が可能な基本的な材料や施設があれば十分です. しかし, 実験条件によっては特殊な機器や試薬が必要な場合があります.

解説

哺乳類培養細胞でゲノム編集を行う際にTALENやCRISPR/Cas9をプラスミドベクターとして導入する場合には，一般的な培養細胞維持に必要な材料や施設[1]に加えて，核酸を導入するためのリポフェクション試薬やエレクトロポレーション用の機器[2]が必要です[3]. 細胞によってプラスミドベクターの最適な導入法が異なっているため，個々のケースでこれらの試薬や機器を検討しましょう. これまでに複数の細胞株でのゲノム編集が報告されており，それらを参照することが1つの手がかりとなります（Q28参照）[3]. *in vitro*で転写したTALENやCas9などのmRNAや，精製したあるいは市販のCas9タンパク質の導入，またレンチウイルスやアデノウイルスを利用した発現ベクターの導入も可能ですが，ここではプラスミドベクターで導入する場合に限って必要なものを紹介したいと思います.

リポフェクション試薬

リポフェクション法では，市販のリポフェクション試薬〔Lipofectamine® 2000（Thermo Fisher scientific社），FuGENE® 6/HD Transfection Reagent（Promega社），Xfect™ transfection reagent（Clontech社）など〕を利用します. 使用法，導入用量は細胞種や使用するベクターの種類などによって異なるため，検討が必要です[3].

エレクトロポレーション法

エレクトロポレーション法では，NEPA21（ネッパジーン社），Neon™ Transfection System（Thermo Fisher scientific社），Nucleofector™（Lonza社）などが利用されます. 使用法，導入用量は細胞種や使用するベクターの種類などによって異なるため，検討が必要です.

プラスミドベクター

TALENやCRISPR/Cas9を細胞内で発現するためにトランスフェクショングレードに精製したプラスミドが必要です．高度に精製することにより，細胞毒性を低減することができます．QIAGEN Plasmid Midi/Maxi Kit（Qiagen社）などがよく使用されます．筆者は，GenElute™ Plasmid Miniprep Kit（Sigma-Aldrich社）で精製後，さらにフェノール・クロロホルム抽出，クロロホルム抽出を2回，エタノール沈殿し，ddH_2Oに溶解して使用しています．

ssODN

数十bpまでの挿入や置換には，一本鎖オリゴDNA（ssODN）が使われています（Q20参照）．ファスマック社，Eurofins Genomics社や北海道システム・サイエンス社などがオリゴDNAの受託合成を行っています．ssODNの精製方法はPAGEが推奨されるようです[4]．また，培養細胞においてssODNを用いたゲノム編集研究の多くはNucleofector™を用いたものが多く，その他のエレクトロポレーターやリポフェクションでの報告は少ない傾向があります．筆者自身はssODNによるゲノム編集を行ったことはないため明言はできませんが，導入法に依存して編集効率が変化する可能性があるため，注意が必要かもしれません．

セレクション試薬

変異株を薬剤耐性によって選抜する試薬が必要です．哺乳類培養細胞ではピューロマイシン，G418，ハイグロマイシン，ブラストサイジンなどがよく利用されます．細胞種によって効果的な濃度が異なるので，最適条件を検討しておく必要があります．

文 献

1）「実験医学別冊 目的別で選べる細胞培養プロトコール」（中村幸夫/編），羊土社，2012
2）「実験医学別冊 目的別で選べる遺伝子導入プロトコール」（仲嶋一範，他/編），羊土社，2012
3）落合 博：「実験医学別冊 今すぐ始めるゲノム編集」（山本 卓/編），pp62-72，羊土社，2014
4）相田知海，他：「実験医学別冊 今すぐ始めるゲノム編集」（山本 卓/編），pp83-93，羊土社，2014

（落合　博）

30 哺乳類培養細胞での変異体のスクリーニング方法について教えてください．

薬剤耐性遺伝子を発現するプラスミドベクターを利用し，導入後に一過的にセレクションをかけることで，変異体を効率的にスクリーニングします．

解説

TALENやCRISPR/Cas9の導入とセレクション

哺乳類培養細胞でゲノム編集を行う場合に最も気にしなければいけないことは，その細胞種におけるTALENやCRISPR/Cas9の導入効率（全細胞数におけるTALENなどが導入された細胞数の割合）です（Q26参照）[1]．導入効率が低いと，みかけ上のゲノム編集効率が減少してしまいます．そこで，薬剤耐性遺伝子または緑色蛍光タンパク質（GFP）などのマーカータンパク質を発現させるようにしておき，導入後に一過的な薬剤選抜またはFACS（fluorescence activated cell sorter）により導入細胞のみを分取します．これにより導入細胞のみを濃縮することが可能で，ゲノム編集効率を劇的に上昇させることができます[1) 2)]．薬剤選抜へのピューロマイシン耐性の応用は感受性細胞の死滅までの時間が短く有用です．ピューロマイシン耐性遺伝子やGFP遺伝子を共発現するCRISPR/Cas9発現ベクターがAddgeneより入手可能ですが（Q27参照），別々のプラスミドベクターとして導入しても問題ありません[2) 3)]．相同組換え（HR）修復を介したゲノム編集の際にターゲティングベクターを介して選抜マーカー遺伝子を導入・発現するようにしておけば，ゲノム編集が成功した細胞を効率よく集めることが可能なため，前述のような導入直後の一過的な選抜操作は不必要です[1)]．

適切なタイミングでのクローニング

一般的には導入から72時間程度培養し，浮遊細胞であれば限外希釈法，接着細胞であれば限外希釈法または低密度で細胞をプレーティングし，コロニーを形成させます．HRによって薬剤耐性遺伝子を導入している場合は，継代から48時間程度待ってから薬剤選抜を開始します．細胞種や利用するベクターの性質に依存する可能性はありますが，導入から

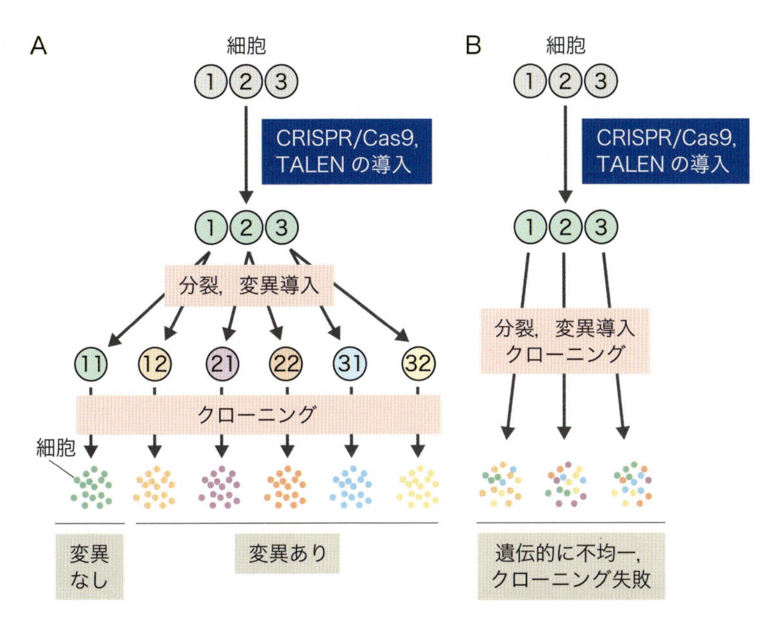

図1　ゲノム編集操作過程のクローニングのタイミングによる影響
A) TALENやCRISPR/Cas9の導入から十分な培養時間を確保した場合と，**B)** しなかった場合における影響の模式図．

72時間程度待つことにより，DNA二本鎖切断（DSB）導入およびその後の非相同末端結合（NHEJ）またはHRを介したゲノム編集の過程がおおかた終了しています（図1A）．もしこの培養時間が不十分であった場合，クローニング操作後にゲノム編集が起こってしまい，ゲノム配列が不均一な細胞集団を生じてしまう可能性があります（図1B）．また，どの程度の割合で「当たり」（変異導入された）クローンが含まれているかは，細胞種，導入量，使用するTALENやCRISPR/Cas9の性能に依存して変化します．そのため，どの程度のクローン数を回収するかはケースバイケースです．

スクリーニング－NHEJによる遺伝子破壊の場合

基本的に得られたクローンからゲノムDNAを回収し，標的部位周辺をPCRで増幅します．もし標的部位に制限酵素サイトがあれば，その制限酵素に対して耐性をもっているかどうかを判定することで，何らかの変異が入っているか否かを簡易に判断できます．もちろんシークエンス解析で塩基配列決定しても変異が導入されているかどうか判断できます．しかし，一倍体細胞でない限り，個々の対立遺伝子座ごとに導入された変異配列が異なる場合が多くシークエンスの波形が重なってしまいます．

このようにPCR断片のダイレクトシークエンスでは，すべての標的遺伝子が破壊されているかどうか，またはどのような変異が導入されたかを判断することは難しい場合がありま

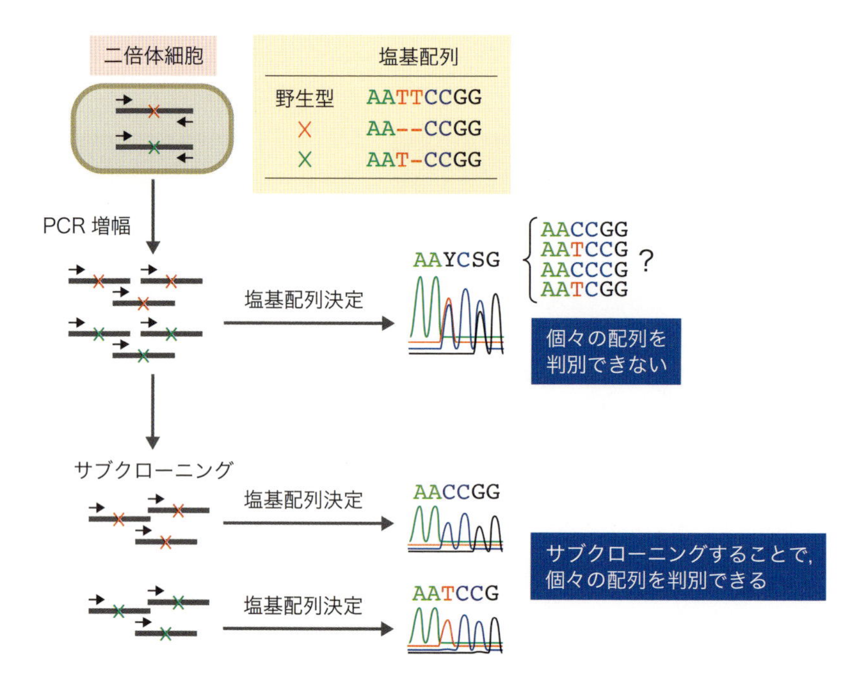

図2　NHEJを利用したゲノム編集操作後の塩基配列決定における注意点
クローニングされた細胞においても倍数性が二倍体以上の細胞であれば，変異タイプが複数種類になる可能性があり，PCR産物をシークエンス解析で直接塩基配列決定してもどのような変異が入っているか特定することは難しいです．そのため，PCR産物をサブクローニングした後に，塩基配列決定する必要があります．

す（図2）．そのため，シークエンス解析する場合には，増幅したPCR断片をプラスミドにサブクローニングし，複数断片（1細胞クローンにつき8～16程度）の塩基配列を決定し，何種類の変異配列があるのかを判断します（図2）．筆者は，この時点での確認を容易にするために，エキソン-イントロンのつなぎ目をまたぐ2カ所（100 bpほどの間隔）にCas9ニッカーゼの標的を設定し，増幅されたPCR断片の長さからすべての対立遺伝子に変異が入っていることを確認できるようにしています．PCRの増幅断片長からすべての対立遺伝子に変異が入っていることが確認できた後に，シークエンス解析により個々の対立遺伝子に導入された変異を把握しておきます．あらかじめ導入直後に薬剤処理などにより，導入された細胞のみを濃縮しておくと，非常に高い効率で変異が導入された細胞株を得ることができます．

スクリーニング—HRによるゲノム編集の場合

HRにより挿入される断片が短ければ，相同配列の外側にプライマーを設定し，そのプライマーを利用してPCR増幅し，その断片の長さからゲノム編集が起こっているクローンを

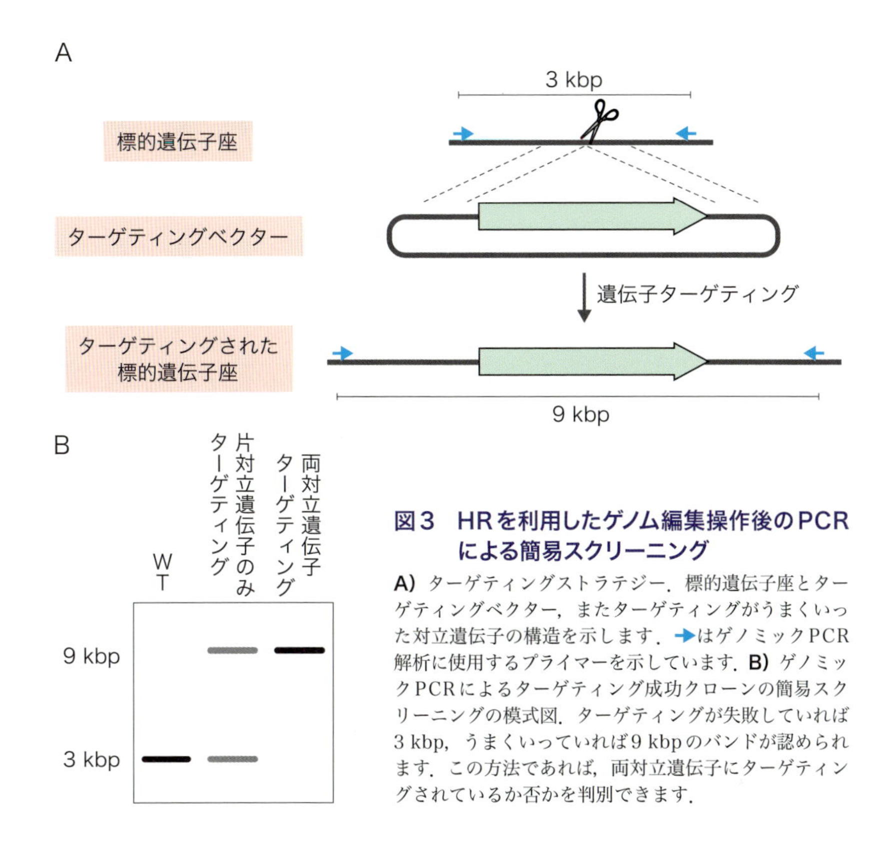

図3　HRを利用したゲノム編集操作後のPCRによる簡易スクリーニング

A） ターゲティングストラテジー．標的遺伝子座とターゲティングベクター，またターゲティングがうまくいった対立遺伝子の構造を示します．➔はゲノミックPCR解析に使用するプライマーを示しています．**B）** ゲノミックPCRによるターゲティング成功クローンの簡易スクリーニングの模式図．ターゲティングが失敗していれば3 kbp，うまくいっていれば9 kbpのバンドが認められます．この方法であれば，両対立遺伝子にターゲティングされているか否かを判別できます．

選別できます（図3）[1]．挿入する断片が長い場合は，5′末端および3′末端それぞれでPCR増幅し，増幅されていれば当たりであると判断できます．しかし，この手法ですと，ゲノム編集が失敗している対立遺伝子があるのかどうかを判断することはできません．最終的に，当たりだと思われる細胞株を増やし，ゲノムDNAを十分量回収し，サザンブロットにより確認する必要があります[1]．

文 献

1）落合 博：「実験医学別冊 今すぐ始めるゲノム編集」（山本 卓/編），pp62-72，羊土社，2014
2）Wang H, et al：Nat Biotechnol, 31：530-532, 2013
3）Soldner F, et al：Cell, 146：318-331, 2011

（落合　博）

Q31 倍数性の高い細胞やプライマリー細胞でゲノム編集は可能でしょうか？

NHEJを介した遺伝子改変はすべての細胞で可能です．しかし，分裂が乏しい細胞ではHRを介した遺伝子改変は難しい可能性があります．

解説

多細胞生物においては，DNA二本鎖切断（DSB）の主な修復経路である非相同末端結合（NHEJ）や相同組換え（HR）は保存されており，TALENやCRISPR/Cas9を導入してDSBを標的配列に誘導できる培養細胞であれば，基本的にはゲノム編集が可能です．ただし，細胞種によって考慮すべき点があります．

倍数性の高い細胞の場合

がん組織由来細胞株などの多くは染色体数に異常があり，多倍体化した細胞では標的遺伝子が複数コピー存在する場合があります．こういった細胞株であっても，効率よくTALENやCRISPR/Cas9を導入でき，それらを十分量発現させることができるのであれば，標的遺伝子が2コピーの細胞（二倍体）と比べて効率は低下するものの，すべての標的遺伝子コピーをNHEJ依存的に破壊することは十分可能です（Q28参照）．しかし，HRを介したゲノム編集はNHEJのそれと比較して頻度が低く，一度の導入操作で複数からなるすべての標的遺伝子コピーにゲノム編集が成功した細胞クローンを樹立することは，難しい傾向にあります（図）．必要であれば，複数の薬剤セレクションマーカーを使用し，連続的に挿入していくことを考えます．なお，HRを介したゲノム編集が失敗した染色体において変異前の標的配列が残っていれば同一のTALENまたはCRISPR/Cas9の発現ベクターを使用できますが，残っていない場合は別の標的配列をもつTALENやCRISPR/Cas9を使用する必要があります．

プライマリー細胞の場合

HRは細胞周期のうちS/G2期に起こるため，分裂終了後の体細胞や細胞分裂の乏しい細

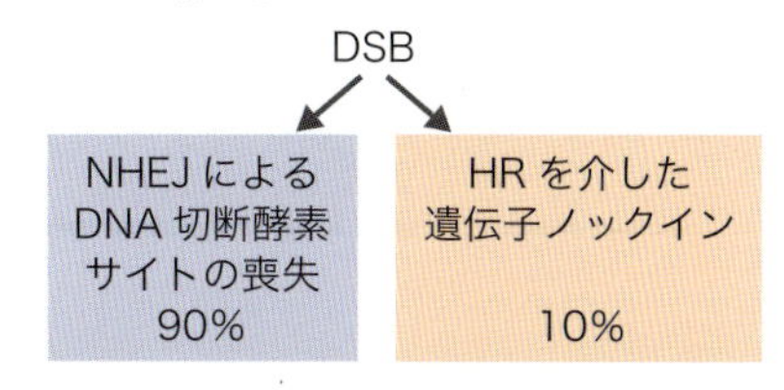

倍数性	すべての対立遺伝子でノックインが成功する細胞の割合
1倍体	10%
2倍体	1%
3倍体	0.1%
4倍体	0.01%

図　倍数性の高い細胞におけるノックイン成功率

各対立遺伝子におけるノックイン成功率を10%と仮に考えます．各対立遺伝子におけるノックインの成否は独立なため，倍数性が高い細胞においては，すべての対立遺伝子でノックインが成功する確率はきわめて低いことがわかります．

胞においてはHRを介したゲノム編集は難しいと考えられます．一方，NHEJを介したゲノム編集は細胞周期には依存しないため，発現ベクターなどを導入することが可能であれば，遺伝子破壊は可能であり，いくつかの報告があります（Q28参照）．特筆すべきは，ZFNを含むゲノム編集技術で最先端の研究を行っているSangamo社の報告です[1)]．彼らは，ヒト免疫不全ウイルス（HIV）に感染した後天性免疫不全症候群（AIDS）患者から$CD4^+$ T細胞を回収し，ZFNを利用してHIV感染にかかわる遺伝子*CCR5*を破壊し，それを患者に戻すという臨床研究を行いました．その結果，本手法の安全性が確認されたのと同時に，対象患者の多くにおいて血中HIV数の減少が認められ，AIDS治療法の確立へと明るい兆しがみえています[1)]．しかし，基本的にプライマリー細胞は分裂回数に限界があり，継代数によって性質が変わりうるため，ゲノム編集後にクローニングするということは難しいのが現状です．そのためプライマリー細胞においては，細胞集団でゲノム編集を行い，その平均的な振る舞いを観察するというのが現実的です．

文 献

1）Tebas P, et al：N Engl J Med, 370：901-910, 2014

（落合　博）

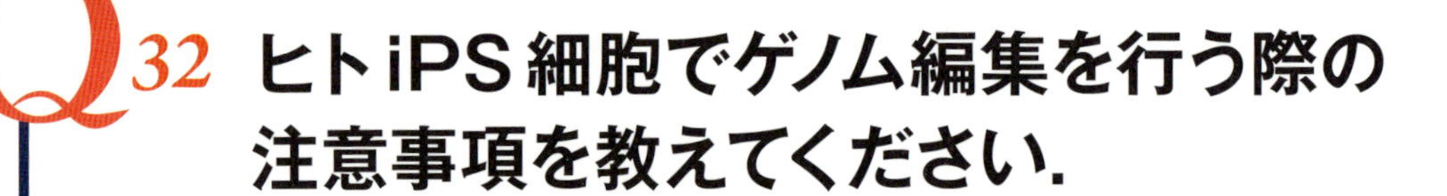

Q32 ヒトiPS細胞でゲノム編集を行う際の注意事項を教えてください．

A ヒトiPS細胞は他の細胞株と性質がいくつも異なる点があり，扱いに注意しなければなりません．例えば，未分化培養を維持すること，コロニーを形成しながら増殖すること，シングルセル状態では生存できず，ROCK阻害剤の添加が必要であること，薬剤選択を用いない相同組換えは効率がきわめて低いこと，などです．

解説

未分化状態の維持

ES/iPS細胞を未分化状態で維持するためには，培養条件を注意する必要があります．分化多能性をもつヒトiPS細胞は，裏を返すと培養条件のちょっとした変化に反応して分化してしまう傾向にあります．したがって，細胞培養の際に常にコロニーの形状を観察し，未分化状態を保っているかどうかを確認する必要があります．フィーダー細胞を用いる方法や用いない方法など，多様な培養方法が開発されているので，使用している細胞株に合わせた適切な培養方法を確認してください．

細胞死の抑制

ヒトiPS細胞は，単一細胞まで剥離するとRhoキナーゼ（ROCK）を介したアポトーシスが誘導されることが知られており，ROCK阻害剤であるY-27632を添加して細胞死を抑制する必要があります[1)]．

核型異常への対応

ヒトiPS細胞は継代を重ねるだけで，核型異常が蓄積するリスクが知られているので，必要以上に継代を繰り返さないよう注意する必要があります．日常的な細胞形態観察では判断は難しいので，実験をはじめる初期の段階で一度核型が正常であることを（ギムザ染色法やGバンド法で）確認しておくことを勧めます．

ssODNを鋳型とした相同組換え

ssODN（一本鎖オリゴDNA）を鋳型とした相同組換え効率はきわめて低いです．

一塩基置換を誘導したい場合，ssODNを鋳型として相同組換えができれば，最も簡単な方法です．ただし，ssODNを用いた場合は薬剤選択ができず，現状において相同組換え効率がきわめて低いため，相当数（400以上）のクローンを解析することを覚悟しなければなりません．現時点では，古典的なCre-loxP法[2]や落合らのヌクレアーゼを用いたカセット除去法[3]，または遊佐らの*piggyBac*転移酵素を用いた薬剤選択カセット除去法[4]を用いるのが無難です．

iPS細胞がうまく増えない場合

iPS細胞培養中に一部分化してしまった場合には，分化したコロニー部分をアスピレーターで吸引除去し，未分化コロニーだけを継代します．コロニー密度が低い場合は，ディッシュサイズをスケールダウンしましょう．フィーダー培養の場合，フィーダーの鮮度や播種密度にも注意が必要です．また，培地中のbFGF濃度を2～5倍程度まで増やすことも試してみましょう．それでも改善しない場合，若い継代数のiPS細胞冷凍ストックを融解し直すことを勧めます．

文献

1）Watanabe K, et al : Nat Biotechnol, 25 : 681-686, 2007
2）Li HL, et al : Stem Cell Reports, 4 : 143-154, 2015
3）Ochiai H, et al : Proc Natl Acad Sci U S A, 111 : 1461-1466, 2014
4）Yusa K, et al : Nature, 478 : 391-394, 2011

（李　紅梅，堀田秋津）

33 ヒトiPS細胞でゲノム編集を行う際，どの発現ベクターを使用すべきでしょうか？

EF1αプロモーターなどのヒトiPS細胞で高い活性を示すプロモーターを搭載したベクターを選択しなければなりません.

解説

お勧めのプロモーター

ヒトiPS細胞において，CMVやSV40などのウイルス由来RNAポリメラーゼⅡプロモーターでは活性が低く，発現抑制（サイレンシング）を受けてほとんど発現しない場合もあるので，高発現を狙う場合，EF1 αプロモーター（第一イントロンのエンハンサーを含むもの）やCAGプロモーター，Tet-Onプロモーターが適しています（表1）．低発現でよければ，PGKプロモーターも使用できます．sgRNAを発現するRNAポリメラーゼⅢプロモーターに関しては，H1プロモーターやU6プロモーターであれば問題なく機能します．

薬剤選択カセット

また，相同組換えによりノックインを行う際に，ターゲティングベクターに薬剤選択カセットを搭載することが一般的です．薬剤耐性遺伝子の発現には前述のプロモーターを用いる他，使用する薬剤に関しても，ヒトiPS細胞における各薬剤の効き具合が異なります．使用する選択薬剤（ピューロマイシン，ネオマイシン，ハイグロマイシンなど）は細胞株によって効き具合が異なり，株によって濃度を検討しなければなりません．また，ネガティブマーカー〔例えばHSVチミジンキナーゼ（TK）遺伝子〕の搭載は必ずしも必要ないようです．以下に薬剤カセットの特徴をまとめた表2を示しました．

薬剤選択を行うと細胞が全滅してしまう場合

細胞株によって，各薬剤の最適な濃度が異なります．相同組換え実験を行う前に，目的細胞株を用いて最適薬剤濃度を実験的に知っておくことが大切です．具体的には，5～8日間添加した結果，未処理細胞が死滅し，薬剤耐性遺伝子（ターゲティングベクターなど）を

表1　一般的にヒト細胞に用いられるプロモーターの比較

目的別	プロモーター	多能性幹細胞で発現抑制	ヒトiPS細胞での発現活性
タンパク質発現用 RNAポリメラーゼⅡプロモーター	CMV	受けやすい	低
	SV40	受けやすい	低
	EF1α	受けにくい	高
	CAG	受けにくい	高
	Tet-On	受けにくい	高
	PGK	受けにくい	低
sgRNA発現用 RNAポリメラーゼⅢプロモーター	H1	受けにくい	高
	U6	受けにくい	高

表2　一般的に用いられる薬剤選択法の比較

遺伝子名	由来生物	使用薬剤	作用機序	一般的な使用濃度帯	iPS細胞での使用推奨濃度
aminoglycoside phosphotransferase	バクテリアTn5トランスポゾン	G418（ネオマイシン）	タンパク質合成阻害	400～1,000 μg/mL	50 μg/mL
hygromycin B phosphotransferase	*Streptomyces hygroscopicus*	ハイグロマイシンB	タンパク質合成阻害	10～400 μg/mL	10～100 μg/mL
puromycin-N-actyl transferase (pac)	*Streptomyces alboniger*	ピューロマイシン	タンパク質合成阻害	0.5～10 μg/mL	0.5～0.8 μg/mL
blasticidin S deaminase	*Bacillus cereus or Aspergillus terreus*	ブラスチサイジンS	タンパク質合成阻害	1～20 μg/mL	2 μg/mL
ble	*Streptoalloteichus hindustanus*	ゼオシン	DNA切断	50～300 μg/mL	4 μg/mL

文献1をもとに作成.

導入した細胞が生き残る濃度を用いるのが一般的です．ハイグロマイシン耐性遺伝子をloxP配列で挟んだわれわれのターゲティングベクターは，Addgeneからも入手可能です[2]．

文献・URL

1）Moore JC, et al：Stem Cell Res Ther, 1：23, 2010
2）pENTR-DMD-Donor（https://www.addgene.org/606051），Addgene

（李　紅梅，堀田秋津）

34 ヒトiPS細胞への遺伝子導入方法は何が適していますか?

ヒトiPS細胞への遺伝子導入には，第二世代エレクトロポレーターの使用がお勧めです.

解説

ヒトiPS細胞においては，Lipofectamine® 2000（Thermo Fisher Scientific社）やFuGENE® 6/HD（Promega社）などのリポフェクション試薬を用いた遺伝子導入も可能ですが，導入効率が低い傾向があります.

第二世代エレクトロポレーター

ヒトiPS細胞への遺伝子導入は第二世代エレクトロポレーターを使用することをお勧めします．一定幅のキュベット電極を用い，単一の電気パルス波を発生させるエレクトロポレーター（Gene Pulserなど）を第一世代としますと，キュベットの形をピペット型にしたNeon®（Thermo Fisher Scientific社），細胞懸濁液に専用の緩衝液を用いるNucleofector™（Lonza社），そして多段階の電気パルスを出力可能なNEPA21（ネッパジーン社）を第二世代とみなすことができ，どれもヒトES/iPS細胞で広く使用されています．Neon®やNucleofector™を用いる場合，小スケールで実験を行えば，1サンプルあたり細胞数とプラスミドの使用量が少な目ですむのがメリットです〔Neon®（10 μLチップ）の場合，0.5〜1.5 × 10^5個の細胞と0.5〜1.5 μgのDNA．Nucleofector™（20 μL Nucleocuvette™ Strip）の場合，2〜4 × 10^5個の細胞と0.4〜1 μgのDNA〕．しかし，トランスフェクションのダメージが大きく，細胞が回復するまでの時間がかかることと，ランニングコストが高価であるのがデメリットです．NEPA21は1サンプルあたり0.5〜1.0 × 10^6個の細胞と10 μgのプラスミドDNAが必要ですが，細胞の回復が早く，トランスフェクション効率も高いうえに，ランニングコストがきわめて安いため，われわれは主にNEPA21を用いて遺伝子導入を行っています（表）.

表　各種エレクトロポレーターのメリットおよびデメリット

導入方法	メリット	デメリット
Gene Pulser X cell™ (BioRad社)	・ランニングコストが安い	・導入効率が低い
Neon® Transfection System (Thermo Fisher Scientific)	・導入効率が高い	・ランニングコストが高い
Nucleofector™ (Lonza社)	・導入効率が高い ・多検体同時処理も可能 ・使用論文が多い	・ランニングコストが高い ・電圧条件が不明
NEPA 21 (ネッパジーン社)	・導入効率が高い ・細胞毒性が低い ・ランニングコストが安い	・必要な細胞数およびDNA量が多い

導入効率を上げるための注意点

どのエレクトロポレーターにおいても，高い導入効率を得るためには，未分化な状態で対数増殖期にあるiPS細胞を用いること，フィーダー細胞をできるだけ除去すること，高純度のプラスミドDNA溶液〔できればエンドトキシン（内毒素）フリー〕を用意すること，細胞剥離する際，塊ではなく単一細胞状態まで懸濁すること，細胞生存数を上げるために，剥離前後にY-27632（ROCK阻害剤）を添加することが大切です．使用する細胞株に応じて，前もって最適なエレクトロポレーション条件を決定しておくのも大切です．

エレクトロポレーションした後，細胞がなかなか回復しない場合

エレクトロポレーションする前の細胞剥離を丁寧に行うことが大切です．細胞剥離液で十分に処理し，均一な単一細胞が得られていることを顕微鏡で確認してください．逆に，あまり長時間の細胞剥離液処理や，ピペッティングのやり過ぎは，細胞の生存率に悪影響をおよぼします．細胞カウントする際に，トリパンブルー染色などで生存率が高いことを確認してください．生存率の低い状態のiPS細胞をエレクトロポレーションに用いても，細胞の生存率および導入効率が低い傾向があります．

（李　紅梅，堀田秋津）

Q35 ヒトiPS細胞のサブクローニングの方法を教えてください.

A 遺伝子導入のダメージから回復させてから限外希釈法を行い，コロニー形成後，PCRによりスクリーニングします.

解説

iPS細胞を限外希釈※1して生成した各コロニーは単一細胞由来のサブクローンとみなせるため，生成したコロニーをピックアップして遺伝子配列をPCRやサンガーシークエンスでスクリーニングする方法を用います[1]. ただし，エレクトロポレーションによりTALENやCRISPRを導入した後，すぐに限外希釈を行うのではなく，一度細胞全体を継代して遺伝子導入のダメージから回復させてから限外希釈を行う方法をお勧めします. さらに，限外希釈を行いiPS細胞のコロニーを形成させたら，コロニーの一部を掻き取ってゲノムDNAを抽出し，すぐにPCRスクリーニング（ジェノタイピング）を行うことで，多数のiPS細胞クローンを維持継代する手間を最小限にできます（図）[2].

サブクローニングの実際の手順

以下の手順でステップごとに確認しながら進めていくことで，目的のゲノム編集体がみつけやすくなります.

❶トランスフェクションの最低1時間前からY-27632（ROCK阻害剤）を添加します.

❷エレクトロポレーションによりTALENやCRISPRなどを発現するプラスミドとターゲティングベクターを導入し，Y-27632入りの培地で培養します. コントロールとしてEGFPなどの蛍光タンパク質発現ベクターを導入したウェルも用意し，遺伝子導入効率を確認しておきましょう.

❸2～3日後に細胞が回復して継代できるまで増殖したら，約2/3の細胞を6ウェルプレートの2ウェル（ウェルAとB）に細胞塊として継代し，残りの約1/3の細胞を回収してゲノムDNAを抽出します. このゲノムDNAからT7EIアッセイなどによりTALENやCRISPR

※1　限外希釈とは単一細胞に懸濁して十分希釈してから播種すること.

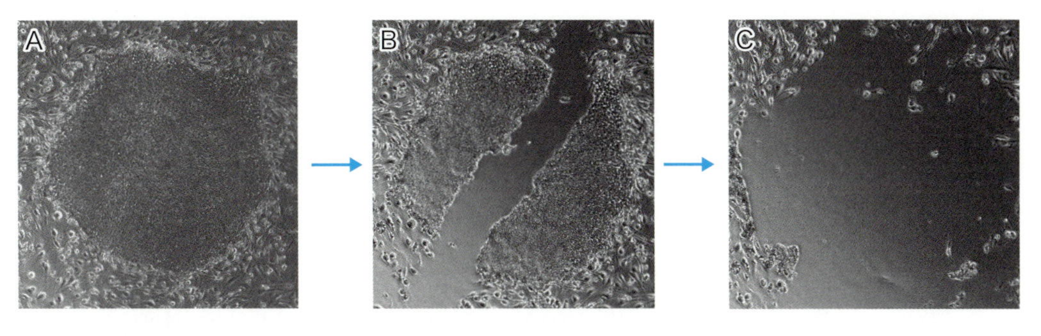

図　ゲノム編集ヒトiPS細胞のゲノム配列解析とサブクローニング
A) 目視できる大きさのヒトiPS細胞のコロニー（直径2〜3 mm程度）．**B)** コロニーの一部を滅菌チップで掻き取り，ゲノムDNAを抽出してPCR解析に用いる．**C)** 残りのコロニーを全部掻き取って回収し，PCRの結果が出るまで維持培養する．

による切断活性を評価することで，後のステップに進むかどうかを判断します．薬剤選択カセットがない場合，❻に進みます．

❹ノックイン実験でターゲティングベクターに薬剤選択カセットを搭載している場合は，ウェルAに適切な濃度の薬剤選択を行い，薬剤選択なしの維持用ウェルBの細胞と比較しながら，薬剤の効き具合を判断します[※2]．

❺薬剤耐性を獲得したウェルAの細胞を継代する際，約1/3の細胞からゲノムDNAを抽出し，ノックインを判断するPCRプライマーにより，おおよそのノックイン効率を評価します．残りの細胞は細胞塊として6ウェルプレートの2ウェル（ウェルCとD）に継代します．

❻❸のウェルAの細胞（薬剤選択カセットを用いない場合），または❺のウェルCの細胞（薬剤選択を行った場合）を剥離して単一細胞になるように懸濁し，10 cmフィーダープレートに200〜500個まで限外希釈したiPS細胞を播種します．ウェルBまたはウェルDの細胞は，細胞塊のままバックアップとして維持継代します．

❼播種した翌日は10 cmフィーダープレートの培地交換をしないほうがよいです．その後も4〜5日間はY-27632を添加し続けた方がコロニー形成に有利です．

❽おおよそ10〜14日程度で，iPS細胞コロニーが目にみえる大きさ（直径2〜3 mm）まで成長します．ある程度の大きさのコロニーに狙いを定め，コロニーの一部をピペットの先で掻き取って，細胞溶解液が入った96ウェルPCRプレートに入れます（図A, B）．次に，同じコロニーの残りの部分も全部掻き取って，クローン番号に対応するY-27632入り培地が入った24ウェル細胞培養プレートに入れます（図C）．この操作を必要数（12〜96コロニー）繰り返します．

※2　薬剤濃度については，あらかじめプラスミドトランスフェクション細胞と非トランスフェクション細胞に多段階濃度を添加することによって致死濃度を決定しておくとよいです．ただし，ノックイン後は1〜2コピーだけとなり，ノックインの遺伝子座によっては薬剤耐性遺伝子の発現が抑制される場合もあり，いきなり既定の濃度で選択すると全滅する場合もあるので注意が必要です．

⑨96ウェルPCRプレートからゲノムDNAを抽出し，PCRのテンプレートとして用います．

⑩24ウェル細胞はそのまま培養を維持し，PCRスクリーニングの結果により，ポジティブなクローンのみを選択して維持継代を続けます．この際に，ネガティブであったクローンも1～2クローン維持しておくと，ネガティブコントロールとして利用ができます．

⑪ノックインの場合は，サザンブロットにより，ランダムインテグレーションの有無やターゲティングベクターのコピー数を確認することをお勧めします．また，得られたクローンについて，必要に応じて計画外のゲノム部位に配列変異が生じていないか（特に核型解析），調べることもできます．

目的のゲノム編集体が1つもできていない場合

スクリーニングの結果，目的のゲノム編集体が1つもできていない場合，CRISPR-sgRNAの切断活性，トランスフェクション効率，ターゲティングベクターのデザイン，そして目的のゲノム編集体の性質のどれかに原因があると考えられます．

● トランスフェクション効率

ステップ❷において，EGFP発現プラスミド（または蛍光レポーターを搭載したCas9やsgRNA発現ベクター）の導入効率を確認し，20～30％に満たない場合は，再検討を勧めます．われわれの用いた赤色蛍光タンパク質mRFP1を発現するsgRNA発現ベクターは，Addgeneからも入手可能です[3)]．

● CRISPR-sgRNAの切断活性

ステップ❸においてsgRNAの切断活性（T7EIアッセイで10％以上の効率が望ましい）が十分確認できない場合は，トランスフェクションからやり直すか，sgRNAを設計し直すことを勧めます．

● ターゲティングベクターのデザイン

薬剤選択で薬剤耐性株が多数取得できたにもかかわらず目的のゲノム編集体が1つもできていない場合，検出用のプライマーが不適であるか，薬剤選択カセットが目的領域以外にランダムに挿入されている可能性があります．また，sgRNAの切断活性が低いと，ランダム挿入が多くみえる傾向があります．ターゲティングベクターの薬剤選択カセット挿入部位が，sgRNA切断部位から離れすぎていても（>100 bp），組換え体は得られにくいです．

● 目的のゲノム編集体の性質

sgRNAによる切断活性やトランスフェクション操作に問題がないにもかかわらず，目的の組換え体がどうしても得られない場合，ターゲットにしている遺伝子がiPS細胞の未分化維持や細胞生存に必須であることも考えられます．この場合，5′ UTRまたは3′ UTRをターゲットとしてタンパク質発現への影響を小さくするか，ノックアウトしたいエキソンをloxp配列ではさんで，Creを発現させたときのみ遺伝子ノックアウトを誘導できるようにするなどの工夫が必要となります．

文献・URL

1）Costa M, et al：Nat Protoc, 2：792-796, 2007
2）Yusa K：Nat Protoc, 8：2061-2078, 2013
3）pHL-H1-ccdB-mEF1 α -RiH（https://www. addgene. org/60601/），Addgene

（李　紅梅，堀田秋津）

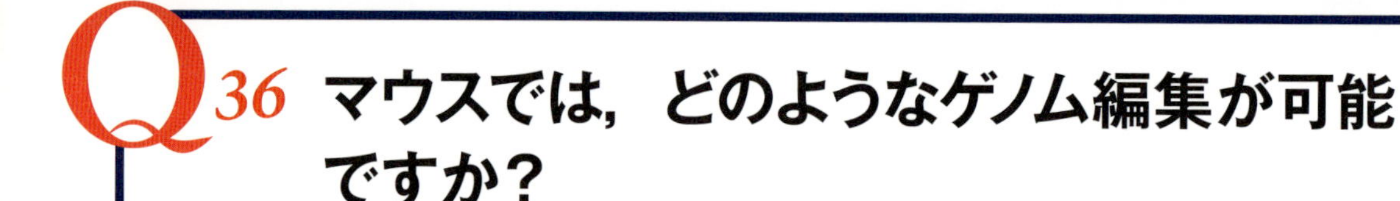

Q36 マウスでは，どのようなゲノム編集が可能ですか？

ノックアウト，点変異，ノックイン，複数遺伝子の同時ノックアウト，欠失・重複・逆位など，ほぼすべてのゲノム編集が可能です．

解説

マウスでできるゲノム編集

ゲノム編集とは，特定のゲノム領域にDNA二本鎖切断（DSB）を誘発し，その修復メカニズムを利用してゲノムを改変する技術です（マウスに応用した写真はQ42図B参照）．修復には主に，非相同末端結合（NHEJ）と相同組換え（HR）の2種類があります．NHEJの際に塩基の欠失・挿入が起きてフレームシフトすれば，遺伝子ノックアウトとなります（図A）．一方，DSB時に相同領域をもつドナーベクターを存在させることで，ドナーベクターを鋳型としたHRによりゲノム上へ任意の配列をノックインすることもできます（図B，C）[1]．ゲノムDNA1カ所の切断によるノックアウト/ノックインに加えて[2]，複数カ所の切断による同時ノックアウト/ノックインも可能です[3]．さらに，同じ染色体上の2カ所を切断することで，その間の領域の欠失・重複・逆位など，染色体レベルでのゲノム編集も効率よく行えます（図D〜F）[4)〜6)]．

ゲノム編集実験のポイント

また，点変異やレポーター遺伝子挿入など，ノックインに用いるドナーベクターの相同領域は比較的短くてよいことが知られています（ssODN：50〜100塩基，dsDNA：0.5〜1.0 kbp，図B）．なおドナーベクターは，ゲノム上へ組換え後に導入部位が再切断されないように設計します．具体的には，PAM配列（5′-NGG-3′）およびsgRNAのシード配列部分（PAM配列の上流12bp以内）の改変，エキソン内であれば同義コドンへ改変などを行います．その際に制限酵素サイトを導入・欠失することで後々の遺伝子型判定が容易になります[7]．実験用マウス（表）を用いたノックインマウス作製効率は，導入方法・標的部位・導入サイズによって大きく変わるため，一概にどの作製方法がベストかを提示できないのが

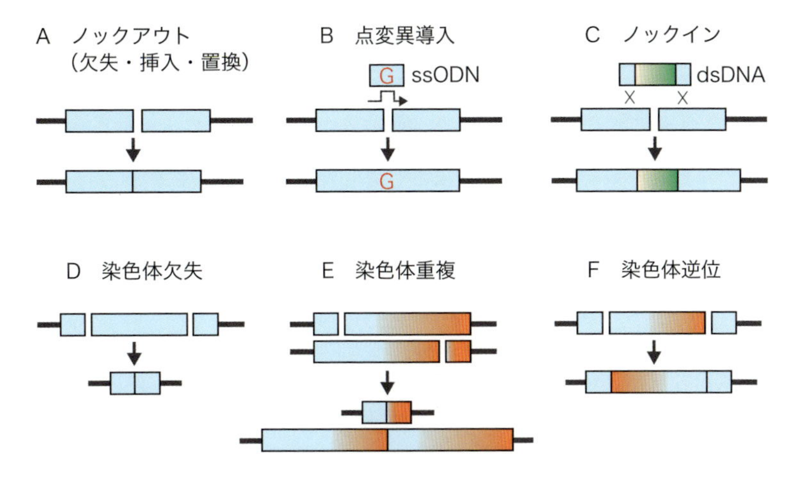

図 ゲノム編集ツール（TALEN, CRISPR/Cas9など）を用いた遺伝子改変

A) DSBを介したNHEJによる修復エラーが塩基の欠失・挿入・置換を導入し，フレームシフトすれば遺伝子ノックアウトになります．**B) C)** ドナーベクターを同時に存在させることで，HRを介した点変異やレポーター遺伝子などのノックインが可能です．ssODN：一本鎖オリゴDNA，dsDNA：二本鎖DNA．**D〜F)** 同一染色体上の2カ所にDSBを同時に起こすことで，染色体領域の欠失・重複・逆位を誘導し染色体レベルでのゲノム編集も可能です．**A〜C**は文献10より引用．

表 実験用マウスの特徴

- 成熟マウスの体重が20〜30 gと小型のため飼育・維持しやすい
- 妊娠期間が20日と短く，1回に8匹程度仔供を産むことから繁殖させやすい
- 生後6〜8週間で成熟するため，1年で4世代進めることができる
- 遺伝的に均一な近交系が確立されているため，世代間・個体間での遺伝的背景が同じ
- ヒトとマウス間で，90％以上の遺伝子が共通している
- マウスゲノムに関する情報はMGI[11]より入手できる
- 体外受精や精子・受精卵凍結保存法などの生殖工学技術が確立されている

現状です．われわれの経験では，NHEJの修復エラーを利用したノックアウトマウスの作製効率（産まれたマウス当たりの変異マウスの割合）が約50％に対し[8) 9)]，ノックインマウスは約10〜20％，さらにノックインDNA断片のサイズが大きくなるほど作製効率が低くなる傾向があります．

オフターゲット作用への対応

ノックアウトする際は目的遺伝子の情報をよく検索し，スプライスバリアントはないか，開始コドンの後にインフレームのATGがないかなど，sgRNAの設計に注意を払ってください．

オフターゲット作用を危惧して，Cas9ニッカーゼ（Q12，13参照）を使用することも選択肢の1つですが，sgRNAのデザインや条件検討が難しいケースがあります．DNA切断

されないことには変異は入らないので，まずは野生型Cas9を用いて目的変異を導入し，変異マウス作製を試みることをお勧めします．また，マウスではオフターゲット作用は低いことが知られていますが，もしオフターゲット切断が確認されたとしても野生型マウスとの交配により目的変異のみをもつ次世代を選ぶことで問題は解消されます．

文献・URL

1）Gaj T, et al：Trends Biotechnol, 31：397-405, 2013
2）Wang H, et al：Cell, 153：910-918, 2013
3）Yang H, et al：Cell, 154：1370-1379, 2013
4）Fujii W, et al：Nucleic Acids Res, 41：e187, 2013
5）Kraft K, et al：Cell Rep, 10：833-839, 2015
6）Li J, et al：J Mol Cell Biol, 7：284-298, 2015
7）Long C, et al：Science, 345：1184-1188, 2014
8）Mashiko D, et al：Sci Rep, 3：3355, 2013
9）Mashiko D, et al：Dev Growth Differ, 56：122-129, 2014
10）Young SA, et al：Asian J Androl, 17：623-627, 2015
11）Mouse Genome Informatics（MGI）（http://www.informatics.jax.org/）

（藤原祥高，伊川正人）

Q37 マウスでゲノム編集を行う場合，どのベクターを用いればよいですか？

A マウスの場合，TALENではPlatinum Gate TALEN Kit，CRISPR/Cas9ではpX330プラスミドをお勧めします．

解説

TALENを用いる場合

TALENの作製では，自作しやすいGolden Gate法が一般的に用いられています[1)]．詳細は他稿へ譲りますが（第Ⅰ部第1章参照），さらにアセンブリー効率と切断効率を上げたのが，広島大学の山本らが開発したPlatinum Gate TALEN Kitです[2)]．このキットによって，マウスを含むさまざまな生物種で効率よくゲノム編集ができることから[3)]，TALEN自作キットのスタンダードになっています．

CRISPR/Cas9を用いる場合

CRISPR/Cas9については，crRNA（CRISPR RNA）とtracrRNA（trans-crRNA）のキメラRNAであるsgRNA（single guide RNA）とhCas9（human codon optimized Cas9）を共発現するプラスミドpX330が非常に有用です（図A）[4)]．導入方法についてはQ39で述べますが，マウス受精卵にはpX330プラスミドを環状DNAのまま注入するか[5)]，もしくは*in vitro*転写によって合成したRNAを注入します[6)]．この他に，マウス胚性幹（embryonic stem：ES）細胞や生殖幹（germline stem：GS）細胞などの培養細胞における遺伝子改変には，pX330にピューロマイシン耐性遺伝子を搭載したpX459が便利です[7)]．

CRISPR/Cas9の場合は，PAM配列（5′-NGG-3′）さえあればsgRNAを設計できるため，多くの候補からオフターゲット配列が少なく，かつDNA切断活性の高いsgRNAを選ぶ必要があります（sgRNA設計については第Ⅰ部第2章，Q42参照）．sgRNA配列依存的にDNA切断効率が異なることから，それぞれのDNA切断活性を簡単に評価できればスムーズに変異マウス作製へと進むことができます．そこで，われわれはEGFP（enhanced GFP）蛍光を指標に，哺乳類培養細胞でsgRNAを評価する系（DNA切断活性評価系）を構築し

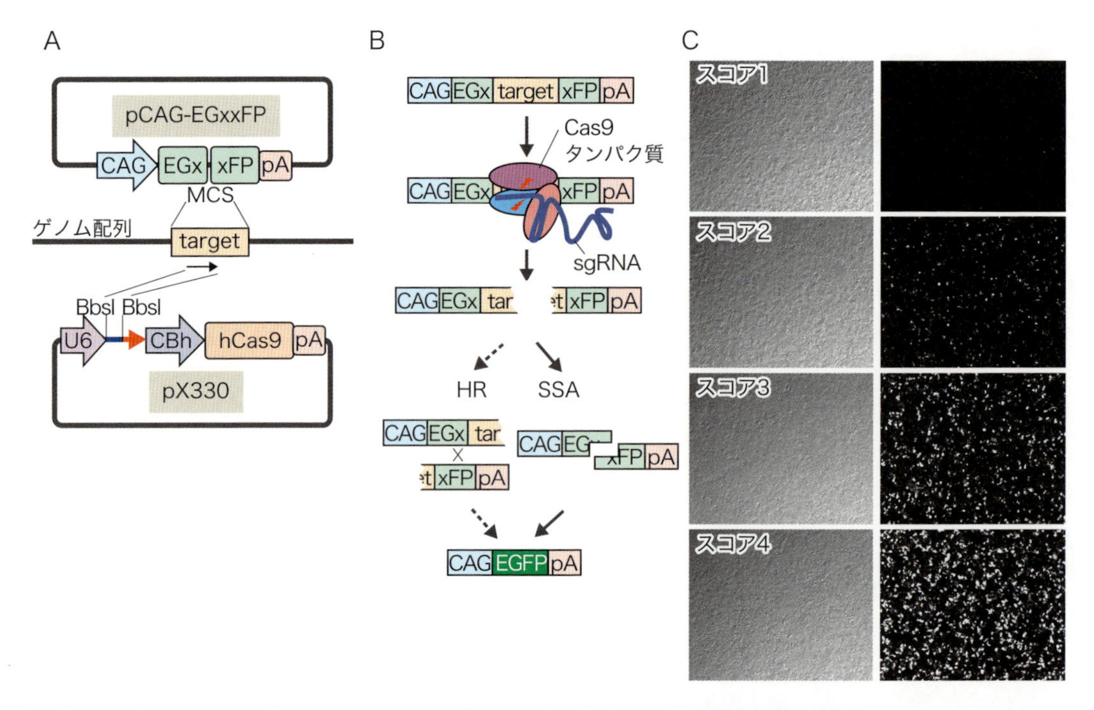

図　EGFP蛍光を指標にするDNA切断活性評価系を用いた最適sgRNA配列の選定

A) 変異を導入したいゲノムの周辺領域（0.5～1.0 kbp）をpCAG-EGxxFPプラスミド内の6種類の制限酵素サイト（MCS）を利用して挿入します．制限酵素BbsIを利用して，できるだけオフターゲット配列の少ないsgRNA配列とCas9を共発現するプラスミドpX330へ挿入します．CAG：CAGプロモーター，pA：polyA配列，target：標的配列（遺伝子），U6：ヒトU6プロモーター，CBh：CBhプロモーター，hCas9：human codon optimized Cas9遺伝子．**B)** pCAG-EGxxFPプラスミド内に挿入した標的ゲノム領域の配列をsgRNAが認識しCas9がDNA二本鎖切断（DSB）します．その結果，分断されていたEGFPカセットが相同組換え（HR）あるいは一本鎖アニーリング（SSA）によってもとに戻り，緑色蛍光を発します．**C)** 構築した2種類のプラスミド（pCAG-EGxxFP-target, pX330-sgRNA）を培養細胞（HEK293T細胞など）へトランスフェクションし，48時間後に観察した写真（左：明視野，右：EGFP蛍光）．sgRNA配列ごとのDNA切断活性を蛍光強度により4段階で評価しています．ポジティブコントロール用プラスミドセット（pCAG-EGxxFP-*Cetn1*, pX330-*Cetn1*/1）がスコア3です．**A**は文献5より引用，**B**，**C**は文献8を改変して転載．

ました[5) 8)]．標的ゲノム領域（0.5～1.0kb）を挿入したpCAG-EGxxFPとsgRNAを挿入したpX330（図A）を培養細胞へ同時導入して，2日後にEGFP蛍光を観察するだけという簡便なアッセイ方法です（図B，C）[9) 10)]．前述のキットやプラスミドは，すべてAddgeneから入手できます．

sgRNAの設計のポイント

オフターゲット検索の際は，検索結果にエキソン・イントロン情報は考慮されていません．オフターゲット候補の数だけでなく，目的外遺伝子のエキソンがオフターゲット切断されることを避けるようにsgRNAを設計する必要があります．また，pX330へ挿入するsgRNAにはPAM配列を加えないようにしてください．

培養細胞を用いたDNA切断活性評価系において，稀にEGFP蛍光が観察されないことがあります（通常，4配列試みれば2～3配列は蛍光が確認できます）．その場合は，sgRNAの再設計やpCAG-EgxxFPへ挿入するtarget配列の大きさを0.3 kbp程度に短くすることで改善することが多いです．培養細胞への遺伝子導入については，ポジティブコントロール（pCAG-EGxxFP-*Cetn1*とpX330-*Cetn1*/1のセットなど）とネガティブコントロール（sgRNA抜きのpX330）を設定することをお勧めします．

文献

1）Cermak T, et al：Nucleic Acids Res, 39：e82, 2011

2）Sakuma T, et al：Sci Rep, 3：3379, 2013

3）Sakuma T & Woltjen K：Dev Growth Differ, 56：2-13, 2014

4）Cong L, et al：Science, 339：819-823, 2013

5）Mashiko D, et al：Sci Rep, 3：3355, 2013

6）Wang H, et al：Cell, 153：910-918, 2013

7）Ran FA, et al：Nat Protoc, 8：2281-2308, 2013

8）Mashiko D, et al：Dev Growth Differ, 56：122-129, 2014

9）藤原祥高，伊川正人：「実験医学別冊 今すぐ始めるゲノム編集」（山本 卓/編），pp95-107，羊土社，2014

10）Fujihara Y & Ikawa M：Methods Enzymol, 546：319-336, 2014

（藤原祥高，伊川正人）

38 マウスでゲノム編集を行う場合に必要となる材料や設備について教えてください.

材料としてはマウス受精卵，胚培養液，胚移植用マウスなど，設備としてはDNAやRNAを受精卵へ導入するためのマイクロインジェクション装置一式，実体顕微鏡，胚培養装置などが必要です.

解説

DNA切断活性の高いゲノム編集ツール（TALEN, CRISPR/Cas9）が用意できれば，次はマウス受精卵に導入して変異マウスを作製します．生殖工学に関する基本操作（取扱い，飼育法，胚操作など）は文献1にしたがって十分に習熟のうえ，変異マウス作製に臨んでください[2) 3)].

材料について

材料については，まずマウス受精卵（前核期胚）を用意する必要がありますが，実験者の研究環境や諸事情に合わせて準備してください（マウスを飼育して採卵，凍結胚を準備，企業から購入など）．マウス系統については，C57BL/6（B6）などの近交系が一般的ですが，遺伝的背景を問わないのであれば交雑系をお勧めします．交雑系は，1匹当たりの排卵数やマイクロインジェクションに対する受精卵の生存率，2細胞期胚への発生率，個体作出成績などトータルで近交系よりも優れています．われわれは主にB6D2F1（C57BL/6メスとDBA/2オスの交雑種）系統を使用しています．熟練者であれば，およそ100個の受精卵からノックアウトマウスを作製することができます[4)]．胚操作用ピペット・ガラス管，胚培養液，マイクロインジェクション用ガラス管，偽妊娠・里親マウスなど，用意しなければいけない材料や実験動物は多岐にわたることから，周到な準備と計画が必要です.

設備について

設備に関しては，図に示す実体顕微鏡セット，マイクロインジェクション装置一式，胚培養装置などマウス胚操作・胚培養に必要な機器を揃える必要があります．どの機器も高価で，すべて揃わないと一連の作業ができないことから，熟練者の知識・アドバイスをもらいながら実験を進めることをお勧めします.

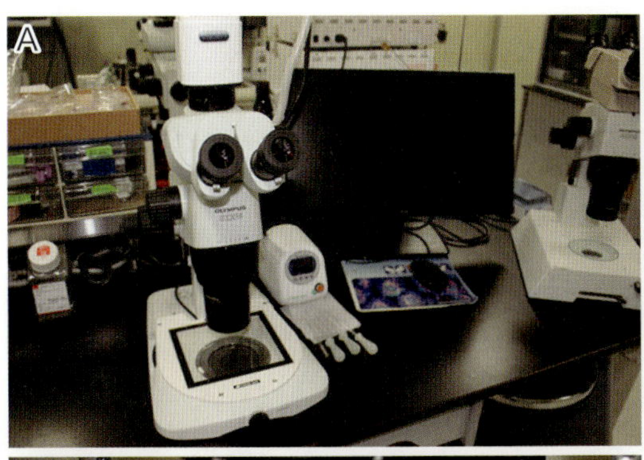

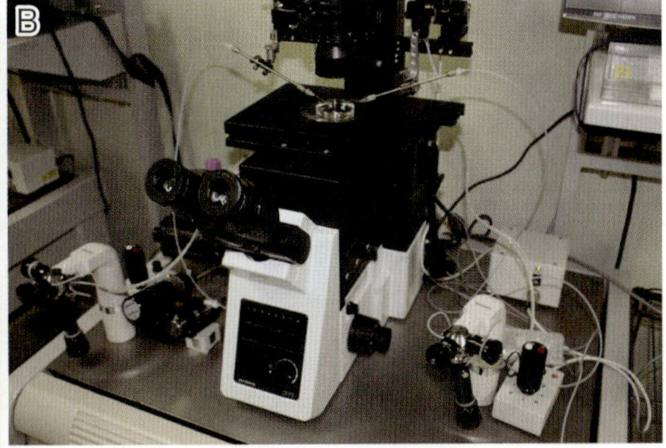

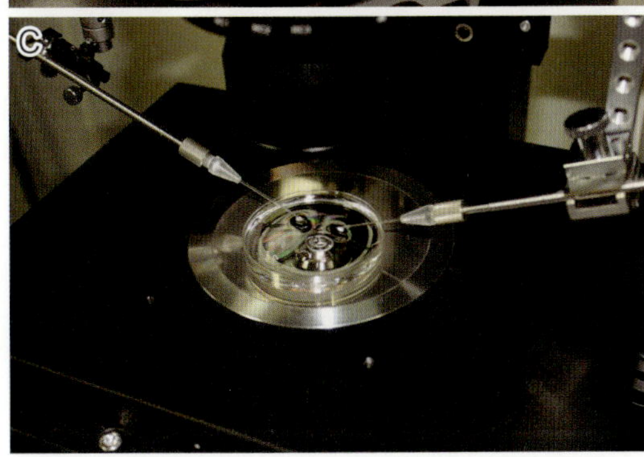

図　マウス受精卵へゲノム編集ツール（TALEN, CRISPR/Cas9など）を導入する機器類

A) マウス受精卵を扱うための実体顕微鏡セット．**B)** マウス受精卵へゲノム編集ツールを導入するためのマイクロインジェクション装置一式．**C)** Bのステージの拡大像．シャーレ（中央）上の胚培養液中にあるマウス受精卵をホールディング針（左）で保定し，インジェクション針（右）から雄性前核もしくは細胞質へゲノム編集ツールを注入します．Q39図参照．

胚操作について

前述の通り，ゲノム編集マウス作製において胚操作と受精卵へのゲノム編集ツール導入が最も習熟を要する作業になります．胚操作全般については，熊本大学生命資源研究・支援センターより提供されている「マウス生殖工学技術マニュアル」[5] などを熟読することをお勧めします．また，受精卵はできるだけ体外での培養時間を減らすことで，個体への作出効率が上がります．胚操作の初心者は注入卵を培養して発生率（卵割率）を確認することも大切ですが，できれば採卵した当日にゲノム編集ツールを導入し偽妊娠マウスへ胚移植することをめざしてください．近交系は交雑系に比べて，過排卵処理卵数が半数程度と少ないことから受精卵の準備には注意が必要です．

文献・URL

1）「マウス胚の操作マニュアル 第三版」（Andras Nagy, 他/著, 山内一也, 他/訳），近代出版，2005

2）「実験医学別冊 今すぐ始めるゲノム編集」（山本 卓/編），羊土社，2014

3）Fujihara Y & Ikawa M：Methods Enzymol, 546：319-336, 2014

4）Mashiko D, et al：Dev Growth Differ, 56：122-129, 2014

5）「マウス生殖工学技術マニュアル」（http://card.medic.kumamoto-u.ac.jp/card/japanese/manual/index.html），熊本大学生命資源研究・支援センター

（藤原祥高，伊川正人）

Q39 マウスでゲノム編集を行う場合，どのような導入方法が適切ですか？

TALEN，CRISPR/Cas9ともに，RNAの状態でマウス受精卵へマイクロインジェクションするのが一般的です．

解説

マイクロインジェクション

TALENやCRISPR/Cas9では，*in vitro*転写したRNAをマウス受精卵の細胞質へマイクロインジェクションして変異マウスを作製するRNA注入法が一般的です（図A）[1) 2)]．しかし，RNA合成の手間や分解のリスクがあることから，CRISPR/Cas9に関しては，pX330-sgRNA環状プラスミドやCas9タンパク質と合成RNAを一緒にマイクロインジェクションする方法も報告されています．われわれはpX330-sgRNAを環状プラスミドDNAのままマウス受精卵の前核へマイクロインジェクションすることで，簡便かつ効率よく変異マウスを作製する方法を確立しました（図B）[3)]．一方，最近ではCas9タンパク質と合成RNA（crRNA, tracrRNA）を一緒に受精卵の前核へ注入して変異マウスを効率よく作製する方法も報告されています[4)]．TALEN mRNAとpX330-sgRNAプラスミドDNAのマウス受精卵への導入プロトコールについては，文献5を参照してください．なお，RNA注入法の場合でも，ゲノムの相同組換え（点変異，ノックインなど）が目的の場合は，ドナーベクター（DNA）を前核にも注入する必要があります[6) 7)]．

エレクトロポレーションとトランスフェクション

TALENやCRISPR/Cas9をマウス受精卵へ導入するためにはさまざまな材料・設備機器が必要で（Q38参照），さらに実験者の技量が変異マウス作製に大きく影響します．それらの解決策の1つとして，実験者の技量にあまり影響を受けないエレクトロポレーションを用いたノックアウトラット作製法が開発され[8)]，同法でノックインマウスが作製できることも最近報告されました[9)]．その他に，マウス胚性幹（ES）細胞や生殖幹（GS）細胞などの幹細胞で遺伝子改変し，生殖細胞系列に寄与させることで変異マウスを作製することも可能

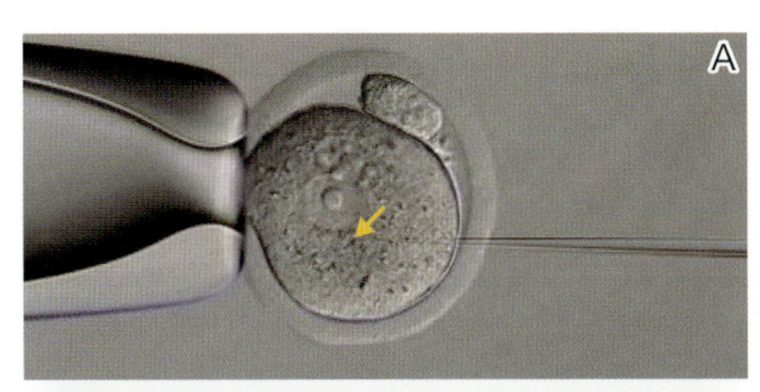

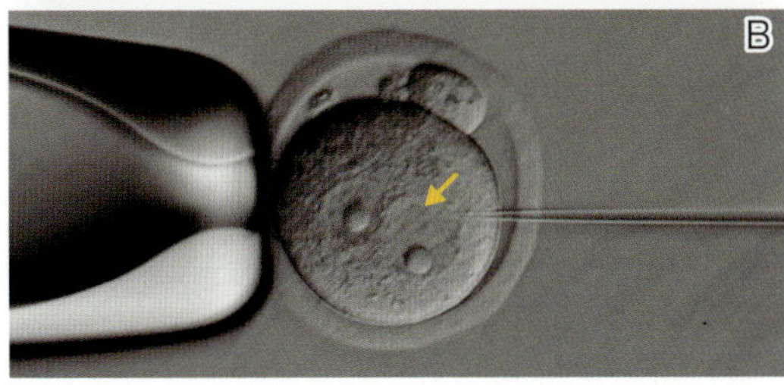

図　マウス受精卵へのマイクロインジェクション

A）細胞質へのマイクロインジェクション．TALENやCRISPR/Cas9をRNAの状態で導入する際に行います．**B）**前核へのマイクロインジェクション．CRISPR/Cas9を環状プラスミドDNAやCas9タンパク質と合成RNA（crRNA, tracrRNA）の状態で導入する際に行います．なお，ドナーベクターを用いた点変異，ノックインを行うときは，TALEN, CRISPR/Cas9ともに核内へ導入します．⇨：インジェクション針の先端．**B**は文献5より転載．

です．これらの幹細胞株における遺伝子改変は，pX459-sgRNAプラスミドをトランスフェクション後，ピューロマイシンによる薬剤耐性細胞をクローン化して遺伝子型判定により行います[2)10)]．

文献

1）Sung YH, et al：Nat Biotechnol, 31：23-24, 2013
2）Wang H, et al：Cell, 153：910-918, 2013
3）Mashiko D, et al：Sci Rep, 3：3355, 2013
4）Aida T, et al：Genome Biol, 16：87, 2015
5）藤原祥高，伊川正人：「実験医学別冊 今すぐ始めるゲノム編集」（山本 卓/編），pp95-107，羊土社，2014
6）Yang H, et al：Cell, 154：1370-1379, 2013
7）Sommer D, et al：Nat Commun, 5：3045, 2014
8）Kaneko T, et al：Sci Rep, 4：6382, 2014
9）Hashimoto M & Takemoto T：Sci Rep, 5：11315, 2015
10）Ran FA, et al：Nat Protoc, 8：2281-2308, 2013

（藤原祥高，伊川正人）

Q40 マウスでの変異体のスクリーニング方法について教えてください．

A 変異候補マウスからゲノムDNAを抽出し，切断部位を含む領域をPCR増幅し電気泳動により判定します．それが難しい場合はダイレクトシークエンスを行います．

解説

PCRとダイレクトシークエンスが有効な場合

われわれがCRISPR/Cas9による1カ所切断で作製した変異マウスの約7割が，10 bp以下の欠失・挿入変異でした[1]．標的切断部位周辺（0.5～1.0 kbp）にプライマーを設計しPCRを行い，野生型と比較して増幅サイズに違いがあれば変異体です（図A）．増幅サイズの1割以上の欠損・挿入があれば簡単に判定できますが，図Bのように増幅サイズに違いが見えない場合は，ダイレクトシークエンスの結果の波形を慎重に読み取ることで正確な遺伝子型を同定することができます（図C）．数十塩基の欠失・挿入変異であれば，変異部位にプライマーを設計することで次世代以降のジェノタイピングをPCRだけで判定することも可能です．TALENによる遺伝子改変でも，スクリーニング方法は基本的に同じです．詳細は，文献2を参照してください．

マイクロチップ電気泳動装置が有効な場合

数塩基の挿入・欠失変異をもつマウスを維持する際，毎回シークエンスによってジェノタイピングをしていると，マウスの繁殖とともにコストの問題が生じてきます．そこで，数塩基変異を安価に検出できるマイクロチップ電気泳動装置（島津製作所のMultiNAなど）を用いることで，ジェノタイピングのランニングコストを削減できます．われわれはPCR増幅産物100 bp中の2 bpの違いを検出できています．

その他のスクリーニングについて

2カ所切断による領域欠失の場合は，切断部位の外側にプライマーを設計してPCRによりスクリーニングします[3]．Q36図のように，ドナーベクターを用いた点変異導入では，あ

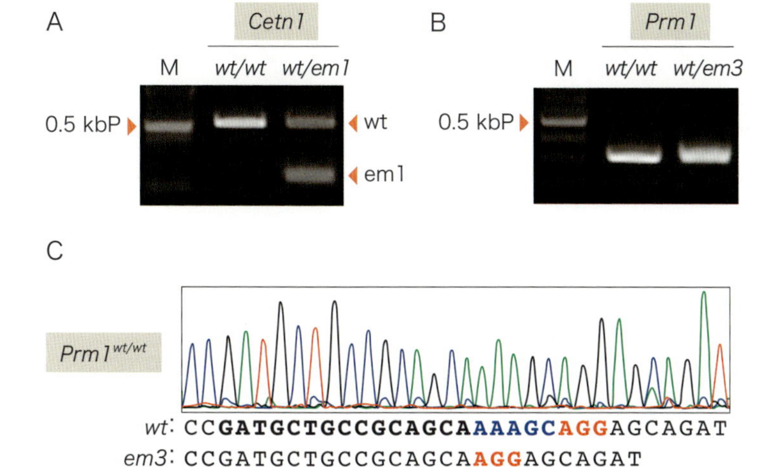

図　CRISPR/Cas9変異マウスのスクリーニング方法

A) *Cetn1*遺伝子変異マウスのPCRによるスクリーニング．切断部位周辺（0.5 kbp）をPCR増幅し，電気泳動により変異マウスを判定します．シークエンス解析の結果，*Cetn1*（*wt/em1*）マウスは385 bp欠失のヘテロ欠損でした．**B)** *Prm1*遺伝子変異マウスのPCRによるスクリーニング．PCRバンドでは，野生型（*wt/wt*）との違いがみられませんが，**C**のダイレクトシークエンス解析により変異マウス（*wt/em3*）であることがわかりました．**C)** *Prm1*（*wt/em3*）マウスのダイレクトシークエンスの結果の波形図（上段：野生型，下段：ヘテロ型5 bp欠失）．欠失した5 bp（**青字**，AAAGC）がずれて野生型配列と重なり波形が2本にみえます．重なった2本の波形を慎重に読み取ることで，正確な遺伝子型を同定することができます．M：DNAマーカー，*wt*：野生型，*em*：enzymatic mutation．**太字**：sgRNA配列，**赤字**：PAM配列．**C**は文献5より改変して転載．

らかじめドナーベクターに制限酵素サイトを設けることで，PCR産物の制限酵素処理という簡便なスクリーニングが可能です（内在の制限酵素サイトを壊すサイレント変異も可）．ノックインでは，ドナーベクター内側と相同領域外側の2カ所に設計したプライマーを用いてPCRにより検討します[4]．

スクリーニングのポイント

交雑系統での変異体スクリーニングの際は，SNP部分で波形が2本重なり，変異導入部位と勘違いしやすいので注意が必要です．スクリーニングの際は，用いたsgRNAのPAM配列周辺から変異導入部位を慎重に調べることをお勧めします．また，ドナーベクターを用いた点変異導入において，アミノ酸置換を伴う変異を設ける際はマウスのコドン使用頻度に注意しながら設計してください．

文 献

1）Mashiko D, et al：Dev Growth Differ, 56：122-129, 2014
2）「実験医学別冊 今すぐ始めるゲノム編集」（山本 卓/編），羊土社，2014
3）Kraft K, et al：Cell Rep, 10：833-839, 2015
4）Yang H, et al：Cell, 154：1370-1379, 2013
5）Mashiko D, et al：Sci Rep, 3：3355, 2013

（藤原祥高，伊川正人）

Q41 コンディショナルノックアウトマウスの作製は可能でしょうか？

A 標的遺伝子のエキソンを挟む２カ所を切断し，そこにLoxP配列やFRT配列を挿入すればコンディショナルノックアウトマウスがつくれます．

解説

コンディショナルノックアウトマウスとは

通常，全身の細胞で遺伝子が破壊されたマウスをノックアウトマウスもしくはストレートノックアウトマウスとよぶのに対し，特定の時期や細胞だけで遺伝子を破壊したマウスをコンディショナルノックアウトマウスとよびます．さまざまな組織で発現する遺伝子を標的細胞だけでノックアウトしたい場合や，全身でノックアウトすると致死になる遺伝子を生体で解析したい場合に用いられます．従来は，標的遺伝子のエキソンを挟む2カ所にLoxP配列を挿入し，その外側にFRT配列で挟まれた薬剤耐性遺伝子カセット，および相同組換え(HR)用の相同領域（数kbp）を含むターゲティングベクターを構築し，胚性幹（ES）細胞での薬剤選択とスクリーニング，キメラ動物の作製という流れでコンディショナルノックアウトマウスを作製していました[1)]．

ゲノム編集によるコンディショナルノックアウトマウスの作製

ゲノム編集の場合，標的遺伝子のエキソンの前と後の2カ所を切断し，LoxPを挿入することでコンディショナルノックアウトマウスを作製します．CRISPR/Cas9の場合は，2カ所をそれぞれ認識するsgRNAおよびLoxPを挿入するドナーベクター（ssODN，一本鎖オリゴDNA）が必要になります[2)]（図A❶，ドナーベクターの工夫についてはQ36を参照）．ただし，同時に2カ所を切断することにより，その間の領域が欠失してしまうリスクがあることから（Q36図），2度に分けてLoxPを挿入するアプローチもあります．また，LoxPが同一アレルに挿入されるとは限らないため，数を増やして対応するか，LoxP-エキソン-LoxPを含むドナーベクター（dsDNA，二本鎖DNA）を用いる対応が必要です（図A❷）．他に，胚性幹（ES）細胞ではCRISPR/Cas9による変異導入効率が高いことから，従来のターゲ

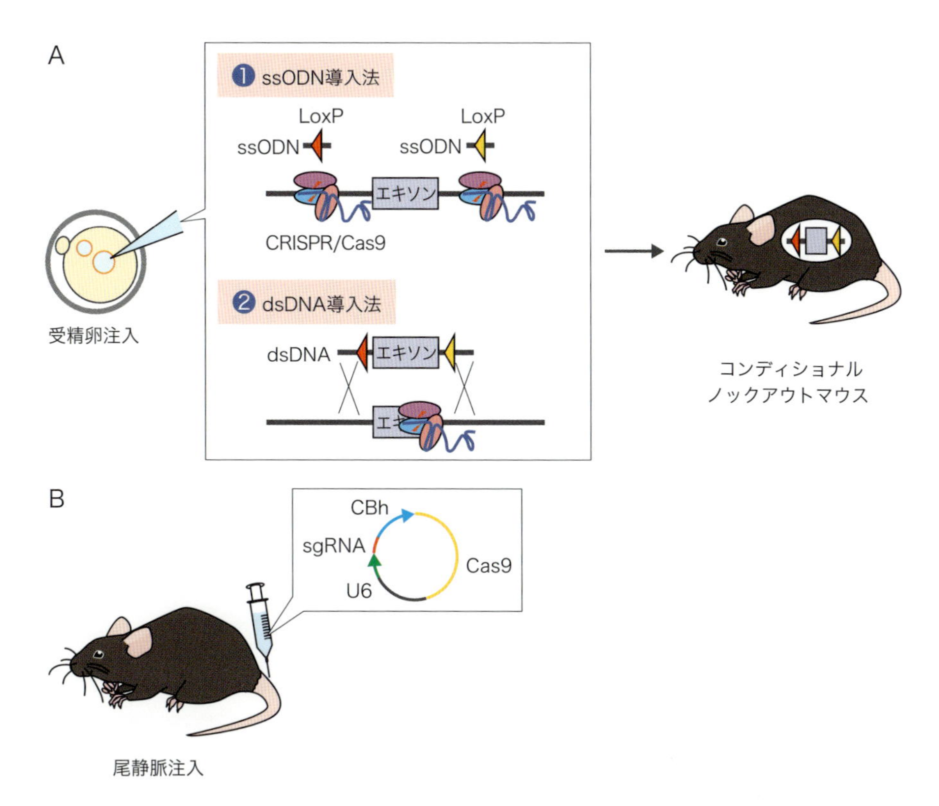

図　CRISPR/Cas9を使ったコンディショナルノックアウトマウス

A) 標的遺伝子のエキソンを挟むようにLoxP配列を挿入するコンディショナルノックアウトマウス作製法は主に2つあります．❶LoxP配列（◀，◀）の両側に相同領域（50～100 bp）をもつssODN2種類を用いて，エキソンの上流と下流の2カ所をそれぞれ切断するようなsgRNA2種類をCas9とともにマウス受精卵へ導入する方法，❷同一アレルにLoxPが挿入されない場合の対策として，LoxP-エキソン-LoxPの配列をもつドナーベクター（dsDNA）を用いてエキソン付近を切断するsgRNAとCas9をマウス受精卵へ同時導入する方法があります．どちらの方法も，Q36図のような単純なゲノム編集に比べて，作製効率は低くなります．**B)** マウス尾静脈へpX330プラスミドDNAを注入して，臓器（肝臓）特異的なゲノム編集を生体レベルで行うことも可能です．CBh：CBhプロモーター，U6：ヒトU6プロモーター．

ティングベクターでは必須であった薬剤選択カセットなどが不要な点もベクター構築において大きなメリットです[3]．

新たな時期・組織特異的コンディショナルノックアウト

新たなコンディショナルノックアウトアプローチとしては，時期・組織特異的にsgRNAとCas9を発現させて，ゲノム編集する試みもなされています[4)5)]．ノックアウト/ノックイン細胞が増殖優位性を獲得する場合には選別や解析が容易であり，例えばpX330プラスミドDNAをマウス尾静脈へ注入して，肝臓特異的な遺伝子改変やドナーベクター（ssODN）を用いた点変異修復による遺伝子治療が報告されています（図B）[6)7)]．ただし，各細胞で異なる変異を有するモザイク組織となり，変異導入細胞のすべてがノックアウト/ノックインされるとは限らないことから，結果の解釈には注意が必要です．

LoxP挿入のポイント

イントロン内にはスプライスドナー部位とスプライスアクセプター部位があることから，コンディショナルノックアウトを行う際はLoxPをエキソンの前後から50 bp以上離して挿入するように設計することをお勧めします．また，ゲノムへのLoxP挿入後に再切断されないように，ドナーベクターのPAM配列やsgRNAシード配列部分に改変を講じることも必要です．基本的なことですが，欠失させるエキソンはフレームシフトにより遺伝子破壊できるエキソンを選んでください．

文 献

1）Fujihara Y, et al：Transgenic Res, 22：195-200, 2013
2）Yang H, et al：Cell, 154：1370-1379, 2013
3）Wang H, et al：Cell, 153：910-918, 2013
4）Platt RJ, et al：Cell, 159：440-455, 2014
5）Cox DB, et al：Nat Med, 21：121-131, 2015
6）Yin H, et al：Nat Biotechnol, 32：551-553, 2014
7）Xue W, et al：Nature, 514：380-384, 2014

（藤原祥高，伊川正人）

42 マウスでゲノム編集を行う際のその他の注意事項について教えてください.

A オフターゲット切断やモザイク変異には注意を払う必要があります.マウスでは,目的変異のみをもつ次世代を選ぶことが解決策としてあげられます.

解説

オフターゲット切断への対処

ゲノム上の標的配列ではなく標的以外の類似配列を切断してしまうことをオフターゲット切断といいます.これによって生じる影響をオフターゲット作用といいます.オフターゲット作用とオフターゲット検索についてはQ4,Q11で詳しく述べられていますが,ここではCRISPR/Cas9に関するわれわれの方法を簡単に紹介します.

まずは,ゲノム編集を行いたい領域をデータベース(Mouse Genome Informatics)[1]より入手した後,sgRNA設計のためのウェブツールCRISPRdirect[2]を使ってsgRNAを検索します[3].検索結果からオフターゲット切断の可能性の少ない〔「12 mer+PAM」欄ではPAM配列(5′-NGG-3′)とPAM配列の上流12塩基がマッチする候補数を表示〕上位4配列を選んで,哺乳類培養細胞でのDNA切断活性を評価し,活性の高いsgRNAを用いてマウス受精卵へ導入して変異マウスを作製します[4](Q37参照).受精卵でのCRISPR/Cas9導入により作製した変異マウスにおけるオフターゲット切断は,それほど多くないことが知られています[5)6)].オフターゲット切断をできるだけ回避したい場合は,片側DNA鎖のヌクレアーゼ活性を不活化したCas9n(Cas9ニッカーゼ)を使ったダブルニッキング法[7)8)]や,DNA両鎖のヌクレアーゼ活性を不活化したdCas9(catalytically dead Cas9)に制限酵素Fok Iのヌクレアーゼドメインをつないだ Fok I-dCas9法[9)~11)]を用います(Q12,Q13参照).これらの方法では,2種類のsgRNAが認識にかかわるので,塩基特異性の高いゲノム編集が可能です.

モザイク変異への対処

その一方で,CRISPR/Cas9を用いたゲノム編集マウスにおいて,問題となるのがモザイ

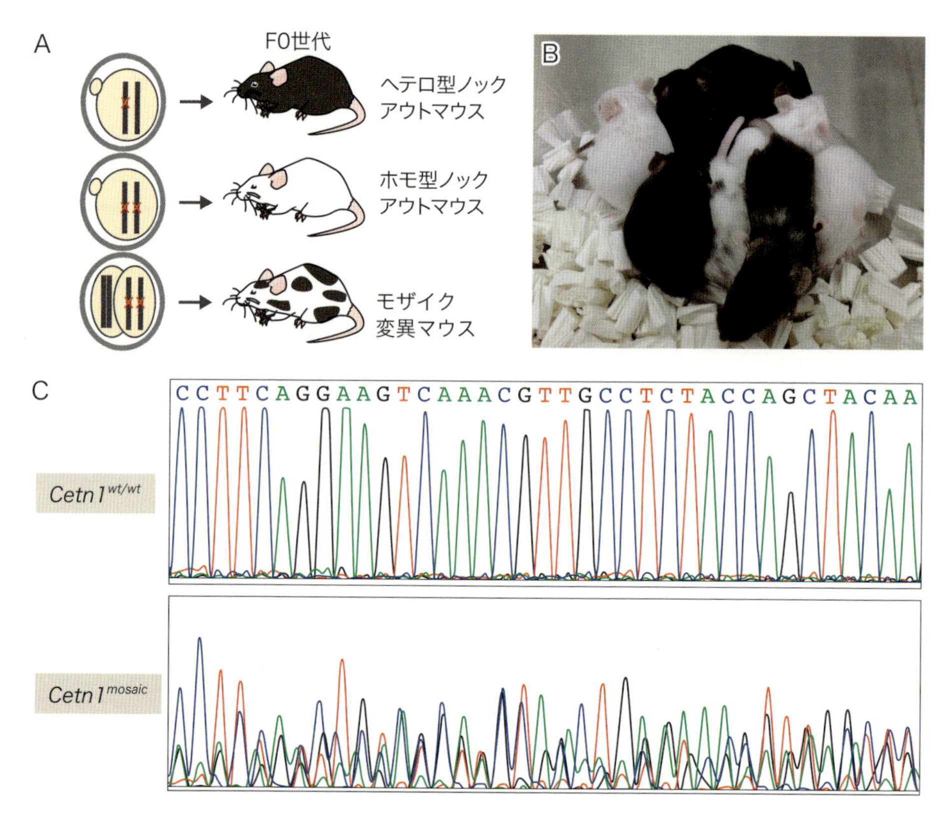

図　CRISPR/Cas9によるモザイク変異マウス

A) 受精卵の両方の対立遺伝子に変異が導入された場合はF0世代においてノックアウトマウスが得られますが，卵割して二細胞期に変異が導入された場合はモザイク変異マウスになります．**B)** *Tyr*遺伝子変異マウスの写真．B6系統マウスの*Tyr*遺伝子に変異導入すると，毛色が有色（黒）からアルビノ（白）になります．有色3匹が野生/ヘテロ型，アルビノ3匹が変異型，そして手前の黒と白が混ざった2匹がモザイク変異型マウスです．ゲノム編集マウスでは，F0世代でモザイク変異の可能性を考慮した解析を行ってください．**C)** *Cetn1*遺伝子モザイク変異マウスのシークエンス波形図（上段*wt/wt*：野生型，下段*mosaic*：モザイク変異）．シークエンス波形が3本以上みえる場合は，正確な遺伝子型を同定することは難しいです．しかし，モザイク変異マウスであっても，野生型マウスとの交配から次世代を得ることで，目的変異のみをもつ個体を選べば問題は解決します．

ク変異です．受精卵へのマイクロインジェクションにより，複数の異なる遺伝子型をもつモザイク変異マウスが得られることがあります（図）[12)13)]．シークエンス解析から遺伝子型が同定できたファウンダー世代（F0世代）の変異マウスを優先して解析することをお勧めしますが，それでもモザイク変異ではない保証はありません．実際に，F0世代の個体の尻尾と精子の遺伝子型が異なることもあるからです．まずは，野生型マウスと交配させて得られるF1世代の遺伝子型が，目的に合うことを必ず確認してください（ホモ型ノックアウトマウスであれば，野生型マウスとの交配から次世代はすべてヘテロ型ノックアウトになります）．

オフターゲット切断という問題は，異なるsgRNAを使った変異マウスの作製や，レスキュー実験によって表現型の回復がノックアウトマウスで観察されれば，解決されます．モザイク変異についても，野生型マウスとの交配から次世代を得ることで目的変異のみをもつ個体を選択できることから，それほど大きな問題ではないと考えています．

sgRNAの設計のポイント

pX330へ挿入するsgRNAにはPAM配列を含まないようにしてください．また，sgRNAに5′-TTTTT-3′を含む場合は，RNAポリメラーゼIII（pol III）系プロモーター（pX330であれば，ヒトU6プロモーター）の終止配列になることからsgRNAとして正常に機能しないので避ける必要があります．CRISPRdirect[2]はこれらの注意点を考慮しているため，お勧めのsgRNAデザインウェブツールです（Q7参照）．

文献・URL

1）Mouse Genome Informatics（MGI）（http://www.informatics.jax.org/）
2）CRISPRdirect（http://crispr.dbcls.jp/）
3）Naito Y, et al：Bioinformatics, 31：1120-1123, 2015
4）Mashiko D, et al：Sci Rep, 3：3355, 2013
5）Yang H, et al：Cell, 154：1370-1379, 2013
6）Mashiko D, et al：Dev Growth Differ, 56：122-129, 2014
7）Ran FA, et al：Cell, 154：1380-1389, 2013
8）Fujii W, et al：Biochem Biophys Res Commun, 445：791-794, 2014
9）Tsai SQ, et al：Nat Biotechnol, 32：569-576, 2014
10）Guilinger JP, et al：Nat Biotechnol, 32：577-582, 2014
11）Nakagawa Y, et al：BMC Biotechnol, 15：33, 2015
12）Yen ST, et al：Dev Biol, 393：3-9, 2014
13）Oliver D, et al：PLoS One, 10：e0129457, 2015

（藤原祥高，伊川正人）

Q43 ラットでは，どのようなゲノム編集が可能ですか？

標的遺伝子を破壊するノックアウト，複数遺伝子を破壊するダブル（トリプル）ノックアウト，1～数bpを置換するノックイン，GFPや機能遺伝子を導入するノックインなどが可能です．

解説

ゲノム編集と実験用ラット

2009年，哺乳動物のなかではじめて，ラットでゲノム編集技術により遺伝子を破壊したノックアウト動物が報告されました[1]．以来，さまざまな実験動物（マウス，ウサギ，ブタ，ウシ，サルなど）において，ゲノム編集技術により遺伝子改変動物が報告されています．

ラットは，マウスと同様に，遺伝と環境を制御して動物実験を行うことができる点，飼育や繁殖がしやすく，約4カ月の短期間で次世代が得られるなどの利点があります．また，第Ⅱ部第3章で紹介しているマウスよりも体が約10倍大きいことから，血液や組織の採取がしやすく，移植研究や生理学研究に広く用いられます（図1）．

ヒト疾患モデルとしてもよく使われており，これまでは外科的処置や化学変異原を投与して，ヒトの病態を模倣したモデルラットが作製されてきました．現在では，ゲノム編集技術の登場により，ヒト疾患関連遺伝子と相同なラット遺伝子をノックアウトすることで，さまざまなヒト疾患モデルラットが作製されています[2) 3)]．

実験用ラットにおけるノックアウト

世界ではじめて，ZFN（ジンクフィンガーヌクレアーゼ）により，GFP（緑色蛍光タンパク質）トランスジェニックラットの*GFP*遺伝子がノックアウトされました[1]．その後，疾患モデル動物として，ヒト重症免疫不全症の原因遺伝子*Il2rg*[4]，*Prkdc*[5]のノックアウトによる免疫不全SCIDラットが報告されました．その後，ZFN，TALEN（TALエフェクターヌクレアーゼ），CRISPR/Cas9を利用することで，ヒト精神神経疾患，循環器疾患，代謝異常などの原因遺伝子をノックアウトしたさまざまなヒト疾患モデルラットが作製されていま

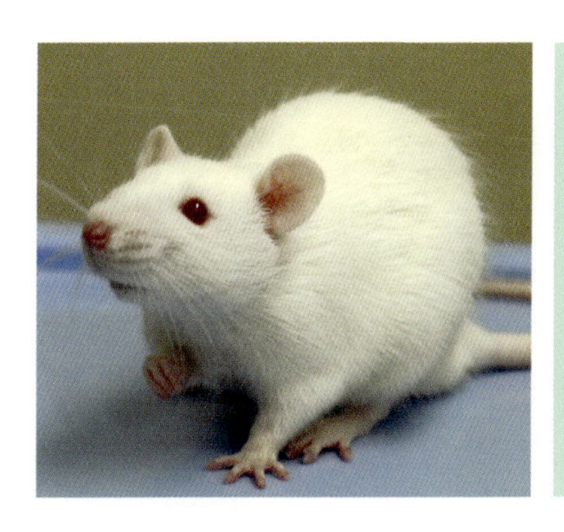

実験用ラットの利点

- マウスとならぶ代表的な実験動物
- 性格温順で繁殖，取扱いが容易
- 生理・薬理試験データの豊富な蓄積
- 体がマウスの約10倍の大きさ
- 組織・細胞・血液などの採取が容易
- 脳神経，行動，学習試験に広く利用
- 移植研究や生理学研究，トランスレーショナルリサーチに広く利用

図1　実験用ラット（アルビノ）

す．最近では，デュシェンヌ型筋ジストロフィーの原因遺伝子*DMD*のノックアウトラットが作製され[6]，筋ジストロフィーの治療法や予防法の開発が期待されています．

ゲノム編集技術が登場するまでは，ES細胞を利用できるマウスでしかノックアウトができませんでした．ゲノム編集技術により，多数のノックアウトラットが作製されると，同じ遺伝子をノックアウトしてもマウスとラットで異なる特性（病態）を示すことがわかってきました．例えば，ヒト家族性大腸腺腫症の原因遺伝子*APC*をマウスでノックアウトすると主に小腸にがんができるのに対し，*APC*ノックアウトラットでは大腸にがんができます[7]．ヒト毛細血管拡張性運動失調症の原因遺伝子*ATM*のノックアウトマウスでは運動失調が認められないのに対し，*ATM*ノックアウトラットでは運動失調の症状を示します．このように，ゲノム編集技術によってモデル動物の選択肢が広がることで，異なる動物種を通して遺伝子機能を多角的に調べられるようになりました．

一本鎖オリゴDNA（ssODN）によるノックイン

TALEN，CRISPR/Cas9により，ノックアウトだけでなく，特定の遺伝子座へ機能を持った配列を挿入するノックインも報告されています．一bp多型（single nucleotide polymorphism：SNP）を置換したり，十数bpを挿入/欠失させる場合は，一本鎖オリゴDNA（single-stranded deoxy oligonucleotides：ssODN）を利用します．ヒトの病気の遺伝子変異は，遺伝子機能を完全に失うノックアウトより，SNP変異の方が多く，この方法でヒト型SNP変異を保有するヒト化ノックインラットを作製することができます．

吉見らは，ラット毛色にかかわる３つの遺伝子変異，❶アルビノ（*Tyr*遺伝子のGからAへの一bp変異），❷アグーチ（*Asip*遺伝子の19bpの欠失変異），❸頭巾斑（*Kit*遺伝子への7 Kbのレトロトランスポゾン挿入変異）について，CRISPR/Cas9とssODNによるノックインで，これら毛色変異を修復しました[8]．

大きなプラスミドDNAのノックイン

数十bpほどの短いDNA断片のノックインはssODNで行いますが，GFPなどレポーター遺伝子を含む長いプラスミドDNAは，培養細胞でノックインするときと同様に相同組換え（homologous recombination：HR）により行います．これまでTALENやCRISPR/Cas9でGFPノックインなどが報告されていますが[9) 10)]，ssODNよりもノックイン効率が低いといわれています．

ノックイン効率を上げる方法として，非相同末端結合（NHEJ）の阻害剤Scr7をCRISPR/Cas9と一緒に使用する[11)]，Cas9をmRNAではなく組換えタンパク質としてsgRNAと共導入することで相同組換え効率を上昇させる[12)]などの報告があります．われわれも，標的遺伝子領域とプラスミドDNAを2つのsgRNA（はさみ）で切断し，切断点を結合させるために2つのssODN（のり）を利用することで，効率的にGFPノックインラットを作製することに成功しました（未発表）．今後，長いDNA断片をノックインするさまざまな方法が開発されると期待しています．

ssODNやプラスミドDNAを用いたノックイン以外にも，ラット受精卵においてCRISPR/Cas9を利用することで，さまざまなゲノム編集が可能です（図2）．sgRNAを複数利用することで複数の遺伝子を同時に破壊したダブル，トリプルノックアウト動物も報告されています．あるいはloxPサイトを2カ所同時に導入することで，組織特異的に遺伝子発現をコントロールするコンディショナルノックアウトラットも報告されています[13) 14)]．

目的の表現型を示す個体が得られない場合

ラットに対してゲノム編集を行ったが，生まれてきた個体の表現型に変化がみられない，あるいは予想と異なる表現型がみられる場合，以下の原因と対策が考えられます．

原因①：遺伝子変異が体の一部にしかない状態（モザイク）になっている．

対応策：モザイク変異個体を交配して，次世代のラットに変異が伝達することを確認し，ホモ（あるいはヘテロ）で変異をもつ個体の表現型を調べましょう．

原因②：3，6，9bpといった一部アミノ酸だけが欠失するインフレーム変異になっている．

対応策：コドンの読み枠がずれる，あるいは早期に翻訳が終結するフレームシフト変異の個体を選びましょう．

原因③：標的とする遺伝子の機能が，見た目上の表現型に影響しない．

対応策：マウス，ヒト，その他生物種の相同遺伝子に変異の報告がないか調べましょう．また，ラットに実験処置や薬物を投与して，表現型の変化を調べましょう．

原因④：オフターゲット作用により別の遺伝子が変異した．

対応策：交配により，オフターゲット変異を取り除きましょう．

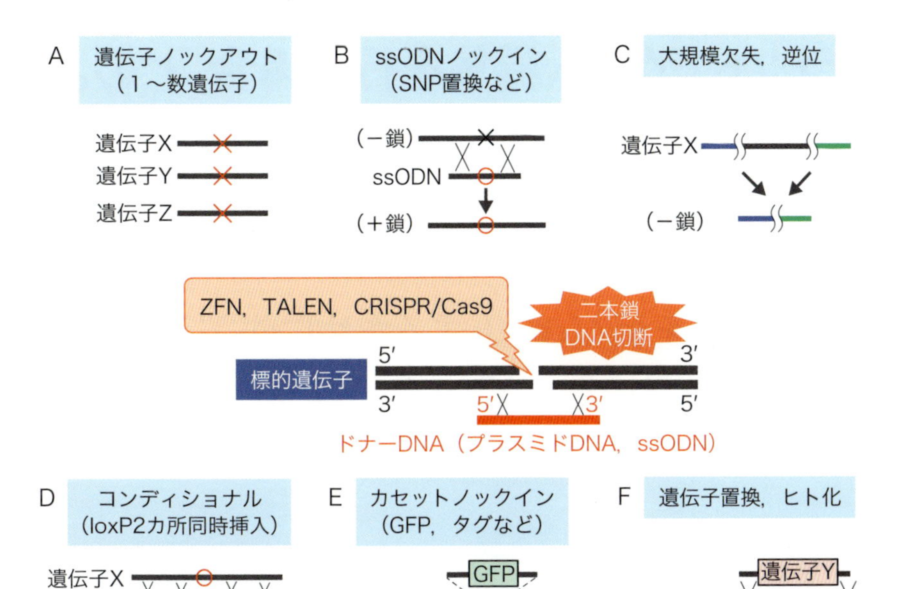

図2　ゲノム編集技術によるさまざまな遺伝子改変ラットの作製

A) ZFN，TALEN，CRISPR/Cas9のmRNAをラット受精卵に複数ペア同時に導入することで，複数の遺伝子を同時にノックアウトしたラットが作製できます．**B)** 一本鎖オリゴDNA（ssODN）を共導入することで，1～数bpのbp配列をノックインしたり，SNPなどヒト遺伝子変異を導入できます．**C)** 同じ染色体上を2カ所切断することで，間に挟まれた遺伝子クラスター領域などを欠失します．**D)** 目的とする遺伝子を挟んで2カ所にloxP配列を挿入することで，コンディショナルアレルを作製できます．**E)** GFPレポーター遺伝子や機能遺伝子を含むプラスミドDNAをノックインすることも可能です．**F)** ラット標的遺伝子を欠失させて，ヒト機能遺伝子をノックインすることで，ヒト化ラットを作製することができます．文献3より改変して転載．

文 献

1）Geurts AM, et al：Science, 325：433, 2009
2）Mashimo T：Dev Growth Differ, 56：46-52, 2014
3）吉見一人，他：「実験医学別冊 今すぐ始めるゲノム編集」（山本 卓/編），pp109-121, 羊土社, 2014
4）Mashimo T, et al：PLoS One, 5：e8870, 2010
5）Mashimo T, et al：Cell Rep, 2：685-694, 2012
6）Nakamura K, et al：Sci Rep, 4：5635, 2014
7）Amos-Landgraf JM, et al：Proc Natl Acad Sci U S A, 104：4036-4041, 2007
8）Yoshimi K, et al：Nat Commun, 5：4240, 2014
9）Remy S, et al：Genome Res, 24：1371-1383, 2014
10）Ma Y, et al：FEBS J, 281：3779-3790, 2014
11）Maruyama T, et al：Nat Biotechnol, 33：538-542, 2015
12）Aida T, et al：Genome Biol, 16：87, 2015
13）Brown AJ, et al：Nat Methods, 10：638-640, 2013
14）Ma Y, et al：Cell Res, 24：122-125, 2014

（真下知士）

Q44 ラットでゲノム編集を行う場合，どのようなベクターを用いればよいですか？

標的遺伝子をゲノム編集するために作製されたZFN，TALEN，CRISPR/Cas9 ベクターを利用することができます．

解説

ZFN（ジンクフィンガーヌクレアーゼ）

ZFNは，DNA配列を認識するZFドメインと，DNAを切断するFok Ｉヌクレアーゼドメインを人工的に融合したタンパク質です．ZFNを自分で作製するのは，専門的知識やZFライブラリーが必要となるため，専門の研究者に作製してもらうか，購入したほうがよいでしょう．Sigma-Aldrich社から，ラット遺伝子の特定の配列を認識するようにデザインされたCompoZrノックアウトZFN キットとして，あるいは自分の標的とする配列にデザインしてもらうCompoZr カスタムZFN サービスとして，購入することが可能です[1)]．

TALEN（TALエフェクターヌクレアーゼ）

TALENは，植物病原細菌*Xanthomonas*由来のTALE（transcription activator-like effectors）ドメインでDNA配列に結合し，ZFNと同じFok Ｉドメインで DNAを切断する人工ヌクレアーゼです．ZFNはZFドメインが標的配列DNAを3塩基ずつ認識するのに対し，TALENはTALEドメインが1塩基ずつ認識することから，より特異的に認識することができます．また，あらゆる配列に対して特異的に認識できるようにデザインできるといわれており，ある程度のクローニングの知識があれば，TALEライブラリーから自分でTALENを作製することもできます．あるいは，Thermo Fisher Scientific社からGeneArt® TALsとして，購入することもできます[2)]．

従来のTALENでは切断効率が不十分なために，ラット受精卵でゲノム編集ができないことがありました．われわれは，TALENと一緒にExo1（エキソヌクレアーゼ）をラット受精卵に導入することで，遺伝子改変効率を5倍高めることに成功しています[3)]．また，山本らは，DNA結合モジュールのアミノ酸を改変することで，高活性型のTALEN（Platinum

表　CRISPR/Cas9ベクターの入手先

企業など	キット名	HP	利点と特徴
Addgene	CRISPR/Cas Plasmids and Resources	https://www.addgene.org/CRISPR/	米国の非営利団体．安価に入手できる．大学やアカデミアで使いやすい．
Thermo Fisher Scientific社	GeneArt® CRISPR Nuclease mRNA	https://www.thermofisher.com/jp/ja/home/life-science/cloning/gene-synthesis/geneart-precision-tals/geneart-crispr/crispr-nuclease-mrna.html	Life Technologies, Applied Biosystems, Invitrogenなどの商品を扱う．オールインワン発現ベクター，セパレートタイプ，mRNAでの購入が可能．
Sigma-Aldrich社	Sigma CRISPRs	https://www.sigmaaldrich.com/japan/lifescience/functional-genomics-rnai/crisprs.html	ヒト，マウス，ラット用にデザイン済みのCRISPRを購入できる．オールインワン，セパレート，Cas9ニッカーゼ，レンチウイルスでの購入が可能．
OriGene社（代理店：ナカライテスク社）	pCas-Guide Cloning Kit, pLenti-Ca5-Guide Cloning Kit	http://www.nacalai.co.jp/products/new/origene_crispr-cas9.html	オールインワン，セパレート，Cas9ニッカーゼ，mRNAでの購入が可能．
System Biosciences社（代理店：フナコシ社）	CRISPR/Cas9 Smart Nuclease™ Systems	https://www.systembio.com/crispr-cas9-systems	オールインワン，mRNA，マルチsgRNA，レンチウイルスでの購入が可能．

TALEN）をつくることに成功しました[4]．これはAddgeneからPlatinum Gate TALEN Kit[5]として購入することができます．

CRISPR/Cas9システム

細菌や古細菌がもつ獲得免疫系であるCRISPR/Cas9は，一本鎖のsgRNA（single guide RNA）がゲノム上の標的配列20bpを認識し，Cas9ヌクレアーゼがDNAを切断します．自分でsgRNAをデザインして簡単に作製できること，低コスト，短期間で行えることなどの理由から，多くの研究者がこの技術を使うようになりました[6][7]．

CRISPR/Cas9は，さまざまな企業やAddgeneから入手することができます（表）．ラット受精卵にインジェクションする場合は，T7プロモーターが付いているプラスミドから自分で*in vitro*転写を行うか，すでに標的とする遺伝子配列にデザインされたsgRNAを購入します．

ゲノム編集ツールの特許とルール

ZFN，TALEN，CRISPR/Cas9技術には，特許が存在します．また，ベクター購入の際にMTA（研究試料提供契約書）の締結が求められます．研究や非営利目的であれば，研究室内で自由に利用することができます．購入したものを第三者に譲渡することはできません．なお，ベクターの派生物（例：遺伝子改変ラット）についても，入手の際にMTAが必要な場合があります．営利目的の場合は，所属機関の知的財産に詳しい専門家と相談して，特許権の侵害にあたらないように使用しましょう．

文献・URL

1）CompoZr® Zinc Finger Nuclease（http://www.sigmaaldrich.com/japan/lifescience/functional-genomics-rnai/zfn.html），Sigma-Aldrich社

2）GeneArt® TALs（https://www.lifetechnologies.com/jp/ja/home/life-science/genome-editing/geneart-tals.html），Thermo Fisher Scientific社

3）Mashimo T, et al：Sci Rep, 3：1253, 2013

4）Sakuma T, et al：Sci Rep, 3：3379, 2013

5）Platinum Gate TALEN Kit（https://www.addgene.org/TALEN/PlatinumGate/），Addgene

6）吉見一人，他：実験医学，32：1715-1720, 2014

7）吉見一人，他：「実験医学別冊 今すぐ始めるゲノム編集」（山本 卓/編），pp109-121, 羊土社，2014

（真下知士）

Q45 ラットでゲノム編集を行う場合，必要となる材料や設備について教えてください．

A TALENやCRISPR/Cas9をラット受精卵に導入するためのマイクロインジェクションシステムが必要です．また，遺伝子改変ラットの遺伝子変異を解析するためのPCR機器やシークエンサー，ラットの飼育環境も必要です．

解説

遺伝子改変ラット作製の流れ

ZFN，TALEN，CRISPR/Cas9により遺伝子改変ラットを作製する手順は以下の通りです．

❶標的とする遺伝子配列上にTALENやsgRNAのターゲット配列を決定します．

❷作製したTALENやCas9/sgRNAから，*in vitro*転写によりmRNAを作製します．

❸幼若雌ラットを過排卵処置後に自然交配して，ラット受精卵を採取し，転写したmRNAをマイクロインジェクション法により注入します．

❹一晩培養後，2細胞期の受精卵を偽妊娠雌の卵管に移植して，仮親とします．

❺仮親から産まれてきた仔ラットを遺伝子解析して，ファウンダー個体（変異個体）を同定します．

❻ファウンダー個体を交配して，次世代でヘテロあるいはホモの遺伝子改変ラットを作製します．

マイクロインジェクションシステムおよび遺伝子解析（❸，❺）の詳細については，Q46で後述します．ここでは，Cas9/sgRNAの準備と，遺伝子改変ラットの飼育について，説明します．

Cas9/sgRNAの作製・準備

標的DNA配列を認識するsgRNAをデザインするためには，DNA配列上にPAM配列とよばれるGGあるいはCC配列が必要になります．理論上は，8bpに1回の割合でゲノム上に存在しますので，ほぼすべての領域をゲノム編集することができます．

表　ラットゲノムデータベース

機関名	データベース名	HP
European Bioinformatics Institute (EBI), Wellcome Trust Sanger Institute	Ensembl	http://www.ensembl.org/Rattus_norvegicus/index.html
University of California, Santa Cruz (UCSC)	UCSC Genome Browser Gateway	http://genome.ucsc.edu/cgi-bin/hgGateway
National Center for Biotechnology Information (NCBI)	Map Viewer	http://www.ncbi.nlm.nih.gov/mapview

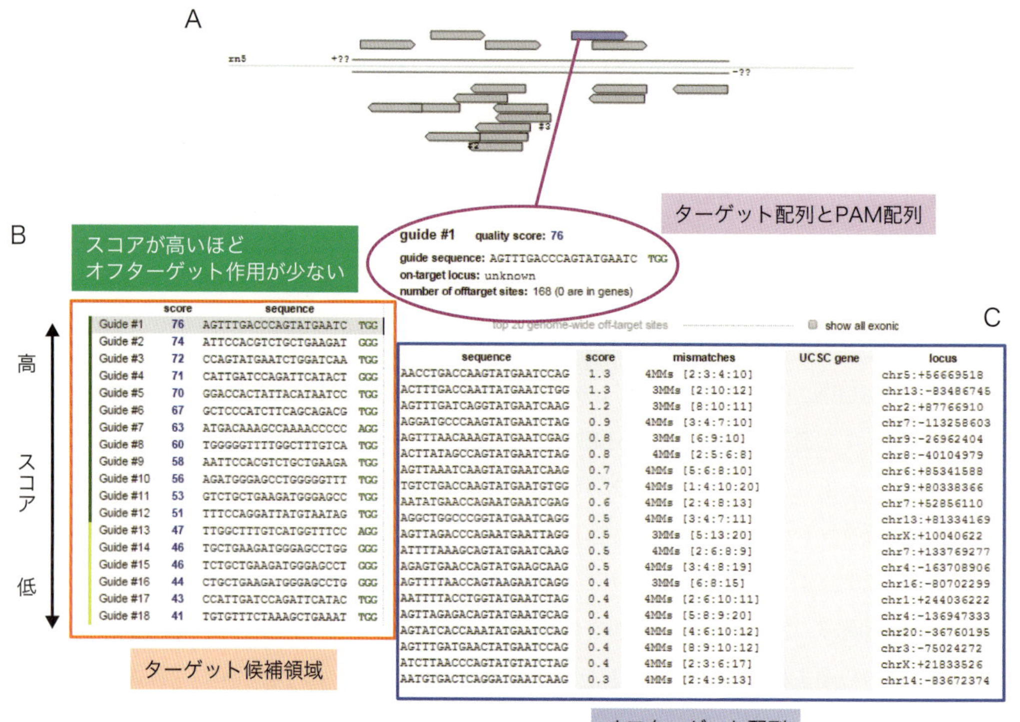

図　CRISPR design Tool[1] を用いてsgRNAをデザインする

CRISPR design Toolにラット標的ゲノム配列を入力すると，図のような解析結果が表示されます．**A)** ゲノム配列上に，ターゲット配列が右向き，左向きの矢印（▭）として表示されます．マウスポインターで矢印を選ぶと，ターゲット配列とスコアが表示されます（◯）．**B)** すべてのターゲット候補配列に対して，オフターゲット作用をスコア化してくれます（□）．スコアの高い緑色ラインのなか（#1～12）からターゲット配列を選びましょう．**C)** 選んだターゲット配列に対して，オフターゲット配列と染色体上の位置が表示されます（□）．オフターゲット解析に利用しましょう．

標的遺伝子をラットゲノムデータベース（**表**）から検索して，ゲノムシークエンス情報を入手します．sgRNAをデザインするWEBサイト，例えばMITのZhang研究室が管理するCRISPR design Tool[1] にラットシークエンス情報を入力して，sgRNAターゲット配列を検索します（**図**）．できるだけオフターゲット作用の少ないsgRNAを選ぶことが重要になります．

実際のsgRNAの合成にあたっては，T7プロモーターの付いた二本鎖DNAをThermo Fisher Scientific社のGeneArt® CRISPR T7 Strings™ DNA[2)]，あるいは，IDT-MBL社のgBlocks®[3)] に注文することができます．購入した二本鎖DNAをMEGAshortscript™ T7 Transcription Kit（Thermo Fisher Scientific社）で*in vitro*転写を行った後，MEGA-clear™ Transcription Clean-Up Kit（Thermo Fisher Scientific社）で精製して，使用します．

遺伝子改変ラットの飼育，輸送の際の注意点

はじめて遺伝子改変ラットを飼育する人は，まずは所属機関の動物実験施設職員に飼育方法や利用方法について，相談しましょう．遺伝子改変ラットを作製する実験，あるいは遺伝子改変ラットを外部から搬入する場合は，必ず，遺伝子組換え申請，動物実験計画書や動物搬入手続きなどが必要になります（Q48参照）．

大学，研究所，製薬企業の多くは，SPF（specific pathogen free；特定の病原菌などがいない環境）下で，遺伝子改変ラットを飼育しています．具体的には，実験に影響が出ないように，空調機により温湿度が一定に管理され，HEPAフィルターにより清浄化されたクリーンな空気のなかで飼育しています．他にも遺伝子組換え動物として，逃亡防止措置などが必要となります．

また，遺伝子改変ラットの輸送の際には，微生物検査書や健康証明書が必要になります．施設によってSPF環境が異なるため，帝王切開などによるラットのクリーン化が必要な場合もあります．

遺伝子改変ラットを飼育する設備がない場合

動物施設管理者や共同研究者に相談するか，ラット飼育を請負っている業者に委託することができます．

URL

1）CRISPR design Tool（http://crispr.mit.edu/）

2）GeneArt® CRISPR StringsTM T7 DNA（https://www.thermofisher.com/jp/ja/home/life-science/genome-editing/geneart-crispr/crispr-nuclease-mrna.html.html），Thermo Fisher Scientific社

3）gBlocks®（http://ruo.mbl.co.jp/custom/crispr_cas.html），IDT-MBL社

（真下知士）

46 ラットでゲノム編集を行う場合，どのような導入方法が適切ですか？

TALENやCRISPR/Cas9のmRNAをラット受精卵にマイクロインジェクションあるいはエレクトロポレーションにより導入します．

解説

マイクロインジェクション

TALENやCRISPR/Cas9は，あらゆるラット系統の受精卵でゲノム編集に使用することが可能です[1)]．受精卵は，自然交配により採取します．使用したいラット系統の幼若あるいは成熟雌ラット（3～5匹目安）にPMSG（150～300 IU/kg），48時間後にhCG（75～300 IU/kg）をそれぞれ腹腔内投与して，過排卵誘起を行います．hCG投与後，一晩，成熟雄ラットと交配します．翌日，プラグ（膣栓）が確認された雌ラットの卵管内から，ラット受精卵（合計50～100個目安）を採取します．

マイクロマニピュレーターシステム（オリンパス社，ナリシゲ社など）を用いて，TALENやCRISPR/Cas9のmRNAをラット受精卵の前核あるいは細胞質内に導入します．ホールディングピペットで受精卵を固定し，インジェクションピペット（Eppendorf社のFemtotipsなど）で受精卵に約2～3 pLのRNA溶液を注入します．（図1）．RNA注入後の受精卵は，37℃，5％ CO_2，mKRB液（改変クレブス－リンガー重炭酸緩衝液）で，2細胞期胚になるまで，一晩培養します．同日，精管結紮した雄ラットと交配することで偽妊娠雌ラットを準備しておきます．

翌日，偽妊娠雌ラットを麻酔して，背側から卵管膨大部を露出させ，ガラスキャピラリーで，8～10個の2細胞期胚を移植します．もう一方の卵管にも同様に移植します．移植後，約21日で仔ラット10匹前後を分娩します．

エレクトロポレーション

マイクロインジェクション法は，顕微鏡下でラット受精卵に一個ずつRNAを注入するため，繊細なインジェクション技術と時間が必要です．これを解決する方法として，エレクト

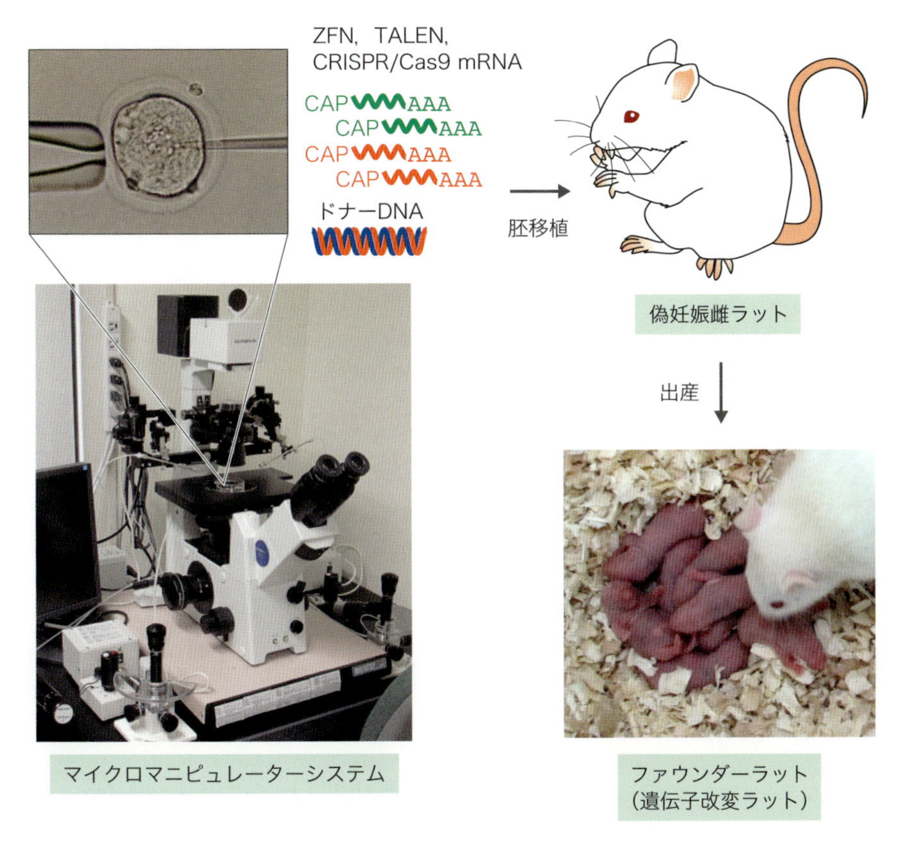

図1　マイクロインジェクション法による遺伝子改変ラットの作製

ロポレーション法を利用することで，より簡単に遺伝子改変ラットを作製することができます．エレクトロポレーションシステムNEPA21（ネッパジーン社）[2]を利用して，ZFN, TALENあるいはCRISPR/Cas9のmRNA溶液の入ったシャーレに電極を装着し，受精卵をセットします．3ステップの電気穿孔により段階的に電気パルスをかける方法（図2）で，効率的にラット受精卵でゲノム編集を行うことができます．

金子らは，このエレクトロポレーション法によって，CRISPRで目的の遺伝子をノックアウトしたラット，およびssODNでノックインしたラットの作製に成功しています[3) 4)]．またこの方法は，ラット以外の動物種の受精卵でも利用可能です．

ラット受精卵が採取できない場合

ラット受精卵が採取できない場合，以下の原因と対策が考えられます．

原因①：雌の過排卵処置が効かず，採取できる受精卵の数が少ない．

対応策：雌の週齢や系統によって，過排卵誘起剤への反応が異なります．過排卵誘起剤

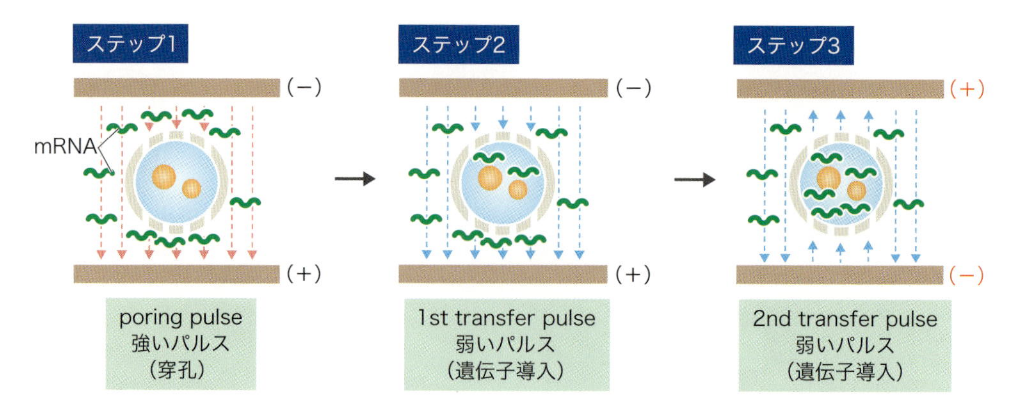

図2　ネッパジーン社のNEPA21を用いた3ステップエレクトロポレーション
文献4より改変して転載.

の投与量や時間を調整しましょう.

原因②：交配した雄が適していない. 未受精卵しか取れない.

対応策：翌朝, 交配の有無をプラグ（膣栓）により確認しましょう. どうしても交配できない場合は, 雄を交換しましょう.

インジェクションしたラット受精卵が2細胞期胚にならない場合

インジェクション後の受精卵が2細胞期胚にならない場合, 以下の原因と対応策が考えられます.

原因：ラット受精卵がつぶれた, あるいは死んでしまった.

対応策：ガラス針の刺し方を調整しましょう. あるいはRNA投与量を減らしましょう.

文献・URL

1）吉見一人, 他：「実験医学別冊 今すぐ始めるゲノム編集」（山本 卓/編）, pp109-121, 羊土社, 2014
2）NEPA21（http://www.nepagene.jp/products_nepagene_0001.html）, ネッパジーン社
3）Kaneko T & Mashimo T：Methods Mol Biol, 1239：307-315, 2015
4）Kaneko T, et al：Sci Rep, 4：6382, 2014

（真下知士）

Q47 ラットでの変異体のスクリーニング方法について教えてください.

A 胚移植により生まれてきた仔ラットの尾や血液からゲノムDNAを抽出し，標的配列をPCRで増幅して，変異導入の有無を調べます．変異が確認されたファウンダー個体を交配することで，遺伝子改変ラットの系統化を行います．

解説

個体を用いた変異導入の解析

TALENやCRISPR/Cas9をインジェクション（Q46参照）して，生まれてきたラット産仔の遺伝子変異（ノックアウト，ノックイン）を解析するためには，PCRおよびシークエンスを行います．

❶2～3週齢のラット産仔の尾部から，DNA抽出キット（タカラバイオ社のNucleoSpin® Tissue）などで，ゲノムDNAを抽出します．

❷標的配列を増幅するプライマーでPCRを行い，電気泳動でDNA増幅を確認します．この時点で，PCR産物の大きさから変異導入を確認できます．

❸PCR産物をシークエンス解析し，特定の遺伝子座に遺伝子変異が導入された個体（ファウンダー個体，F0個体）を選抜します．

❹ファウンダー個体がモザイクあるいはヘテロ変異個体の場合は，ファウンダー個体を交配して，次世代で遺伝子改変ラットのホモ個体を作製します．

ファウンダー個体がモザイクやヘテロ変異個体の場合，シークエンスの波形が重なり，変異パターンの解読が困難な場合があります．この場合は，PCR産物をクローニングして，複数の配列を解読するか，次世代で変異を確認します．

FTAカード（Whatman社）に採取した血液をテンプレートとしてAmpdirect® Plus酵素セット（島津製作所）を用いることで，簡便にジェノタイピングすることができます．方法の詳細については島津製作所のホームページ[1]をご参照ください．

2細胞期胚を用いた変異導入の解析

TALENやCRISPR/Cas9で遺伝子改変ラットを作製する前に，ラット受精卵でゲノム編集効率を確認する方法があります．作製したmRNAをラット受精卵にインジェクションした後，ラット2細胞期胚のゲノムDNAを直接PCRで増幅することで，変異導入効率を確認できます[2) 3)]．2細胞期胚のゲノムDNAは少量のため，GenomePlex® Single Cell Whole Genome Amplification Kit（Sigma-Aldrich社）で一度増幅してから，PCR反応後，シークエンス解析を行います．受精卵のゲノムDNAは断片化されているため，PCRで増幅する標的サイズを小さく（100～200 bpほどに）した方が，増幅しやすくなります．

モザイク変異について

TALENやCRISPR/Cas9のRNAを前核期胚に注入した後，2細胞期胚あるいはそれ以降の胚で，片側（あるいは一部）の細胞だけでゲノム編集が起きた場合，生まれてきた個体の体の半分（あるいは一部）の細胞だけに変異が入った状態になります．これをモザイク変異といいます．例えば，野生色ラットの受精卵にアルビノ遺伝子（*Tyr*：チロシナーゼ）を導入した場合，ホモ変異個体はアルビノ（白色）になりますが，白と黒が混じったモザイク変異の個体が得られることがあります（図）．モザイク変異はファウンダー個体にしかみ

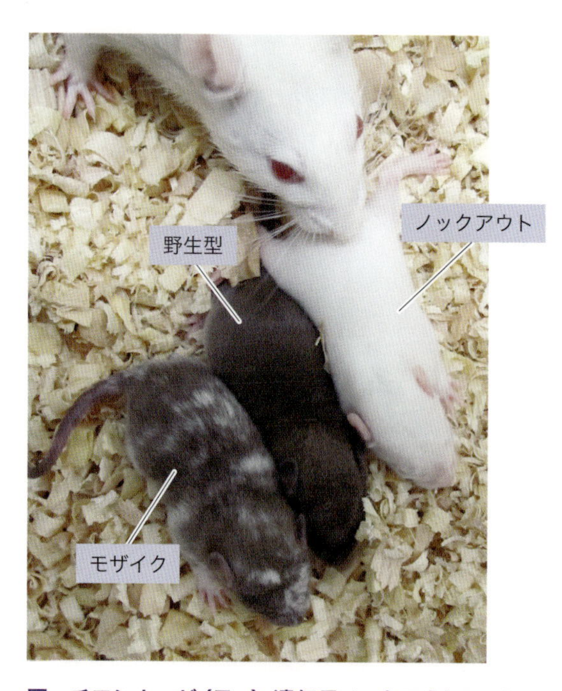

図　チロシナーゼ（*Tyr*）遺伝子ノックアウトラット

られない現象で，次世代以降は全身が白か黒の個体になります．モザイク変異の個体は野生型と変異型の細胞が混じっているので，実験には使えません．

ファウンダー個体は必ず戻し交配をして，遺伝子変異が安定して次世代へ伝達すること（germline transmission）を確認してください．

オフターゲット作用について

3×10^9bpのラットゲノム配列には，標的としたTALENやsgRNAのターゲット配列と類似した配列が，標的遺伝子以外に存在することがあります．ラット受精卵でゲノム編集を行う際，誤って類似配列を改変してしまうことをオフターゲット作用といいます．ラット受精卵にTALENやCRISPR/Cas9のDNAプラスミドを直接注入した場合，mRNAの場合に比べてオフターゲット作用が起きやすくなります．オフターゲット作用が起きていないかを確認するには，通常，コンピューター解析（Q45図参照）により，オフターゲット候補領域（10～20カ所程度）を検索します．その後，生まれてきたラット産仔に対して，オフターゲット領域をPCRにより増幅，シークエンス解析することで，変異が導入されていないかどうかを調べます．

sgRNAを作製する際は，CRISPR Design Tool[4) 5)]やCRISPRdirect[6) 7)]などで，あらかじめオフターゲット領域を検索して，できるだけ特異性の高いターゲット配列を選びましょう．

文献・URL

1）Ampdirect®（http://www.an.shimadzu.co.jp/bio/reagents/amp/protocol.htm），島津製作所
2）Mashimo T, et al：Sci Rep, 3：1253, 2013
3）吉見一人，他：「実験医学別冊 今すぐ始めるゲノム編集」（山本 卓/編），pp109-121，羊土社，2014
4）CRISPR Design Tool（http://crispr.mit.edu/）
5）Hsu PD, et al：Nat Biotechnol, 31：827-832, 2013
6）CRISPRdirect（http://crispr.dbcls.jp/）
7）Naito Y, et al：Bioinformatics, 31：1120-1123, 2015

（真下知士）

48 ラットでゲノム編集を行う際の，その他の注意事項について教えてください．

日本では，多くの施設で遺伝子組換え生物としての申請が必要です．また，便利なラットデータベースやラットリソースセンターも利用しましょう．遺伝子改変ラットの作製を受託してくれる企業もあります．

解説

遺伝子組換え生物としての注意

ゲノム編集により作製される動物は❶遺伝子を破壊したノックアウト，❷1bp置換など小さなbp配列のノックイン，❸GFPや機能遺伝子など大きな遺伝子のノックインの3種類に分けられます．ゲノム編集により作製された❸の動物は，いわゆるカルタヘナ法[1]にもとづく組換え生物として扱うことが明白ですが，❶と❷の動物については議論がなされています．特に❶の動物は，ゲノム編集による遺伝子改変の痕跡が残らないため，ゲノム編集で作製された動物かどうかの区別ができないなどの問題があります．日本では，多くの研究施設で，❶〜❸のすべての動物について，遺伝子組換えの申請を必要としています．

ラットデータベースの活用

遺伝子改変ラットを作製するにあたり，既存のラットデータベースが有用です．Rat Genome Database（RGD）は，ラットに関する包括的な情報を管理しているデータベースで，遺伝子情報，遺伝マーカー情報，系統情報，特性解析情報，論文情報などが含まれています（表1）．京都大学大学院医学研究科附属動物実験施設が行っているナショナルバイオリソースプロジェクト「ラット」のデータベースには，ラット系統情報，特性解析情報[2]，ゲノム情報[3]などが含まれています．

これらのデータベースでは，キーワードで検索できるので，自分の標的とする遺伝子やラット系統について検索してみましょう．

表1 ラットデータベースとリソースセンター

データベース名	機関名	WEBサイト
Rat Genome Database (RGD)	Wisconsin医科大学	http://rgd.mcw.edu/
ナショナルバイオリソースプロジェクト「ラット」(NBRP-Rat)	京都大学大学院医学研究科附属動物実験施設	http://www.anim.med.kyoto-u.ac.jp/nbr/
MCW Gene Editing Rat Resource Center	Wisconsin医科大学	http://rgd.mcw.edu/wg/gerrc
Rat Resource & Research Center (RRRC)	Missouri大学	http://www.rrrc.us/

表2 遺伝子改変ラットの作製支援施設

データベース名	WEBサイト
大阪大学大学院医学系研究科附属動物実験施設	http://www.iexas-osaka-u.jp
特殊免疫研究所(代理店:和光純薬工業社)	http://www.tokumen.co.jp/?page_id=3307
日本エスエルシー社(代理店:タカラバイオ社)	http://catalog.takara-bio.co.jp/jutaku/basic_info.php?unitid=U100009084
Transposagen社(代理店:アプロサイエンス社)	http://aproscience.com/item/217/

ラットリソースセンターの活用

遺伝子改変ラットを使って実験が終了したら，ラットリソースセンターに寄託しましょう．日本のナショナルバイオリソースプロジェクト「ラット」(NBRP-Rat)，米国Wisconsin医科大学のMCW Gene Editing Rat Resource Center，Missouri大学のRat Resource & Research Center（RRRC）などがあります（表1）．ラットを寄託すれば，凍結受精卵あるいは凍結精子として遺伝子改変ラットを保存してもらえたり，国内外の研究者に提供することができます．

遺伝子改変ラットの作製支援

もし，自分自身でTALENやCRISPR/Cas9を使って遺伝子改変ラットの作製をするのが困難な場合は，遺伝子改変ラットの作製支援を行っているところに問い合わせてみましょう．大阪大学大学院医学系研究科附属動物実験施設では，受託研究としてCRISPRを用いた遺伝子改変ラットの作製支援を行っています．

その他，表2で紹介している企業においても遺伝子改変ラットの受託作製を行っているので問い合わせてみてはいかがでしょうか？

ターゲット領域をPCRで増幅できない場合に考えられること

ターゲット領域に，プライマー結合配列を含む大規模領域の欠失が起きている場合は，より大きな（1～数kbp）ゲノム領域を増幅できるプライマーでPCRを行いましょう．

シークエンスの波形が読めない場合に考えられること

生まれてきた個体の変異がヘテロやモザイクの場合には，シークエンス波形が重なり，読み難くなります．サブクローニングしてシークエンスするか，次世代のラットでシークエンスしましょう．

文献・URL

1）「カルタヘナ法とは」（http://www.maff.go.jp/j/syouan/nouan/carta/about/），農林水産省

2）Mashimo T, et al：J Appl Physiol (1985), 98：371-379, 2005

3）Mashimo T, et al：BMC Genet, 7：19, 2006

（真下知士）

49 両生類では，どのようなゲノム編集が可能ですか？

TALENおよびCRISPR/Cas9を用いた，ノックアウト，染色体欠失，ssODNノックイン，およびレポーターベクターのノックインが報告されています.

解説

現在の生命科学研究において用いられている両生類は，アフリカツメガエル（*Xenopus laevis*），ネッタイツメガエル（*Xenopus tropicalis*），メキシコサンショウウオ（アホロートル，*Ambystoma mexicanum*），イベリアトゲイモリ（*Pleurodeles waltl*），アカハライモリ（*Cynops pyrrhogaster*）です（図）．これらの生物種から報告されているゲノム編集の実例と現状を以下にまとめています．

アフリカツメガエルのゲノム編集

生命科学研究において最も用いられている両生類種ですが，ゲノム編集技術を用いるうえで，偽四倍体であることが障害であると考えられていました．全遺伝子の8割以上が重複していることが知られており，その染色体重複に由来する遺伝子はホメオログ※1とよばれています．ホメオログは機能的に重複していることが多く，ノックアウトによる遺伝子機能解析においては，4つの遺伝子（ホメオログの両対立遺伝子）すべてを同時に破壊することが必要です．近年，高活性型のTALENを用いることにより，全ホメオログを同時破壊し，ファウンダー個体（F0個体）※2にて表現型を解析することが可能となりました[1)]．また，それぞれのホメオログに対するsgRNAとCas9を共導入することでも，F0胚で表現型を解析することができます．加えて，レポーターベクターのノックインも可能となっています．相同組換え修復（HDR）を利用したノックインはいまだ報告がありませんが，マイクロホ

※1 ホメオログ：異なる種の交雑により染色体が倍化した場合（異質倍数体）は，同じ1つの遺伝子に関して，2種類ずつ（それぞれの親から1種類ずつ）を受け継いでおり，これらの由来の異なる2種類の遺伝子をホメオログとよぶ．アフリカツメガエルは異質四倍体であり，Gene. LとGene. S（Geneには遺伝子名が入る）の2種類のホメオログが存在する．

※2 ファウンダー個体（F0個体）：遺伝子改変（ここではゲノム編集）を行った当世代をファウンダー0（F0）世代とよぶ．さらに，この遺伝子改変されたF0個体との交雑により生まれた1代目の子供をF1世代とよぶ．

モロジー媒介末端結合（MMEJ）を利用したノックインが開発されています[2]．プロモーターレスのレポーターベクターをノックインすることにより，プロモータートラップや*in vivo*でのEGFPタグ付加も可能なことが示されています[2]．ゲノム解析も終了しており*in silico*解析によるオン/オフターゲット検索も可能です．実験動物としての利便性や歴史もあいまって，ゲノム編集技術を得たアフリカツメガエルは，今後も遺伝子機能解析の中心として活躍することが期待されています．

ネッタイツメガエルのゲノム編集

両生類で一番最初にZFN（ジンクフィンガーヌクレアーゼ）を用いたノックアウトの報告がありました[3]．二倍体でゲノムサイズが小さく（1.7Gbp），性成熟の期間が短いという生物学的特徴があり，両生類のなかで最もゲノム編集を用いた研究に適しているといえます．TALENとCRISPR/Cas9の両方でノックアウトが可能です．2セットのTALENを用いた，10kbpの染色体欠失も報告されています[4]．特に，CRISPR/Cas9を用いた効率的なノックアウトが複数の遺伝子で確認されています．ゲノムデータをベースにしたオン/オフターゲット検索も可能なため，今後，簡便なCRISPR/Cas9による逆遺伝学的手法を導入したネッタイツメガエルの生命科学研究は盛んになっていくでしょう．

メキシコサンショウウオ（アホロートル）のゲノム編集

その高い再生能力から，再生生物学において中心的な実験動物として用いられています．TALENを用いた報告はありませんが，CRISPR/Cas9が非常によく効き，ノックアウトは比較的簡単だと考えられます．しかしながら，有尾両生類の特徴であるゲノムサイズの大きさ（10Gbp以上）の問題があるためにゲノム解読が進んでおらず，何らかの形でオフターゲット変異の検証は必要であると考えられます．例えば，mRNAインジェクションやトランスジェニック技術を用いたレスキュー実験などです．また，世代交代が遅いため，F1以降を用いた解析には不向きかもしれません．

イベリアトゲイモリのゲノム編集

世代交代が早く（1年程度）飼育が容易なうえ，TALENによるノックアウトやssODNを用いたノックインが可能なことが示されています[5]．年に数回卵を産むことができる多産性と，初期卵割時間が長いという生物学的利点により，ゲノム編集技術を用いた逆遺伝学的アプローチにも適した有尾両生類です．ゲノム編集技術と生物学的特徴を生かして，次世代のモデル両生類として大きな注目を集めています．メキシコサンショウウオと同様に，ゲノムサイズの大きさに起因するオフターゲット変異の問題を考慮する必要があります．後期

図　生命科学研究において用いられる両生類

A）アフリカツメガエル．B）ネッタイツメガエル．C）メキシコサンショウウオ．D）イベリアトゲイモリ．E）アカハライモリ．
写真提供：A，B，D，Eは広島大学附属両生類研究施設系統維持班より，Cは林 利憲（鳥取大学医学部）より．

発生における再生現象※3では，初期発生時の形態形成遺伝子が重要であることが多く，今後，コンディショナルノックアウト技術の確立が当該分野では必須となるでしょう．

アカハライモリのゲノム編集

古くから再生研究に用いられてきた日本のイモリです．ゲノム編集に関する報告はありませんが，トランスジェニックが可能なので，他の有尾両生類同様にゲノム編集技術を用いたノックアウトやノックインも可能だと考えられます．しかしながら，性成熟が遅く飼育が難しいため，F1世代以降の解析は他の生物種に比べ難しいでしょう．TALENやCRISPR/

※3　後期発生における再生現象：両生類，特に有尾両生類であるイモリやサンショウウオは脊椎動物のなかでも特に高い再生能力をもっており，成体でもさまざまな器官（網膜，四肢，心臓など）を完全に再生することができる．そのため，器官再生研究のモデル生物として用いられている．

Cas9を用いた，F0による機能解析が最も現実的です．

両生類のゲノム編集成功の鍵

筆者らの経験と複数の報告例から，両生類におけるTALENやCRISPR/Cas9を用いたゲノム編集技術は非常に効率がいいと考えられます．ただ，どちらの人工ヌクレアーゼが効果的であるかは，生物種により違いがあるようです．両生類においては，受精卵へのRNAインジェクションが基本的な導入方法ですので，受精卵とRNAのクオリティーが実験成功の最も重要な鍵です．また，一般的に両生類のゲノムサイズは大きく，ゲノムデータも少ないことから，オフターゲット切断には注意が必要です．これらの点を注意すれば，遺伝子機能解析の最も有用なツールとなるでしょう．CRISPR/Cas9の場合は1つの遺伝子に対し複数（3種類程度）のsgRNAを用意して実験を行いましょう．また，F0個体で機能解析をする場合，ネガティブコントロール（ミスマッチsgRNAや発生に影響をおよぼさない遺伝子のsgRNAなど）を用意しておくといいでしょう．

文献

1）Suzuki KT, et al：Biol Open, 2：448-452, 2013
2）Nakade S, et al：Nat Commun, 5：5560, 2014
3）Young JJ, et al：Proc Natl Acad Sci U S A, 108：7052-7057, 2011
4）Nakayama T, et al：Dev Biol, in press（2015）
5）Hayashi T, et al：Dev Growth Differ, 56：115-121, 2014

参考文献

・ Suzuki KT & Hayashi, T：「Targeted Genome Editing Using Site-Specific Nucleases：ZFNs, TALENs, and the CRISPR/Cas9 System」（Yamamoto T, ed）, pp133-149, Springer, 2015

（鈴木賢一）

Q50 両生類でゲノム編集を行う場合，どのベクターを用いればよいですか？

A TALENにおいてはGolden Gate法をベースとした構築システムが，CRISPR/Cas9においては哺乳類やゼブラフィッシュのシステムがそのまま使用可能です．

解説

両生類研究におけるTALENに関しては，複数の構築システムを用いた実施例が報告されています．CRISPR/Cas9に関しては，*Streptococcus pyogenes* 由来のCas9（SpCas9）がよく機能しています．詳細は第I部をご覧いただくとして，ここでは両生類に関する現状を解説します．概略を以下に解説するとともに，実験を行ううえで必要な情報を抜粋して表にまとめています．

TALENを用いたシステム

基本的には，Voytasらが開発したGolden Gateシステム[1)]でTALEリピートをアッセン

表　両生類で報告があり，Addgeneから入手可能なTALENキットおよびCRISPR/Cas9ベクター

ヌクレアーゼ	ベクターとキット名	使用用途	両生類への適用例	Addgene ID	文献番号
TALEN	Golden Gate TALEN and TAL Effector Kit 2.0	モジュール組立てのみ	*X. tropicalis*, *X. laevis*	Kit # 1000000024	1)
	Platinum Gate TALEN Kit	デスティネーションベクター込み	*X. tropicalis*, *X. laevis*, *P. waltl*	Kit # 1000000043	2)
	Ekker Lab TALEN Kit	デスティネーションベクター込み	*X. tropicalis*, *A. mexicanum*	Kit # 1000000038	3）4)
CRISPR/Cas9	MLM3613 (SpCas9)	SpCas9 *in vitro* 転写用	*A. mexicanum*	plasmid #42251	4）5)
	DR274 (sgRNA)	sgRNA *in vitro* 転写用		plasmid #42250	
	pCS2-3xFLAG-NLS-SpCas9-NLS	SpCas9 *in vitro* 転写用	*X. tropicalis*, *X. laevis*	plasmid #51307	6）7)
	pUC57-Simple-gRNA backbone	sgRNA *in vitro* 転写用	*X. tropicalis*, *X. laevis*	plasmid #51306	

ブルします．TALEスキャフォールドは，N末端およびC末端を短くしたtruncatedタイプを用いると，効率的に標的に変異を導入することが可能です．例えば，NC-scaffold[8]やGoldy TALEN[9]などが両生類研究でも用いられています．また，TALEリピート中のnon-RVD（non-repeat variable diresidue）配列に注目したPlatinum TALENは，非常に効率よくノックアウトやノックインが可能です[2]．なお，Fok Iについては，ホモ二量体とヘテロ二量体（ELD/KKRなど）のそれぞれの利点や欠点を考慮のうえ，使い分けるべきでしょう．一般的に，ホモ二量体型は変異導入効率が高いのですが，オフターゲット切断の危険性が否定できません．一方，ヘテロ二量体型は変異導入効率が若干低い傾向がありますが，その分オフターゲット切断の危険性は低減されます．変異導入効率や胚における毒性は標的配列や種差により違いがありますので，ファーストチョイスとしては，ホモ二量体型を試してみるのがよいようです．両生類へのTALEN導入は，受精卵へのmRNAインジェクションが必要なため，最終的にSP6やT7プロモーターによる*in vitro*転写が可能なデスティネーションベクターにサブクローニングする必要があります．

CRISPR/Cas9を用いたシステム

現在のところ，sgRNAの転写に使用できるマウスU6やヒトH1に相当する両生類用のRNAポリメラーゼⅢプロモーターは開発されておらず，TALENと同様に，受精卵へのRNAインジェクションが必要です．CRISPR/Cas9に関しては，哺乳類やゼブラフィッシュで用いられているヒトコドン最適化されたSpCas9が流用されています[10)][11)]（第Ⅱ部3, 4, 6章参照）．基本的に，SP6やT7プロモーターによる*in vitro*転写が可能なデスティネーションベクターにて，Cas9 mRNAやsgRNAを合成します．両生類で汎用されているベクターとして，pCS2＋を用いるケースが一般的です．標的配列20bpとPAM配列を付加したオリゴヌクレオチドを合成し，crRNA※1とtracrRNA※2を組み込んだsgRNA用*in vitro*転写ベクターにサブクローニングして作製します．

前述のベクターの多くはAddgene[12]から入手可能です（詳しくは第Ⅰ部および表をご覧ください）．

※1　crRNA（CRISPR RNA）：crRNAは標的配列と相補的な塩基配列をもっており，tracrRNA，Cas9タンパク質とRNA-タンパク質複合体を形成し，標的配列へ結合する．crRNAの配列を任意の塩基配列にすることにより，ゲノム上の任意の場所にこの複合体を結合させることができる．Q15参照．

※2　tracrRNA（trans-activating crRNA）：crRNAと結合し，Cas9タンパク質とともにRNA-タンパク質複合体を形成する．細菌の獲得免疫システムではcrRNAとtracRNAが別々の要素として存在するが，ゲノム編集ツールでは2つをキメラに連結したsgRNA（single guide RNA）がよく用いられている．Q15参照．

*in vitro*転写とゲノム編集効率

TALENやsgRNAの構築は，一般的な分子生物学的手法を身に付けていれば難しくはありません．両生類においては，SP6プロモーターによる*in vitro*転写が可能なデスティネーションベクターにサブクローニングする場合が多いです（例えばpCS2＋など）．筆者の経験的には，T7プロモーターによる*in vitro*転写でTALENやCas9 mRNAを合成した方が，ゲノム編集効率がよいようです．その際，5′キャップアナログを工夫して翻訳効率を高めたmRNA合成キットの使用をお勧めします．

文献・URL

1）Cermak T, et al：Nucleic Acids Res, 39：e82, 2011
2）Sakuma T, et al：Sci Rep, 3：3379, 2013
3）Ma AC, et al：PLoS One, 8：e65259, 2013
4）Fei JF, et al：Stem Cell Reports, 3：444-459, 2014
5）Flowers GP, et al：Development, 141：2165-2171, 2014
6）Guo X, et al：Development, 141：707-714, 2014
7）Wang F, et al：Cell Biosci, 5：15, 2015
8）Mussolino C, et al：Nucleic Acids Res, 39：9283-9293, 2011
9）Bedell VM, et al：Nature, 491：114-118, 2012
10）Hwang WY, et al：Nat Biotechnol, 31：227-229, 2013
11）Cong L, et al：Science, 339：819-823, 2013
12）Addgene（https://www. addgene. org/）

（鈴木賢一）

Q51 両生類でゲノム編集を行う場合に必要となる，材料や設備について教えてください．

受精卵にマイクロインジェクションする材料や設備が必要です．すでにmRNAインジェクションやトランスジェニックを行っているラボならば，既存の設備で十分です．

解説

実験動物の準備

両生類におけるTALENおよびCRISPR/Cas9によるノックアウトやノックインは，現在のところ，受精卵へのRNAインジェクションが唯一の方法です．したがって，よい卵を産むメスやよい精子をもつオスをしっかり自分で選別し，飼育維持することが安定かつ効率的な実験への近道です．アフリカツメガエル，イベリアトゲイモリ，メキシコサンショウウオ（アホロートル），およびアカハライモリなどは販売業者から購入可能です．信頼のおける販売業者やペットショップから購入しましょう．ネッタイツメガエルに関しては，ナショナルバイオリソースプロジェクトNBRP[1)] から良質の成体を購入することができます．また，日本では両生類の実験を規制する法律は今のところありませんが（遺伝子組換え実験の申請承認は必要），各所属機関において動物実験計画の承認を受け，ガイドラインにしたがった実験が必要です（Q94参照）．

インジェクションに必要な実験機器

インジェクションに関しては，ガラス針を引くプーラー（ナリシゲ社のPN-31など），ガス圧式マイクロインジェクター（ナリシゲ社のIM-300など），油圧式マイクロインジェクター（Drummond社のNANOJECT IIなど），マニピュレーター，実体顕微鏡が必要です（図）．すでに，両生類初期胚を用いたmRNA，モルフォリノオリゴインジェクションやトランスジェニックを行っているラボであれば，新しく設備や機器を購入する必要はありません．GFPなどの蛍光タンパク質をレポーターとしてノックインしたり，トレーサーとしてmRNAを人工ヌクレアーゼと同時に導入したりする場合は，蛍光実体顕微鏡が別途必要になります．特に，ネッタイツメガエルはインジェクションする量が少ないため，実験手技に

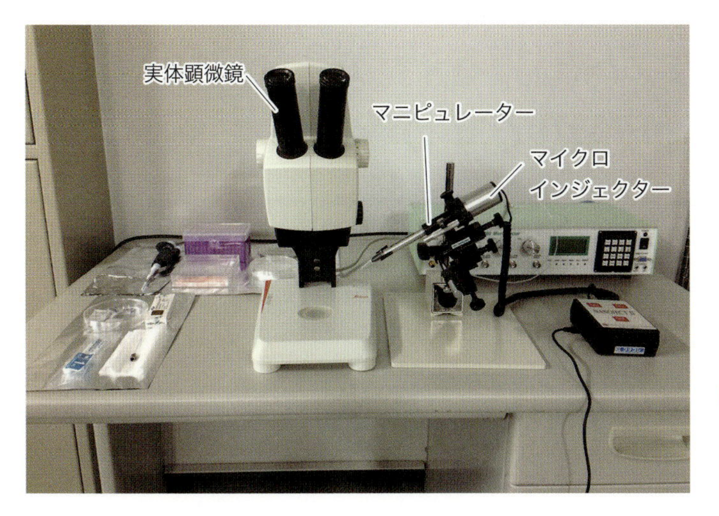

図　両生類のゲノム編集に必要なインジェクションシステム一式
マイクロインジェクター，実体顕微鏡，マニピュレーターなど．詳細は本文を参照．

慣れていない人はGFPmRNAなどを同時にインジェクションして，蛍光により胚をスクリーニングした方が無難でしょう．

その他の機器や試薬

TALENやCRISR/Cas9のmRNAの調整，ドナーベクターの構築，および変異解析は一般的な分子生物学を行う設備があれば十分です．多検体の変異導入をスクリーニングする場合，マイクロチップ型電気泳動装置（島津製作所のMultiNAなど）があれば便利です．mRNAの合成や品質は，両生類のゲノム編集においてかなりクリティカルです．われわれは，mMessage mMachine® T7 Ultra Kit（Thermo Fisher Scientific社）を多用しています．特殊な5′キャップアナログを用いることにより翻訳効率が高くなるため，mRNAのインジェクション量を減らすことができます．また，mRNA精製はフェノールクロロホルム抽出よりも，シリカカラムベースの精製キット（QIAGEN社のRNeasy Mini Kitなど）を用いると毒性が低く抑えられます．sgRNAの作製は，一般のRNA合成長より短いため，MEGAshortscript™ T7 Transcription Kit（Thermo Fisher Scientific社）などを用いるのがよいでしょう．

URL

1）「ネッタイツメガエルの近交化・標準系統の樹立・提供」XENOBIORES（http://home.hiroshima-u.ac.jp/~amphibia/xenobiores/iweb/XenoBiores_Top.html），ナショナルバイオリソースプロジェクト

参考文献

・「Xenopus Protocols」（Hoppler S & Vize PD, et al, eds），Springer, 2012

（鈴木賢一）

Q52 両生類でゲノム編集を行う場合，どのような導入方法が適切ですか？

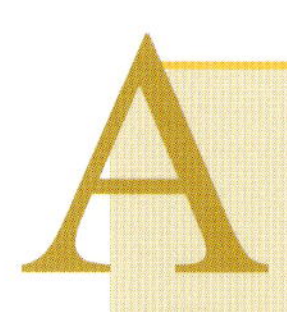

受精卵にTALENやCRISPR/Cas9 mRNAをマイクロインジェクションする方法が，最も現実的です．

解説

受精卵へのマイクロインジェクション

両生類の受精卵は大きく扱いやすいため，大量のmRNAをマイクロインジェクションすることが可能です．また，初期卵割の時間が比較的長い（調節も可能）といった，ゲノム編集ツールにより変異を導入するうえでの利点も兼ね備えています．ご存知のように受精卵は1個の接合核からはじまるため，卵割期の早い段階で変異導入すれば，モザイク性の低い個体を得ることができます．これまでの研究からアフリカツメガエルでは，遺伝子によっては桑実胚期（受精後5～6時間）からの変異導入が確認されています[1]．そのため，大部分の体細胞系列に変異が導入されることにより，F0世代（ゲノム編集を行った世代）での

図　TALENによりチロシナーゼ遺伝子を破壊したアフリカツメガエル（写真左）

モザイク表現型個体をF0世代にもつF1成体（写真左）と野生型成体（写真右）．

遺伝子機能解析が可能となります．また，明らかなモザイク表現型個体においても，生殖系列に変異導入がしっかりされている例がF1世代で確認されています（図）．

マイクロインジェクション以外の方法

成長した幼生や，成体における特定の組織や器官でゲノム編集を行いたい場合，エレクトロポレーションによるTALENおよびCRISPR/Cas9の発現ベクターやmRNAの導入も可能性としてはあげられます．しかしながら，導入量と分化した細胞という点でゲノム編集の効率は低いことが予想され，限定的な目的にしか使用できません．また，残念ながら，両生類においてコンディショナルノックアウトの系は確立されていません．しかし，Creリコンビナーゼが両生類でも機能するので，欠失させたい領域の両端にloxP配列を同時に導入し（flox）※1，時期・組織特異的にノックアウトすることは将来的に可能です．その場合，loxP配列をssODNやドナーベクターでノックインする必要がありますし，Creリコンビナーゼドライバーライン※2の樹立も必要となります．

RNAのクオリティーが実験成功の鍵

両生類におけるゲノム編集では，RNAインジェクションによる人工ヌクレアーゼの導入が主です．したがって，RNA合成のクオリティーが実験成功の鍵を握ります．TALENやCas9は長鎖RNAになりますので，合成したRNAは泳動でクオリティーチェックしてからインジェクションするようにしましょう．合成後のRNAはシリカカラムベースの精製キットで精製し，必要に応じて，さらにエタノール沈殿により精製してもいいでしょう．分注して－80℃に保存したRNAは凍結融解を繰り返さず，使い切りにしましょう．

文献

1）Sakane Y, et al：Dev Growth Differ, 56：108-114, 2014

（鈴木賢一）

※1　flox：標的となる遺伝子領域をCreリコンビナーゼ標的配列loxPで挟んだ遺伝子座．floxをもつ細胞や動物においてCreリコンビナーゼを作用させると，組換え反応を起こし，挟まれた間の標的領域が欠失される．

※2　Creリコンビナーゼドライバーライン：Cre-loxPシステムによる組換えには，反応を触媒するCreリコンビナーゼが必要であり，このCreリコンビナーゼを発現できるトランスジェニック系統のこと．発現させるプロモーターを変えることで，時期・組織特異的に標的遺伝子をノックアウト（コンディショナルノックアウト）することが可能となる．

53 両生類での変異体スクリーニング方法について教えてください．

一般的に用いる手法として，Cel-Iアッセイ，HMA，PCR-RFLP，DNAシークエンス解析があります．レポーターノックインの場合は，GFPなどの蛍光レポーターでスクリーニング可能です．

解説

一般的に用いられている変異検出方法を以下に説明し，実際の例を図に紹介してあります．

変異導入のスクリーニング

両生類の場合，ファウンダー（F0）個体でも変異が効率よく導入されるため，野生型と変異型アレルのPCR産物によるヘテロデュプレックス※1検出をスクリーニング指標に用いることができます．TALENおよびCRISPR/Cas9導入個体からゲノムを抽出し，標的部位を含む200～500bpをPCRにより増幅し，ふつうのアガロースゲルで電気泳動するだけで簡単に検出できます（このアッセイをHMAといいます）．Cel-I（Transgenomic社）やT7エンドヌクレアーゼI（New England Biolabs社）を用いたヘテロデュプレックスを特異的に切断する検出方法である，Cel-Iアッセイなども有用です．また，切断部位付近に適当な制限酵素サイトがあれば，DSB（二本鎖切断）修復の際にサイトが改変されるため，PCR産物が制限酵素耐性になることで判別が可能です（これをPCR-RFLPアッセイといいます）．PCR-RFLPは，ssODNによるノックインの検出でも有用なスクリーニング法です．

DNAシークエンス解析

最終的な変異解析や変異率の評価は，DNAシークエンス解析を用います．TALENおよ

※1　ヘテロデュプレックス：野生型と変異型が混在したゲノムDNAを鋳型にPCR増幅した結果生じる，部分的なミスマッチを含んだ二本鎖DNA産物のこと．ホモデュプレックス（同じ配列同士の二本鎖）と比べて，アガロースやポリアクリルアミド電気泳動した場合に泳動度の遅れが生じる．

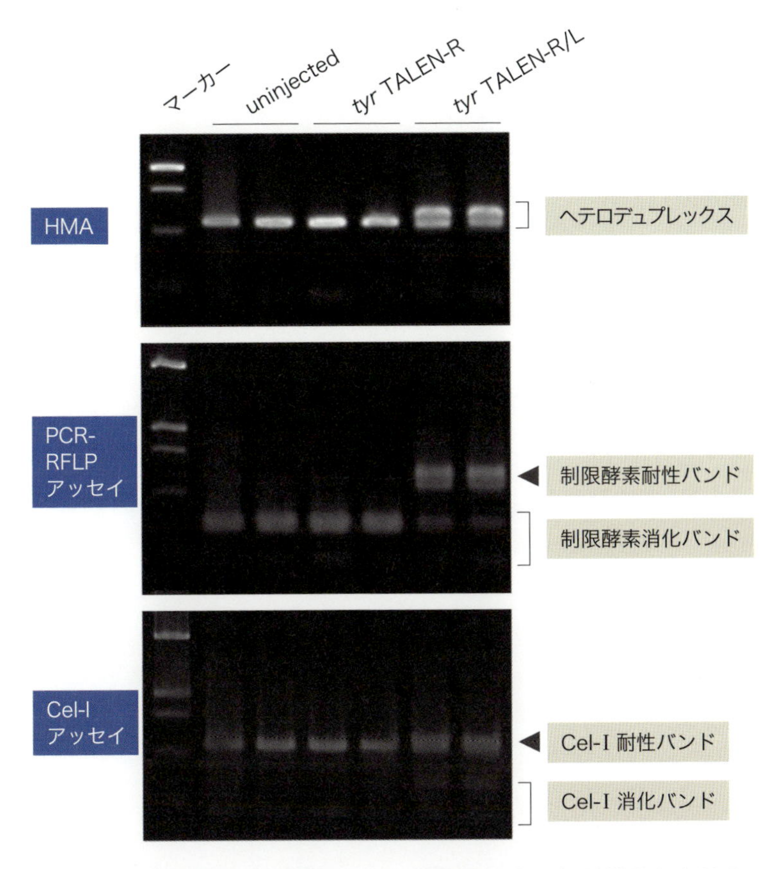

図　アフリカツメガエルのチロシナーゼ遺伝子（*tyr*）破壊胚における，HMA，PCR-RFLPアッセイ，Cel-Ⅰアッセイの結果

unicjected，*tyr* TALEN-R（片側のみ）はネガティブコントロール．*tyr* TALEN-R/Lで変異が確認される．文献1より改変して転載．

びCRISPR/Cas9導入個体のゲノムはPCRのサイクル数を多くすると，標的増幅産物がヘテロデュプレックスを形成するため，サブクローニングの際に複数のインサートを含んだり，ヘテロデュプレックスのクローンをピックアップしたりするケースがあります．この場合，シークエンス波形が乱れて塩基配列を判読することが困難となりますので，サブクローニングの際はサイクル数を低く抑えたPCR産物を用いることがポイントです．また，電気泳動やサブクローニングでは，染色体欠失はうまく検出できない場合があるので，注意が必要です．次世代シークエンサーによるPCR産物のアンプリコンシークエンス※2は，サブクローニングのバイアスが低く抑えられるはずなので，より正確な変異率の評価が期待できます．

※2　アンプリコンシークエンス：目的のゲノム領域をPCR増幅した産物（アンプリコン）を次世代シークエンサーによってディープシークエンス解析する手法．特定の領域に絞りこんだ変異を解像度よく解析できる．

レポーターノックインの場合，特にGFPなどの蛍光タンパク質遺伝子はプロモーターレスのベクターに組み込んでおけば，プロモーター・エンハンサートラップ※3として，その蛍光レポーター活性により検出することができます．

変異導入効率の算出

一般的に両生類はゲノム編集の効率が高いため，HMAによる変異検出は最も簡便な方法です．しかし，HMA，Cel-IやT7エンドヌクレアーゼアッセイでは原理上，正確な変異導入効率を算出することが難しいので注意が必要です．正確な変異導入率の算出が必要な場合は，PCR-RFLPやDNAシークエンスなどを用いた方がいいでしょう．また，標的部位のゲノムPCR産物をDNAシークエンスする場合，ヘテロデュプレックスが形成されないようにPCRサイクル数を低く抑えることが，より正確な変異導入効率を出すうえで重要です．

文献

1）林 利憲，他：「実験医学別冊　今すぐ始めるゲノム編集」（山本 卓/編），pp180-188，羊土社，2014

（鈴木賢一）

※3　プロモーター・エンハンサートラップ：プロモーターをもたないレポーター遺伝子ベクターをゲノムに挿入（トラップ）することにより，内在性エンハンサーやプロモーター活性を解析する手法．

54 両生類でゲノム編集を行う際のその他の注意事項について教えてください．

致死性の遺伝子（例えば初期発生に重要な遺伝子）をノックアウトした場合やオフターゲットについての問題点があります．

解説

致死性遺伝子のノックアウト

両生類におけるTALENやCRISPR/Cas9は，効率よく両対立遺伝子に変異を導入するため，致死性遺伝子（例えば細胞周期関連や形態形成遺伝子）のノックアウトは，F1以降の子孫が得られない可能性があります．その場合，生殖系列の細胞にのみ変異を入れる方法が必要です．現在のところ，父性または母性アレルのみに変異を入れる方法は確立されていません．また，Q52で述べたようにコンディショナルノックアウトの系も確立されておらず，将来への課題です．

オフターゲット変異について

アフリカツメガエルおよびネッタイツメガエルはゲノムデータが明らかとなっているので，オン/オフターゲット配列をデータベースなどで検索や予測することが可能です．一方，有尾両生類であるアカハライモリ，メキシコサンショウウオ（アホロートル），イベリアトゲイモリはゲノムサイズが10Gbp程度とされており，ゲノムデータの解析は当分先になると思われます．この際，オフターゲットの問題が考慮されるべきですので，レスキュー実験や標的遺伝子に対する複数のTALENやsgRNAセットを用いて，結果の検証をすべきでしょう．

参考文献

Suzuki KT & Hayashi, T：「Targeted Genome Editing Using Site-Specific Nucleases：ZFNs, TALENs, and the CRISPR/Cas9 System」（Yamamoto T, ed），pp133-149, Springer, 2015

（鈴木賢一）

Q55 小型魚類では，どのようなゲノム編集が可能ですか？

A 標的遺伝子の破壊（ノックアウト），標的ゲノム領域の欠損，ssODNやレポーター遺伝子の標的ゲノム部位へのノックインなどが可能です．

解説

小型魚類でのゲノム編集の現状

ゼブラフィッシュやメダカ（図1）などの小型魚類は，順遺伝学的な解析が可能なモデル脊椎動物として大変注目されてきましたが，他の多くのモデル動物のように胚性幹細胞が樹立できておらず，胚性幹細胞を基盤とした逆遺伝学的解析が難しい状況でした．近年，ゲノム編集技術（ZFN，TALEN，CRISPR/Cas9）が登場し，DNA二本鎖切断（DSB）を受精卵の標的ゲノム部位に直接誘導することにより，ノックアウトやノックインなどさまざまなゲノム改変を簡便に行うことが可能となってきています（図2）．

標的遺伝子破壊（ノックアウト）と標的ゲノム領域の欠損

小型魚類の標的遺伝子ノックアウトは，受精卵においてゲノム編集技術で誘導されたDSBが非相同末端結合（NHEJ）修復により高頻度で挿入・欠失変異が生じることを基盤にして

図1　ゼブラフィッシュ（A）とメダカ（B）

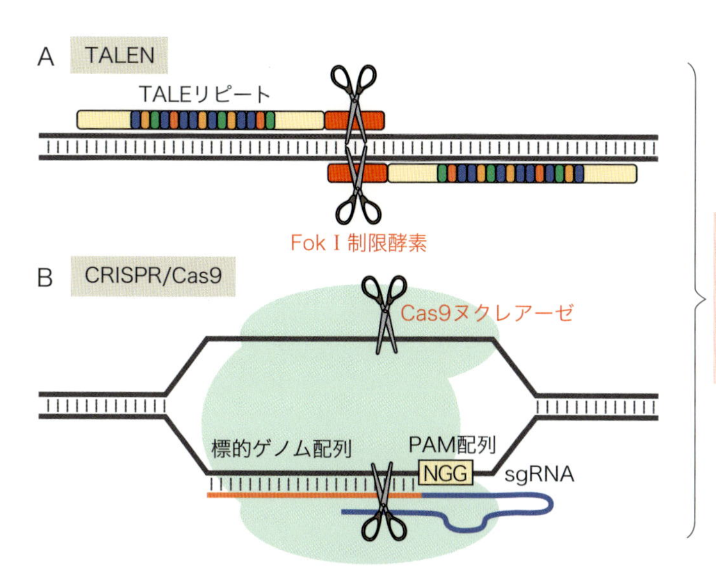

図2　小型魚類で可能なゲノム編集技術
A) TALENは，標的ゲノム配列を認識するTALEリピートとFok I制限酵素ドメインからなる人工ヌクレアーゼです．**B)** CRISPR/Cas9は，標的ゲノム配列と相補的な配列（20塩基）を5′末端にもつsgRNAとCas9ヌクレアーゼの複合体で構成されます．標的ゲノム配列は，PAM配列による制限を受けます．

います[1) 2)]．実際に，ZFN，TALENとCRISPR/Cas9いずれのゲノム編集技術でも標的遺伝子の翻訳領域に高い効率で変異を誘導できています．ZFNは発現ベクターの構築が難しく，現在は構築が容易なTALENやCRISPR/Cas9が主に用いられています．TALENやCRISPR/Cas9では，標的遺伝子に対する複数のTALENやsgRNA（single guide RNA）を受精卵に注入することにより，多重標的遺伝子の同時破壊が可能です[3)]．また，目的のゲノム領域を挟むようにTALENやsgRNAをデザインすることにより，標的ゲノム領域の欠損を誘導することにも成功しています[3)]．

一本鎖オリゴDNA（ssODN）やレポーター遺伝子のノックイン

小型魚類の受精卵において，TALENやCRISPR/Cas9を用いDSBを誘導する際に標的ゲノム部位と相同な配列をもつssODNや長い相同配列（400 bp以上）を保有するドナーベクターを一緒に注入した場合，相同配列に依存したノックインが可能であることが報告されています[4) ～6)]．しかしながら，相同組換え（HR）による精巧なノックインは効率がきわめて低いのが現状で，新しいゲノム編集技術の開発が望まれていました．最近，小型魚類において相同配列に依存しないドナーベクターのノックイン法や，これまでのゲノム編集技術とは異なる短い相同配列（20～40bp）とマイクロホモロジー修復機構を利用した次世代型のノックイン法が開発されています（Q59，Q60参照）．

ZFN, TALEN, CRISPR/Cas9どれを最初にトライすべきか?

CRISPR/Cas9を最初にトライすることをお勧めします．理由は，CRISPR/Cas9で必要なプラスミドはAddgeneからすべて入手が可能であり，sgRNA発現ベクターの構築もZFNやTALENの発現ベクターの構築に比べ，圧倒的に簡単だからです．われわれの経験では，標的遺伝子に対して複数カ所の標的ゲノム部位を設定すれば，標的遺伝子ノックアウトを行うに十分な活性をもつsgRNAが作製できています．また，CRISPR/Cas9に必要なツール（crRNA, tracrRNA, Cas9タンパク質）を購入することも可能です（Q60参照）．

文献

1）Ansai S, et al：Genetics, 193：739-749, 2013

2）Hisano Y, et al：Dev Growth Differ, 56：26-33, 2014

3）Ota S, et al：Genes Cells, 19：555-564, 2014

4）Bedell VM, et al：Nature, 491：114-118, 2012

5）Zu Y, et al：Nat Methods, 10：329-331, 2013

6）Stemmer M, et al：PLoS One, 10：e0124633, 2015

（川原敦雄，木下政人）

Q56 小型魚類におけるゲノム編集の手順を教えてください.

A TALENやsgRNAとCas9を受精卵に注入し，標的ゲノム部位に挿入・欠失変異を導入することで遺伝子破壊（ノックアウト）を誘導します.

解説

TALENの設計と構築

標的遺伝子の破壊をTALENで行う場合，標的ゲノム部位を翻訳領域内に設計します[1]．まずはCornell大学が運営するTAL Effector Nucleotide Targeter 2.0[2]内の「TALEN Targeter」にアクセスし，標的遺伝子周辺のゲノム配列を入力します．このとき，「Spacer Length」は14～17に設定し，「Repeat Array Length」は15～18に設定します．得られた候補配列のなかからTALEのリピート配列を選定します（標的ゲノム部位の選定には注意が必要です．Q58参照）．TALENは，Golden Gate反応※を利用しpCS2TAL3-DD（センス用）とpCS2TAL3-RR（アンチセンス用）ベクターのなかに目的のTALEリピート配列を構築します[3]（両ベクターともAddgeneから入手可）．それぞれのTALEN mRNAは，mMESSAGE mMACHINE® SP6 Transcription Kit（Thermo Fisher Scientific社）のプロトコールにしたがい準備します．一般的にTALENの5′末端側に隣接する塩基「T」が必要とされていますが，必ずしも必須でないことが示されています[4]．このため，TALEN設計における塩基配列の制約はなくなりました．

sgRNAの設計およびsgRNAとCas9（mRNA）の準備

CRISPRのsgRNAの設計は，CRISPR Design Tool[5][6]などを活用しデザインします．DR274（Addgene）はsgRNAエントリーベクターですが，約100塩基からなるsgRNAの5′末端に20塩基の標的配列を組み込むことができます．センスとアンチセンスの合成オリゴをアニールすることで標的配列を準備し，DR274ベクターのなかに挿入します[1]．sgRNA

※ Golden Gate反応：目的のTALEリピートを含む配列において，目的の順番にTALEリピートの切断と接続を同時に行うアセンブリーの手法[7]．

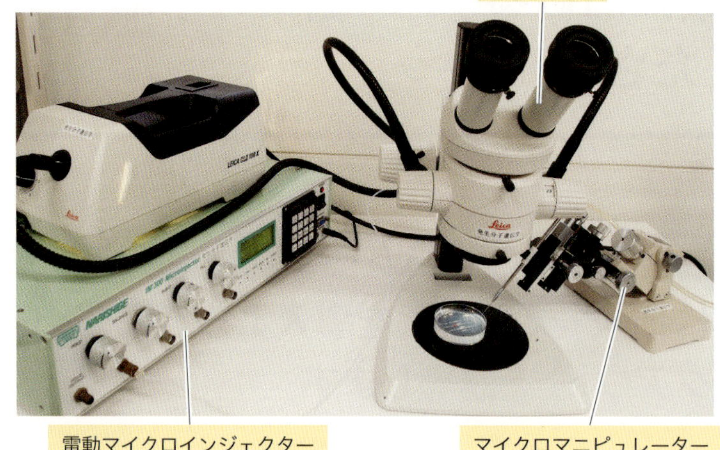

図　小型魚類のゲノム編集に用いる装置
調製したTALENあるいはsgRNAとCas9 mRNAをマイクロマニピュレーターを用いて小型魚類の受精卵にマイクロインジェクションします.

は，DR274からMAXIscript® T7 Kit（Thermo Fisher Scientific社）のプロトコールにしたがい準備します．Cas9（mRNA）は，pCS2＋hSpCas9（Addgene）からmMESSAGE mMACHINE® SP6 Transcription Kitのプロトコールにしたがい準備します.

小型魚類の受精卵へのTALENやsgRNA/Cas9の注入

小型魚類のゲノム編集に用いる装置（図）はすでにあるものとして，実験の手順を説明します．まずゼブラフィッシュあるいはメダカのオス・メスの交配により受精卵を準備します．ゼブラフィッシュの場合，TALENはそれぞれ約400pgを注入します．一方のCRISPR/Cas9では，sgRNAを約12.5pg，Cas9 mRNAを約250pg注入します．メダカの場合，TALENは約80～150pgを注入します．CRISPR/Cas9はsgRNAを約12.5pg，Cas9 mRNAを約100pg注入します．注入した胚（F0）が初期発生過程に異常を示さないかを観察し（死滅する個体が多いようであればTALEN, sgRNAの濃度を下げる必要があります），数日胚のゲノムDNAを用いゲノム編集活性を測定することで，F1以降の次世代の樹立に適したTALENやsgRNAの濃度を決めます.

小型魚類での標的ゲノム切断活性の評価

TALENやsgRNA/Cas9を注入した数日胚の個体からゲノムDNAを抽出します．標的ゲノム部位をまたぐようにプライマーをデザインし，これらのゲノムDNAからPCR法で標的ゲノム領域を増幅します．増幅されたPCR産物をサブクローニングし，得られたクローンの標的配列部分をランダムにシークエンスすることで変異の種類と効率を測定することができます．この過程で計測する変異の導入効率は主に体細胞で生じている変異です．次に，これらの変異を導入した胚を成魚まで育てて変異体アレルを次世代に伝えるファウンダー（F0）個体を同定する必要があります．その他の標的ゲノム切断活性の評価法として，挿入・欠失変異の導入により形成されるヘテロ二本鎖DNA（heteroduplex DNA）を特異的に切断するCel-I酵素を利用するCel-Iアッセイ[3]やヘテロ二本鎖DNAの形成を調べるHMA（heteroduplex mobility assay）があります．後者は，小型魚類の変異体のスクリーニングに大変有用ですのでQ57で説明します．

小型魚類でのゲノム編集の成功の鍵

TALENやsgRNA/Cas9をインジェクションしたF0胚からゲノムDNAを抽出し，ゲノム編集活性をHMAなどで正確に測定することがきわめて重要です．もし活性が弱い場合，そのまま先に進むのではなく再度TALENやsgRNAの構築からやり直し，活性の高いTALENやsgRNAを調製することをお勧めします．

文献・URL

1）「実験医学別冊 今すぐ始めるゲノム編集」（山本 卓/編），羊土社，2014
2）TAL Effector Nucleotide Targeter 2.0（https://tale-nt.cac.cornell.edu/）
3）Ota S, et al：Genes Cells, 18：450-458, 2013
4）Ansai S, et al：Dev Growth Differ, 56：98-107, 2014
5）CRISPR Design Tool（http://crispr.mit.edu/）
6）CCTop.CRISPR/Cas9 target online predictor（http://crispr.cos.uni-heidelberg.de/）
7）Cermak T, et al：Nucleic Acids Res, 39：e82, 2011

（川原敦雄，木下政人）

57 小型魚類での変異体のスクリーニング方法について教えてください.

変異体アレルを次世代に伝えうるファウンダー（F0）個体から受精卵を採取し，それらF1を成魚まで育てる過程で尾ビレからゲノムDNAを調製し，F1個体の遺伝子型を調べることで変異体を同定します.

解説

ファウンダー個体の候補の同定

TALENやsgRNAとCas9を注入した胚を成魚まで育てます．これらのファウンダー（F0）個体を野生型と交配し，得られた数日胚からゲノムDNAを調製します．標的ゲノム領域を増幅する過程で形成されるヘテロ二本鎖DNA（heteroduplex DNA）は，それぞれの挿入・欠失変異で異なりますので，HMA（heteroduplex mobility assay）により泳動度の異なるヘテロ二本鎖DNAとして分離することができます[1]．CRISPR/Cas9で複数の遺伝子座を同時にノックアウトした場合，それぞれの標的部位をPCR法で増幅し，HMAにより有望なファウンダー個体の候補を選定し，その後，目的に合った変異であるかをゲノムPCR法によるシークエンスで確かめます.

F1変異体の同定

有望な変異型アレルを伝えうるファウンダー個体は，例えば次世代で目的の機能解析に有用なトランスジェニック系統（例えば血管発生の可視化系統など）と交配し，得られたF1胚を飼育します．このF1世代が成魚に発育する過程で，尾ビレからゲノムDNAを調製します．ファウンダー個体の同定で行ったときと同じようにHMAにより変異体アレルをヘテロでもつF1個体を同定することができます.

マイクロチップ電気泳動装置を用いたHMA

小型魚類の変異体のスクリーニングを行う場合，多くのサンプルを同時に解析する必要が生じます．このときに威力を発揮するのが，マイクロチップ電気泳動装置（島津製作所

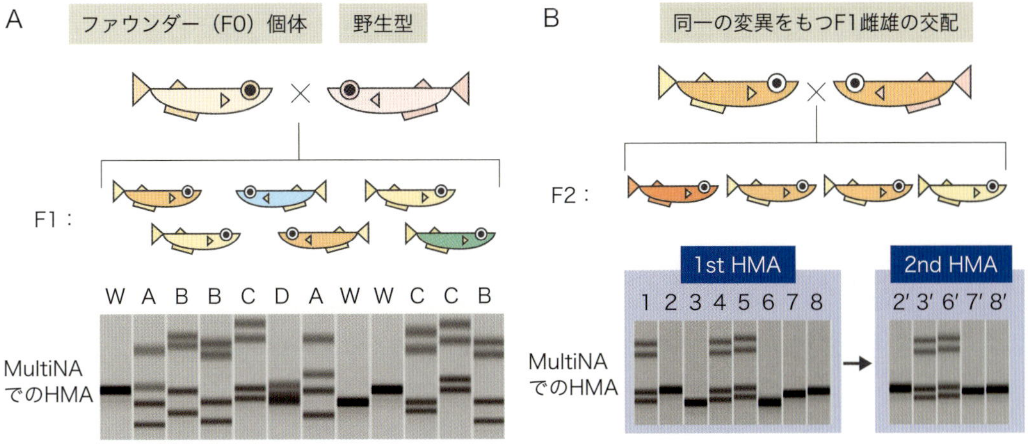

図　マイクロチップ電気泳動装置（島津製作所のMultiNA）を用いたHMA

変異導入個体を選別するため，各個体の尾ビレから抽出したゲノムDNAを用いてPCRを行い，その後，マイクロチップ電気泳動装置によりHMAを行いました．**A）** F1スクリーニングでは同一の変異をもつ個体は同じバンドパターンを示します．Wは野生型を示し，A～Dは変異のパターンを示しています．**B）** 同一の変異をヘテロにもつF1の交配から得られたF2世代のホモ変異個体の検出方法を示します．まず，各個体から調製したゲノムDNAを用いて，HMA（1st HMA）を行います．このとき，野生型とホモ変異体はともに1本のバンドを示します（2，3，6，7，8の個体です）．バンドの移動度で野生型とホモ変異型を区別することもできますが，より明確にするために，1本のバンドパターンを示したPCR産物に，別に調製しておいた野生型のPCR産物を加え，加熱（95℃，5分）後緩やかに室温に戻し，リアニールさせます．これに再度，HMA（2nd HMA）を行うと，野生型は1本のバンドを示すのに対し（2′，7′，8′），ホモ変異体は複数のバンド（3′，6′）を示すため明確に区別できます．

のMultiNAなど）を用いたHMAです[2)]．図に示すように，野生型とホモ変異体のバンドは移動度で区別でき，それらのバンドより移動度が遅いヘテロ二本鎖DNAが観察されます．

多重遺伝子破壊を効率よく検出できる手法

標的ゲノム部位を増幅するプライマー間のサイズを異なるようにプライマーのデザインを工夫することで，同じゲル内で複数の標的ゲノム部位に対するゲノム編集を解析することができます[1)]．

文 献

1）Ota S, et al：Genes Cells, 19：555-564, 2014

2）Ansai S, et al：Dev Growth Differ, 56：98-107, 2014

（川原敦雄，木下政人）

58 小型魚類でゲノム編集を行う際の注意事項を教えてください.

標的ゲノム部位の選定やゲノム編集によるオフターゲット作用に関して注意する必要があります.

解説

非相同末端結合（NHEJ）修復とマイクロホモロジー修復

ゲノム編集技術で誘導された標的ゲノム部位でのDNA二本鎖切断（DSB）は，NHEJ修復機構で切断面を接続します．最近，この標的ゲノム切断部位の近傍に短い相同配列（3～30塩基）が存在した場合，それらの相同配列を利用したマイクロホモロジー修復でゲノムが修復されうることが明らかにされました[1)]（図）．すなわち，標的ゲノム部位を選定するときに，このマイクロホモロジー修復を考慮する必要があります．また，この機構はQ59で述べる精巧なノックイン法に応用できることがわかっています．

欠失塩基数の予測

このマイクロホモロジー修復を利用して欠失塩基数を予測することができます．図に示すように，DSBが生じる部位を挟むようにマイクロホモロジーが存在する場合，片側のマイクロホモロジーとマイクロホモロジーに挟まれた塩基が欠失する確率が高くなります．遺伝子ノックアウトを目的とした場合，確実にフレームシフト変異を生じさせるためこの予測される欠失塩基数が3の倍数でない部位にTALENやsgRNA，crRNAを設計します．つまり，その塩基数が3の倍数となるような部位は避けます．マイクロホモロジーの塩基数が多くなるほどその効果は高くなり，また，マイクロホモロジー配列間の距離が長くなるほど，その効率は低くなります．マイクロホモロジー修復によって欠失する塩基の予測には，メダカ，ゼブラフィッシュなど生物を問わず利用できるウェブ上の予測プログラムが利用できます[2)]．

オフターゲット作用について

1ペアのTALENでは，その認識配列が30塩基以上と長く，また，各TALEN の間隔が14～

TALEN1　5 bp間隔　6 bp ホモロジー　出現頻度

GTAGCCGATATGTTGGTCAGCGTCTCCAACGCGTCTGAGACCATCGTCATAG ：WT

GTAGCCGATATGTTGGTCAGCGTCT-----------GAGACCATCGTCATAG ：Δ11　95%（18/19）

TALEN2　8 bp間隔　3 bp ホモロジー

TCCACGCCGCCATGGACGCGTTAATGAAGGGTTTCTCCAAAGCCAAGGA ：WT

TCCACGCCGCCATGGACGCGTT-----------TCTCCAAAGCCAAGGA ：Δ11　37%（28/76）

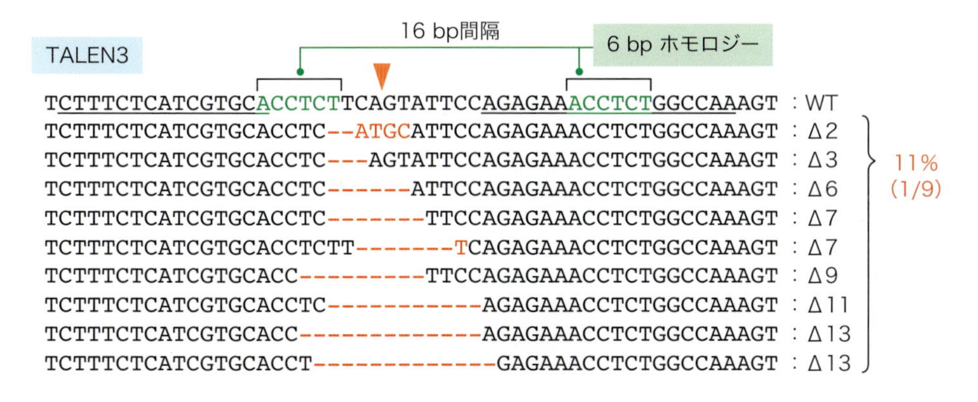

図　マイクロホモロジー修復を利用した欠失配列の予測

DSB部位（▼）を挟んでマイクロホモロジー（緑文字）が存在すると，マイクロホモロジー配列と間の配列が欠失する場合が多いことがわかっています．マイクロホモロジーの長さ，それらの間隔が欠失パターンの出現頻度に影響するようです．TALEN1，TALEN2では，それぞれ変異の95％，37％が予想通りの欠失パターンを示したのに対し，TALEN3では，変異パターンはランダムです．▼：DSB部位，**下線部**：TALENの結合配列，**緑字**：マイクロホモロジー配列，**赤字**：欠失または付加を示します．WT：野生型配列，Δ：欠失変異型配列．

17塩基程度といった制約があるため，これを満たすオフターゲットになりうる配列はゲノム中には見当たりません[3]．sgRNAやcrRNAでは，事実上認識される配列はPAM配列の上流18塩基であり，オフターゲットになりうる配列はゲノム内に存在し，実際にオフターゲットに変異が挿入されることがあります[4]．オフターゲット作用を避けるためには，sgRNAやcrRNAを設計する際に，オフターゲットになりうる配列が少ない部位を選ぶのがよいと思われます．そのような部位の選別にはウェブ上の予測プログラムが利用できます[5][6]．

オフターゲット作用の検出方法

オンターゲットの変異検出と同様に，前述の予測プログラムで提示されたオフターゲット候補領域を含むPCRに続く塩基配列解析やHMA（heteroduplex mobility assay）により，変異導入の有無を確認します．

標的ゲノム部位の選定において考慮すべき点

ゼブラフィッシュとメダカともに複数の野生型系統が研究に用いられています．小型魚類のゲノムプロジェクトの結果，系統間で塩基配列が異なるポリモルフィズムが多数みつかっています．すなわち，標的ゲノム配列を設定する場合には，実験で使用する系統のゲノム情報を精査することが重要だと考えられます．

文献・URL

1）Ansai S, et al：Dev Growth Differ, 56：98-107, 2014

2）NBRP Medaka「Search for CRISPR target site with micro-homology sequences」（http://viewer.shigen.info/cgi-bin/crispr/crispr.cgi）

3）Ansai S, et al：Genetics, 193：739-749, 2013

4）Ansai S & Kinoshita M：Biol Open, 3：362-371, 2014

5）CCTop - CRISPR/Cas9 target online predictor（http://crispr.cos.uni-heidelberg.de/）

6）NBRP Medaka「Pattern Match - CRISPR」（http://viewer.shigen.info/medakavw/crisprtool/）

（川原敦雄，木下政人）

Q59 小型魚類では，効率のよいノックイン法はありますか？

A CRISPR/Cas9と工夫を加えたドナーベクターを組合わせることで標的ゲノム部位に効率よくノックインできる次世代型のゲノム編集技術が開発されています.

解説

相同配列非依存的なドナーベクターのノックイン法

最近，ゼブラフィッシュでは，レポーターベクター内にsgRNA認識配列を導入しておくと，内在性の標的ゲノム部位でDNA二本鎖切断（DSB）が生じたときに，相同配列の有無に依存せず高頻度でsgRNAにより切断されたレポーター遺伝子が挿入されることが報告されました[1) 2)]．このとき，標的ゲノム配列とレポーターベクター内のsgRNAの標的配列を相同にする必要はありません．東島らは，標的遺伝子の転写開始点の上流（－600～－200 bp）にsgRNA標的配列を設計することで，ちょうどエンハンサートラップのように内在性のプロモーター活性によりレポーター遺伝子が誘導され，さまざまな神経細胞が可視化されることを報告しています（図1）[2)]．

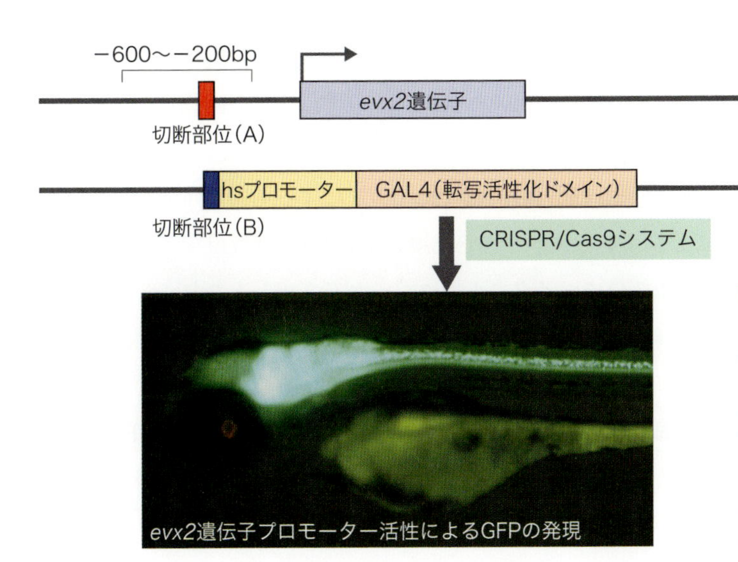

図1　CRISPR/Cas9システムを用いたレポーター遺伝子のゲノム挿入法

sgRNA切断部位をもつレポーター遺伝子（ヒートショックタンパク質（hs）プロモーターにGAL4活性化ドメインを発現するベクター）がCRISPR/Cas9により*evx2*の遺伝子座に効率よくノックインされることが明らかとなっています．UAS-GFP系統由来の受精卵を用いることで，*evx2*遺伝子発現細胞をGFPで可視化することができます．文献2を改変して転載．

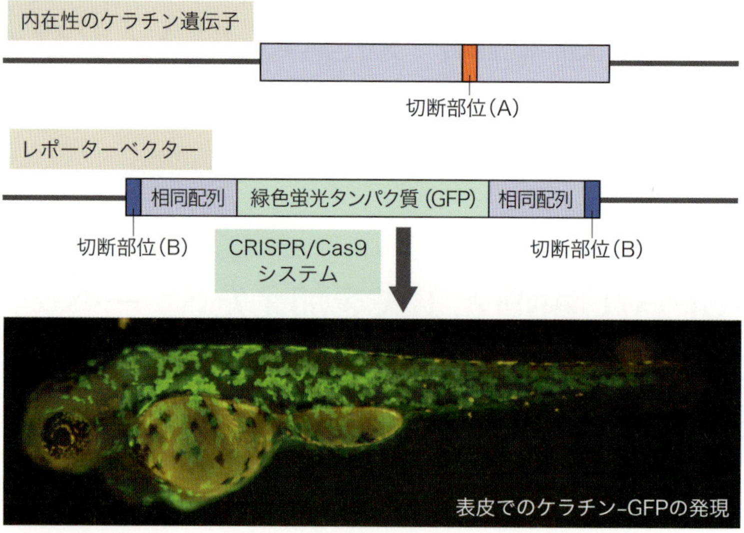

内在性のケラチン遺伝子

切断部位(A)

レポーターベクター

相同配列　緑色蛍光タンパク質(GFP)　相同配列

切断部位(B)　CRISPR/Cas9 システム　切断部位(B)

表皮でのケラチン-GFPの発現

図2　CRISPR/Cas9を用いた外来遺伝子の精巧なゲノム挿入法

表皮細胞で高い発現を示すケラチン遺伝子の終止コドン付近にsgRNA切断部位（A）をデザインします．その前後の相同配列を*GFP*遺伝子の読み枠を考慮に入れて両端に配置し，さらに，その両側にsgRNA切断部位（B）を保有するレポーターベクターを準備します．CRISPR/Cas9が働くと，内在性のケラチン遺伝子の標的部位とレポーターベクターの標的部位にマイクロホモロジーが露出し，それに依存した精巧なノックインが効率よく起こること（ケラチン-GFPキメラタンパク質が表皮で発現すること）が明らかとなりました．文献3を改変して転載．

マイクロホモロジー修復を利用した精巧なノックイン法

われわれは，広島大学の山本研究室と共同でマイクロホモロジー修復を利用した精巧なノックイン法の開発に成功しました[3)]．ゲノム編集技術で誘導されたDSB部位の近傍に短い相同配列（マイクロホモロジー）が存在したときに，その相同配列に依存したゲノム修復機構（マイクロホモロジー修復）が働くことを利用したものです．例えば，内在性遺伝子にインフレームで蛍光タンパク質GFPを融合したいときには，*GFP*遺伝子の両脇にゲノム切断部位の上流/下流の短い相同配列（20～40塩基）を翻訳領域の読み枠に注意しながら接続します（図2）．さらに，それらの相同配列の両脇でsgRNAによる切断が可能なレポーターベクターを構築します．このレポーターベクターを用いてCRISPR/Cas9でゲノム編集を行うと，Cas9ヌクレアーゼ切断部位でマイクロホモロジーが剥き出しとなり，デザインした読み枠で精巧にノックインされうることが明らかとなりました（図2）．この手法は，従来の相同組換え（HR）を利用したノックインに比べ高い効率で系統の樹立に成功しています．特に，GFPのように蛍光顕微鏡で発現をモニターできる場合は，変異導入胚（F0胚）でのGFPの発現が強い個体が次世代を生み出す生殖細胞への変異導入の比率が高いことがわかっており，変異導入胚（F0胚）でプレスクリーニングを行うことで，高頻度で目的の系統が得られると考えられます.

HR修復を利用した遺伝子導入

メダカでHR修復を利用したノックインが報告されています[4]. この報告では, 神経網膜で発現する*rx2*（*retinal homeobox gene 2*）と全身で発現する*actb*（*β-actin*）遺伝子の翻訳開始点の下流配列を標的としたsgRNAを設計しています. また, これらの標的配列の上流および下流それぞれ約400 bpに挟まれた*GFP*遺伝子を含むドナープラスミドを作製し, sgRNA, Cas9 mRNAとともにメダカ受精卵に導入しています. その結果, *rx2*と*actb*でそれぞれ15％（472個体中72個体）と29％（270個体中79個体）の導入効率で設計した位置に*GFP*遺伝子が導入されました.

文献

1）Auer TO, et al：Genome Res, 24：142-153, 2014
2）Kimura Y, et al：Sci Rep, 4：6545, 2014
3）Hisano Y, et al：Sci Rep, 5：8841, 2015
4）Stemmer M, et al：PLoS One, 10：e0124633, 2015

（川原敦雄, 木下政人）

60 小型魚類の分野で開発された最新のゲノム編集技術を教えてください.

化学合成したtracrRNA，crRNAとリコンビナントCas9タンパク質を用いて，発生初期に効率よくゲノム編集が可能であることがわかってきました.

解説

crRNA, tracrRNA, Cas9タンパク質の利用

CRISPR/Cas9では，真正細菌の獲得免疫システムで使用されているcrRNA（CRISPR RNA）とtracrRNA（*trans*-activating crRNA）を結合した1本のsgRNAを利用することが一般的です（Q15参照）．しかしながら，元来のcrRNAとtracrRNAに分割して利用することも可能です．分割する利点は，❶sgRNAは100塩基を越えるため正確に合成することが困難ですが，crRNAとtracrRNAはそれぞれ約40塩基，約60塩基であり化学合成が可能であること，❷tracrRNAはどの標的部位に対して設計したcrRNAに対しても共通であるため毎回合成する必要がないこと，などがあげられます．また，Cas9 mRNAの代わりにCas9タンパク質を利用することも可能です．crRNA，tracrRNA，Cas9タンパク質のいずれも市販されており，これらを購入し使用することで，分子生物学的手法（特にRNA合成）に不慣れな研究者にもゲノム編集が容易に行えることも利点です．

メダカとゼブラフィッシュでの報告

図1にメダカにおけるcrRNA，tracrRNA，Cas9タンパク質またはmRNAを用いた変異導入を示します．3種類のcrRNA（crRNA1～3）とtracrRNA，Cas9 mRNAを混合しメダカに導入したところ，3種のcrRNAすべてで同一個体内で変異導入活性がみられました（図1A）．また，Cas9タンパク質またはCas9 mRNAとcrRNAおよびtracrRNAを導入したところ，いずれにおいても変異導入活性が観察されました（図1B）．最近，ゼブラフィッシュにおいてもcrRNA，tracrRNA，Cas9タンパク質の有効性が示されるとともに（図2），Cas9タンパク質を用いた方がCas9 mRNAよりも早期に変異導入が起こることが報告されています[1]．

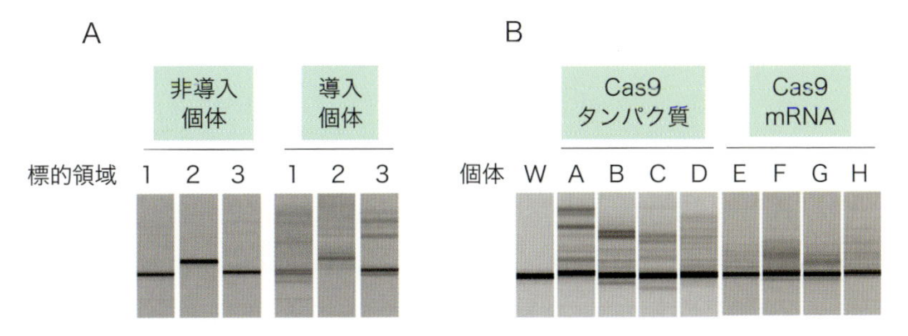

図1　crRNA, tracrRNA, Cas9タンパク質またはmRNAを用いた導入実験

A) 異なる3種の遺伝子を標的としたcrRNAとtracrRNAおよびCas9 mRNAを混合し，メダカ受精卵に導入しました．5日胚を用いてHMAにより変異の検出を行ったところ，非導入個体では3種それぞれの標的領域（標的領域1〜3）で1本のPCR産物（野生型の配列のみを含む）が検出されたのに対し，3種のcrRNAを混合して導入した個体（導入個体）では，3種すべての標的領域で複数のヘテロ二本鎖DNAが検出され，変異が導入されていました．**B)** crRNA, tracrRNAにCas9タンパク質または，Cas9 mRNAを導入しHMAによる変異導入の有無を検討しました．Cas9タンパク質を導入した個体（A〜D）で，Cas9 mRNAを導入した個体（E〜H）同様に複数のヘテロ二本鎖DNAが検出され，変異の導入が確認されました．Wは非導入個体を示しています．

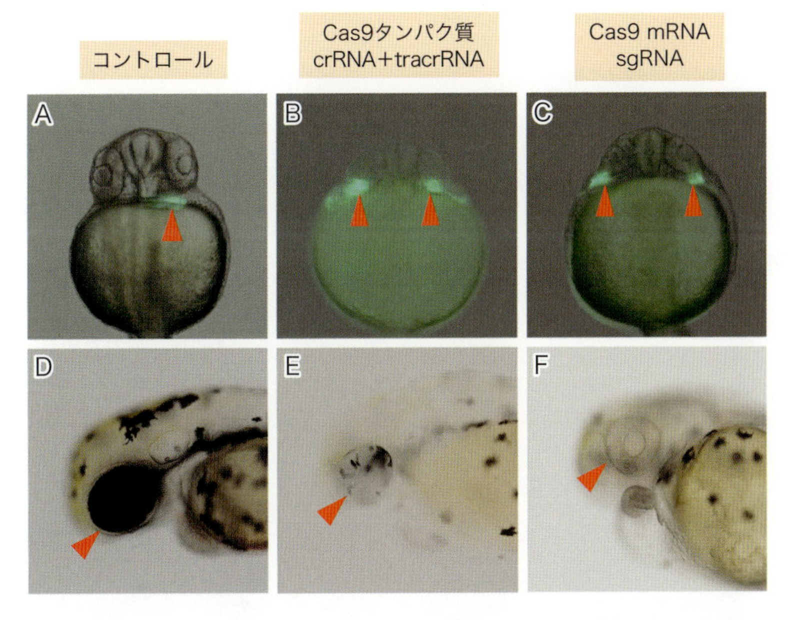

図2　crRNA, tracrRNA, Cas9タンパク質を用いた標的遺伝子ノックアウト

ゼブラフィッシュ受精卵に心臓発生を制御する*spns2*遺伝子および色素合成を制御するチロシナーゼ（*tyr*）遺伝子を標的としたcrRNA, tracrRNAとCas9タンパク質あるいはsgRNAとCas9 mRNAをマイクロインジェクションし表現型解析を行いました．**A〜C**の▶は心臓（心筋細胞）の位置，**D〜F**の▶は網膜上皮細胞の位置を示しています．両方の手法とも効率よく*spns2*遺伝子が破壊された表現型である2つの心臓（**B, C**：▶）および*tyr*遺伝子が破壊された表現型である色素合成異常（**E, F**：▶）が認められました．実際にゲノム配列を調べ，高頻度で挿入・欠失変異が導入されていることを確かめています．文献1を改変して転載．

同じ標的配列をもつsgRNAとcrRNAの間の活性の違い

ゲノム編集活性がきわめて低いsgRNAと同じ標的配列をもつcrRNAを化学合成しtarcrRNAと一緒に受精卵にインジェクションし，F0個体を用いて活性評価を行いました．その結果，crRNAとtracrRNAの複合体がsgRNAよりも明らかに活性が高いケースがありました．これは，sgRNAを*in vitro*で合成する過程で生じる立体構造とcrRNAとtracrRNAを混ぜたときに取りうる立体構造が異なる可能性を示唆しています．sgRNAの活性が低かったときに，標的ゲノム部位を変更することに加えて，crRNAをトライすることも1つの選択肢だと考えます．

文 献

1）Kotani H, et al：PLoS One, 10：e0128319, 2015

（川原敦雄，木下政人）

61 ホヤでは，どのようなゲノム編集が可能ですか？

報告されている唯一のゲノム編集はノックアウトです.

解説

モデル生物のホヤといえばカタユウレイボヤ

ホヤには多くの種類がいますが，ゲノム編集技術を用いた研究成果が論文として報告されているのは，カタユウレイボヤ（図A）のみです．カタユウレイボヤは世界中に分布するといわれており，その分布の広さから世界各地で研究材料として利用されています．またゲノム配列や遺伝子配列情報，遺伝子機能解析法が整備されています．これらの理由から，カタユウレイボヤはホヤのモデルとして使われています．本章でも，特に断りのない限りホヤといえばカタユウレイボヤを指すこととします．

ホヤにおいてゲノム編集を使った論文はまだ少ない

本章を執筆している2015年9月現在，ホヤにおいてゲノム編集を用いている論文はまだ少なく，ZFNが1報，TALENが3報，CRISPR/Cas9が2報となっています[1)〜6)]．いずれも特定の配列に変異を導入し，遺伝子の機能を喪失させたものです．ですので，遺伝子のノックアウトが，現在報告されている唯一の，ホヤにおけるゲノム編集ということになります．

ホヤならではのノックアウト法— G0世代で表現型を観察することが可能

6報に共通しているのが，G0世代で表現型の観察を行っていることです．ホヤの初期発生は非常に早く，受精後18時間ほどで孵化し，幼生として遊泳を開始します（図B）．また，ホヤの幼生には脊椎動物との共通の組織構造がみられますので，多くの研究者がオタマジャクシ型幼生が形づくられるメカニズムの研究をしています．そして重要なことは，このホヤのオタマジャクシ型幼生は非常に少ない数の細胞から構築されている点です．このため，例えば卵に導入したゲノム編集因子は素早く拡散し，ほぼすべての細胞で遺伝子をノックアウトすることが可能になります．結果として，突然変異体系統を得なくても，ゲノム編集のための因子を導入したG0世代で遺伝子の初期発生における機能を調べることができるのです．

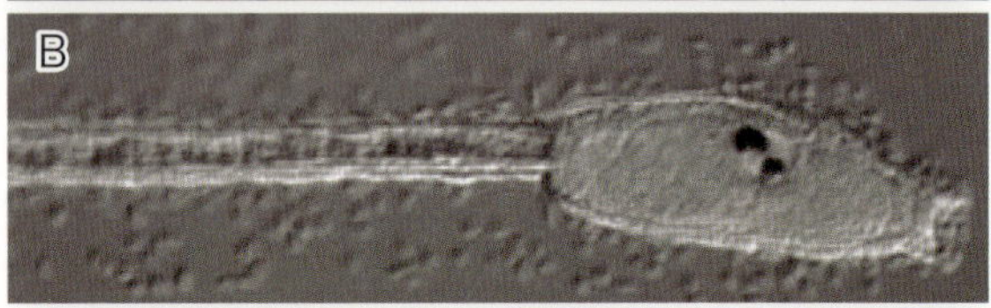

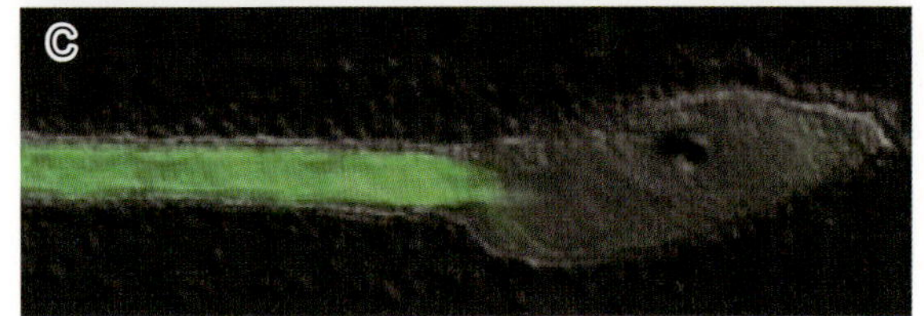

図 ホヤの一種カタユウレイボヤ
ホヤの一種カタユウレイボヤ．**A）**成体で，複数の個体がシャーレに固着している．**B）**幼生で，右が前方．黒い2つの色素は平衡器と眼点で，その付近に脳が存在する．**C）**筋肉特異的遺伝子の転写調節領域を用いてGFPを発現させた例．

条件付きノックアウト（コンディショナルノックアウト）

G0世代で何らかの表現型が得られたら，その表現型がターゲット遺伝子の変異により生じるメカニズムを解析する必要があります．例えば遺伝子が複数の組織で発現している場合，どの部位での発現がどの異常につながっているのかを明らかにすれば，遺伝子の機能の理解に重要なヒントを得ることができます．ホヤでは，各種の組織や組織の一部で特異的に発現する遺伝子が同定され，それらの遺伝子の転写調節領域が単離されています[7]．これらの転写調節領域は，下流に基本的にどのような遺伝子をつなごうとも，もととなる遺伝子の発現パターンを模倣できることがほとんどです（図C）．そのためこれらの転写調節領域を利用すれば，TALENを特定の組織で特異的に発現することができます（Q62参照）．つまりTALENを限定的に発現させて，TALENの発現している組織だけという条件付きで遺伝子をノックアウト（コンディショナルノックアウト）できるのです．この方法により得られた表現型を体全体でのノックアウトでの表現型と比較することにより，遺伝子の各組織での機能を知ることができます．

突然変異体系統の樹立

G0世代における表現型の観察は簡便な手法ですが，同時に欠点もあります．ある細胞で変異が導入されたとき，その細胞の娘細胞には同じ変異が伝わりますが，別の系譜の細胞には独立に変異が導入されます．また1つの細胞に2コピーある遺伝子のそれぞれに独立に変異が入ると予想されます．つまり，G0世代の個体は変異の種類が異なる遺伝子をもったキメラ状態ということになります．多くの場合，それらの変異でも十分遺伝子機能は欠損するのですが，例えば3の倍数での塩基の欠失や挿入が生じた場合はフレームシフトを起こさないため遺伝子機能に特に影響を与えない可能性があります．また受容体のようなタンパク質の場合，ターゲットとする領域と導入される変異によっては常活性型になり，機能欠損とは異なる異常が認められる可能性も否定できません．何回か実験を繰り返して比較することでそのようなリスクを軽減できますが，突然変異体系統を樹立することはよりよい解決方法です．ホヤでは，TALEN mRNAを顕微注入（マイクロインジェクション）することにより，生殖細胞（精子）ゲノムの該当遺伝子をノックアウトできること，さらにその変異は次世代に受け継がれ，突然変異体系統が樹立できることが示されています[3]．

組織特異的プロモーターは，本当に組織特異的か？

遺伝子やその転写調節領域の発現について，完全にその組織に特異的であると断言することは非常に難しいです．われわれの使用している組織特異的プロモーターの多くについては，レポーター遺伝子を発現させるトランスジェニック系統を作製し，該当組織以外での発現はないことを確認しています．しかしながら，顕微鏡では捉えにくい微量な発現や，ごく一過的に他の組織で発現する可能性は排除しきれません．そのため，遺伝子の機能について言及する際には，条件付きノックアウトはあくまでサポートする1つの判断材料に過ぎず，他の実験を組合わせて結論を出すようにします．

文 献

1）Kawai N, et al：Dev Growth Differ, 54：535-545, 2012
2）Treen N, et al：Development, 141：481-487, 2014
3）Yoshida K, et al：Genesis, 52：431-439, 2014
4）Sasaki H, et al：Dev Growth Differ, 56：499-510, 2014
5）Stolfi A, et al：Development, 141：4115-4120, 2014
6）Kawai N, et al：Dev Biol, 403：43-56, 2015
7）Corbo JC, et al：Development, 124：589-602, 1997

（笹倉靖徳）

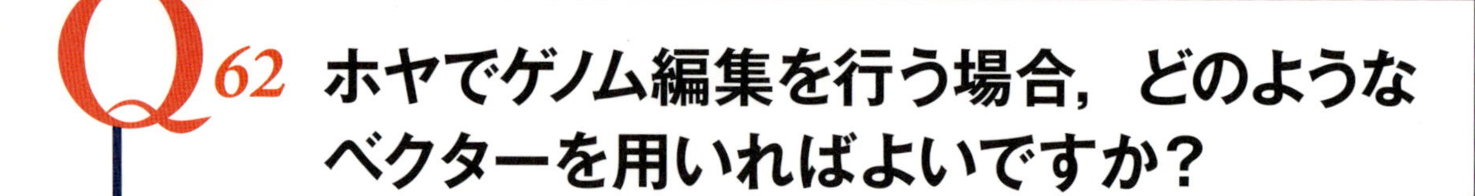

Q62 ホヤでゲノム編集を行う場合，どのようなベクターを用いればよいですか？

まずPlatinum TALENを使うことをお勧めします．TALEリピートをアセンブルするバックボーンベクターは，実験用途に応じて選択する必要があります．

解説

TALEN作製に用いるキットの選択

TALENにはさまざまな改変型がありますが，筆者がお勧めするのは，高活性型のTALENを作るPlatinum Gate TALEN Kit（Addgene）です[1]．この改変型TALENの特徴は他の章（Q2，Q19など）で紹介されているので割愛しますが，このキットをベースに作製したTALENは，ホヤにおいても高い変異導入効率をもつことが多いです．実際に，これまでに発表されているホヤにおけるTALENを利用した論文のうち，2本ではこのPlatinum TALENが利用されています[2) 3)]．なお，他のTALENキットがホヤにおいて活性がないかというと，そうではありません．例えばわれわれがホヤにおける初の生殖細胞での遺伝子ノックアウトを報告した論文[4]では，Platinum TALENとは異なるキットを利用しています[5]．ですので，どのキットを用いても，スクリーニングさえすれば活性のあるTALENを得ることができます．しかしながら，そのスクリーニングの手間をできるだけ省略するために，Platinum Gate TALEN kitを用いることをお勧めします．

TALENの活性を調べたい場合

TALEリピートをデザインし，実際にコンストラクトを作製するときに，まず重要になるのは「作製したTALEが高い変異導入活性を有するかどうか？」です．そのことに簡単にアプローチするベクターを構築しましょう．ユビキタスに遺伝子を発現する*EF1 α*の転写調節領域の下流に，TALEリピートをGolden Gate法でアセンブルできるベクターがすでにつくられていますので（図A）[2) 5)]，まずはそのベクターをベースにTALENを作製します．コンストラクトができれば，エレクトロポレーションにてホヤに導入し，活性の有無や効率を調べます．

り，sgRNAの発現効率が上昇するとされています[7]．こちらも積極的に利用するとよいでしょう．Cas9については遺伝子であり，前述のTALENにありますように各種の転写調節領域を用いて発現させることができます．*EF1 α*の転写調節領域を用いた，ユビキタスにCas9を発現させるベクターはすでにつくられており[6) 7)]，このベクターとsgRNA発現ベクターを組合わせてホヤにエレクトロポレーションにて導入し，設計したsgRNAに変異導入活性があることを確認します．特にホヤでは，sgRNAが活性を有しないことが多く，したがって1つのターゲット遺伝子をノックアウトするのに複数のsgRNAを設計してスクリーニングすることが推奨されています[6]．Cas9を発現させるベクターに用いる転写調節領域を組織特異的なものに換えると，条件付きのノックアウト（コンディショナルノックアウト）をTALENと同様に行うことができます．

TALENの活性が，ベクターを変えたら消失したときの解決策

残念ながら，TALENを作製する際のGolden Gateアセンブリーは完璧ではありません．同じようにTALEリピートを連結したつもりが，何らかのエラーが入ってしまう可能性は低確率ですが起こりえます．解決策としては，変異導入活性があることが確かめられた，ユビキタスプロモーター下流にアセンブルしたTALEリピートを，そのまま他のベクターに転用することが考えられます．制限酵素やIn-Fusion法などの各種のクローニング技術を用いることで簡単に実行できます．

ベクターの入手先

ここで紹介したベクターは，配列情報を含めカタユウレイボヤのナショナルバイオリソース事業のウェブページ「CITRES」にて配布しています[10]．こちらをご利用ください．

文献・URL

1）Sakuma T, et al：Sci Rep, 3：3379, 2013
2）Treen N, et al：Development, 141：481-487, 2014
3）Kawai N, et al：Dev Biol, 403：43-56, 2015
4）Yoshida K, et al：Genesis, 52：431-439, 2014
5）Cermak T, et al：Nucleic Acids Res, 39：e82, 2011
6）Sasaki H, et al：Dev Growth Differ, 56：499-510, 2014
7）Stolfi A, et al：Development, 141：4115-4120, 2014
8）Hwang WY, et al：Nat Biotechnol, 31：227-229, 2013
9）Nishiyama A & Fujiwara S：Dev Growth Differ, 50：521-529, 2008
10）CITRES（http://marinebio.nbrp.jp/ciona/）

（笹倉靖徳）

63 ホヤでゲノム編集を行う場合，必要となる材料や設備について教えてください．

海水が必要となります．また飼育温度を18℃程度に下げる必要があり，顕微鏡観察時には注意が必要です．部屋ごと空調で冷やすと効率的です．

解説

カタユウレイボヤの入手

カタユウレイボヤの野生型は，国内であればナショナルバイオリソース事業[1]から入手することができます．1週間に一度の発送で，真夏を除いてほぼ一年中配布されていますので，これを使うのがもっとも簡単です．海が近くにある環境でしたら，春や秋に港などに行って採集することもできます．できるだけ穏やかで，淀んでいるぐらいの環境を好みますので，そのような場所を探してみてください．干潮時には海面に出るぐらいの，あまり深くないところに生育しています．

研究室での維持飼育

カタユウレイボヤは海産動物ですので，生きたまま維持するには海水が必要です．海水は海から汲んでくるか，市販の人工海水（レッドシーソルトなど）を利用することができます．ホヤの数にもよりますが，少なくとも60 Lぐらいの容量はある水槽を用意するとよいでしょう．ホヤの餌は水中のプランクトンや有機物です．そのため濾過装置を付けた水槽に直接餌を与えると目詰まりを起こし，すぐに水質悪化を引き起こしますので，海水を循環させる程度に留めるのがよいです．底面にサンゴ砂など濾材を敷くこともよくないでしょう．餌を直接水槽に与えない場合は，濾過装置などを使って水質の安定化を図ることができます．1週間程度ならば，ホヤは餌がなくても生きていますので，繰り返し野生型ホヤを入手するのがお勧めではあります．または，餌を与えるときだけホヤを小さな容器に移して，給餌が終わったら水槽に戻す，ということでもよいでしょう．餌には市販の培養珪藻（マリンテック社のサンカルチャーなど）を用いるのが簡単です．水槽の温度を約18℃に保ちます．投げ込み式のクーラーを用いるか，部屋全体を空調でその温度まで冷却するのがよいです．

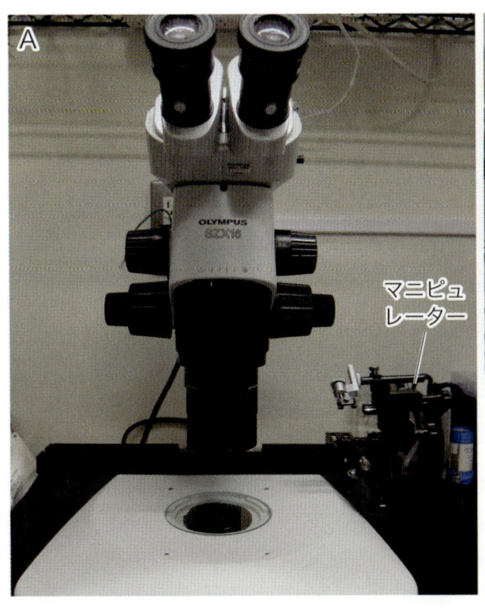

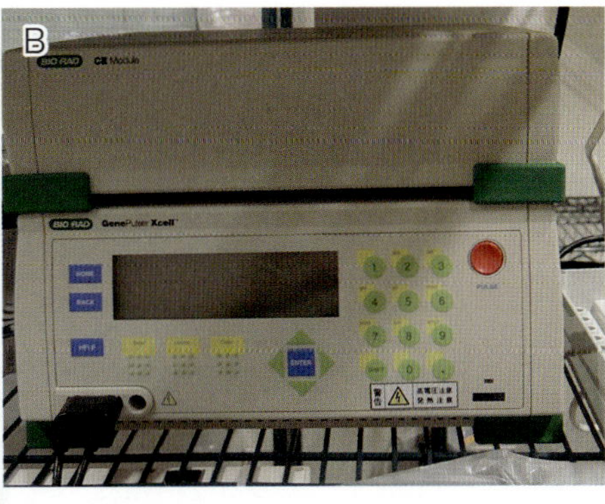

図　顕微注入とエレクトロポレーションに用いられる機材

A) 観察に利用している実体顕微鏡（オリンパス社のSZX16）に三次元手動式マニピュレーター（ナリシゲ社のM-152）を接続したところ．**B)** はエレクトロポレーションに用いるバイオラッド社のGene Pulser Xcell™．

遺伝子機能解析に必要な設備

ホヤの観察には，顕微鏡が必要です．通常の正立もしくは倒立顕微鏡の他に，実体顕微鏡があると観察や顕微注入（マイクロインジェクション）に非常に便利です．われわれの研究室では，オリンパス社のSZX16を主に用いています（図A）．またTALENなどの発現ベクターやmRNAの導入効率は，蛍光タンパク質などをマーカーにして確認します．ベクターが効率よく導入された個体を選別して変異率を調べますが，それには蛍光実体顕微鏡下で観察するのが簡単です．

TALENベクターやmRNAをホヤに導入するためには，顕微注入やエレクトロポレーションに用いる装置が必要になります．実体顕微鏡には顕微注入に用いるマニピュレーターを接続することができます．マニピュレーターは，ナリシゲ社の三次元手動式マニピュレーターM-152（図A）などを用います．エレクトロポレーションには，バイオラッド社のGene Pulser Xcell™などが用いられています（図B）．

これらの装置を使ってホヤを扱う際には，温度に気をつけなくてはなりません．成体と同様に，ホヤ胚や幼生の至適生育温度は18℃程度です．操作中や顕微鏡観察時に温度が上昇しすぎないようにする必要があります．最も簡単なのは，空調を使って部屋を冷却することです．それが無理な場合は，インキュベーターを用います．インキュベーターの外部に出す時間をできるだけ短くし，温度を上昇させないように気をつけてください．顕微鏡に冷却プレートを取りつけることで，長時間の観察を可能にすることもできます．

野生型ホヤがすぐに死亡してしまうとき

飼育水槽の海水の質が低下していることが考えられます．特に濾過装置をつけない場合は，水質の悪化は避けられません．定期的な交換をする必要があります．また，海水が新しいにもかかわらず死亡する場合には，比重や温度が適正かどうかを確認してください．

カタユウレイボヤの遺伝子組換え実験について

カタユウレイボヤに外来の核酸を導入する実験は遺伝子組換え実験に該当します．導入する核酸の種類にもよりますが，少なくともP1Aクラスの設備は必要になりますので，法令や各部局のルールにしたがって手続きを進めてください．拡散防止措置の例は，全国大学等遺伝子研究支援施設連絡協議会のホームページ[2)]で参照できます（Q94参照）．

カタユウレイボヤを使った実験に不安がある場合

カタユウレイボヤは海水を使ったり，温度を低く保つなど実験に独特の工夫が必要です．また機械も特別なものを準備する必要があります．実験のセットアップに不安を覚えられる方，うまくいかないという悩みをおもちの方は，経験のある研究者にアドバイスを求めてみるのが成功への早道です．筆者の研究室でも相談を受け付けています．

URL

1）ナショナルバイオリソース事業（http://marinebio.nbrp.jp/）

2）全国大学等遺伝子研究支援施設連絡協議会（http://www1a.biglobe.ne.jp/iden-kyo/index.html）

（笹倉靖徳）

Q64 ホヤでゲノム編集を行う場合，どのような導入方法が適切ですか？

顕微注入（マイクロインジェクション）か，エレクトロポレーションにより導入します．顕微注入は比較的安価に行うことができますが，習得が難しめです．エレクトロポレーションは簡単ですが，比較的高価な機材が必要です．

解説

顕微注入（マイクロインジェクション）

TALENやCRISPR/Cas9 mRNAのホヤ胚への導入は，顕微注入で行うことが望ましいです．エレクトロポレーションでも導入できないわけではありませんが[1]，導入効率はどうしても落ちてしまいます．また，大量のmRNAを*in vitro*で合成しなくてはならず，コストがかかります．顕微注入ならば非常に少量のmRNAで済みますので経済的です．顕微注入で，発現ベクターを導入することもできます．エレクトロポレーションに比べるとベクターの使用量はごく少量で済みますが，制限酵素などで直鎖化する必要があります．また必要となる機材も顕微注入のほうがエレクトロポレーションよりもかなり安価です．

コスト面以外に目を向けた場合の顕微注入の利点は，導入した核酸が比較的胚の全体に分配されやすいということでしょう．顕微注入は卵に行うのが一般的ですが，その中央を狙って打つと，卵割が生じた際に導入したDNA/RNAが両方の割球に分配されるので，導入される部分とされない部分の差を減らすことができます．また顕微注入は未受精卵に対しても行うことができます．未受精卵は受精させない限り卵割を開始しませんので，顕微注入から受精までの時間を比較的長く取ることによって，導入したDNA/RNAの拡散を促すことができます．顕微注入は特定の割球にも行うことができるのも利点の1つです．これにより，条件付きの遺伝子破壊（コンディショナルノックアウト）を行うことができます．

顕微注入の欠点は，技術的に難しいということでしょう．個人差はありますが，卵へ注入できるようになるのに数日はかかります．またコンスタントに多くの卵を短時間で処理できるようになるにはさらに修練が必要になります．また習得した後でも，エレクトロポレー

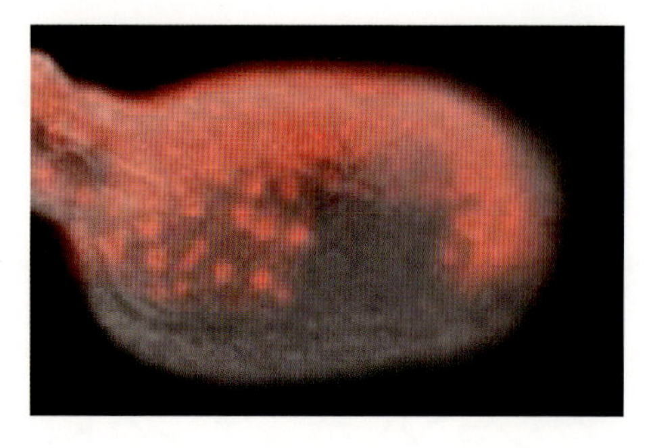

図　レポーター遺伝子の発現のモザイク性
表皮でmCherryを発現させるレポーターコンストラクトをエレクトロポレーション法で導入した幼生の，蛍光と微分干渉画像の重ね合わせ画像．右が前側，上が背側を向いている．強くスポット状のシグナルは核．腹側に凸字型にmCherryが発現していない領域が存在する．

ションと比べると時間がかかります．卵の前処理はエレクトロポレーションと顕微注入でほぼ同一なのですが，実際のDNA/RNAを導入するステップでは，例えばエレクトロポレーションでわずか数分のことが顕微注入では1時間程度は早くてもかかります．

エレクトロポレーション

発現ベクターの導入は，エレクトロポレーションで行うのが簡単で，はじめてでもまず失敗することはありません[2]．また，一度に大量の胚に導入することが可能です．数百レベルの数の胚に導入できますし，多数の胚でも少数の胚でも時間的にも変わりません．また，ベクターの前処理が不要で，大腸菌から調製してすぐに利用することができます．

エレクトロポレーションでは，処理後の胚に確実にDNAが導入されたかの確証がないことが欠点の1つです．顕微注入では1つ1つの卵や胚を目で確認しながら作業するためにその心配は基本的にないのですが，エレクトロポレーションでは何らかの原因でDNAがうまく導入できなかった胚がどうしても出てきます．また，導入されたDNA量が少なかったり，胚の一部の領域にのみモザイク状に導入されるようなこともよく生じます（図）．そのため，DNAが確かに導入されたのかをモニターすることが望ましいです．TALENの発現ベクターには，表皮でmCherry蛍光タンパク質を発現させるマーカーカセットが付いたものがあり（Q62参照），その蛍光を確認することにより，発現ベクターが効率的に導入されたかを胚を生かしたまま知ることができます（図）[3]．TALENの変異導入率を調べる際には，TALENベクターが導入されてない細胞が多いと変異率を過小評価することにつながりますので，できるだけ胚の全体にベクターが導入された個体を選別して解析するようにしましょう．今後，例えばTALENに蛍光タンパク質を融合させ，より正確にTALENの発現をモニターできる工夫も生まれてくるでしょう．

ホヤ卵への顕微注入の注意点

卵の直径が約100 μm程度と比較的小さいです．また針を直接突き刺すと細胞膜がうまく修復されず，卵が破裂してしまうという特徴があります．そのため，通常の顕微注入とは異なる条件が必要なことが困難な点です．針は鋭いものではなく，細胞膜に針先を押し当てたときに直接突き破らない程度に大きめの穴が空いたものを使います．針の先端を細胞膜に押し当て，シリンジを吸引して陰圧をかけます．陰圧によって細胞膜に穴が空き，細胞質の一部が針内に吸引されたら，陽圧かけて核酸溶液を導入します．導入後，素早く針を引き抜くと，卵の破裂を防ぐことができます．

RNAを顕微注入する際の注意点

RNAはDNAに比べて分解されやすいので，扱う際には特に注意する必要があります．RNAを扱う試薬はすべてRNaseフリーのものを使いましょう．また手袋やマスクをして，汚染を防止します．ガラス器具はオーブンやバーナーを使って高温で滅菌してください．RNAとDNAを混合する際には，DNAもRNaseフリーに調製するのを忘れないでください．

エレクトロポレーションでベクターが導入される効率が低い場合

いくつか原因が考えられます．もっともよくある原因は試薬の調製ミスですので，見直してください．またキュベットを再利用している場合，古くなるとDNAの導入効率が著しく下がることが経験上わかっています．そのような場合は，新しいものに交換しましょう．

文献

1）Matsuoka T, et al：Genesis, 41：61-72, 2005
2）Corbo JC, et al：Development, 124：589-602, 1997
3）Treen N, et al：Development, 141：481-487, 2014

（笹倉靖徳）

Q65 本章で紹介されたベクターはカタユウレイボヤ以外の海産動物にも利用できますか？

A 可能性はあります．ただし使用する前のパイロット実験を注意して行う必要があります．

解説

他のホヤに利用する場合の注意点

例えば，TALENのmRNA *in vitro* 合成用のベクターはマボヤという別のホヤのベクターを流用したものですので（Q62図B参照）[1]，少なくともマボヤには利用できると予想されますし，翻訳効率さえ高ければ別のホヤにも利用可能でしょう．またカタユウレイボヤに近縁なユウレイボヤも研究によく利用されるホヤですが[2]，この2種類のホヤは転写調節機構が似ているため[3]，カタユウレイボヤの転写調節領域がユウレイボヤにおいても同様の発現を示すことはしばしばみられます．ですのでカタユウレイボヤの各種のバックボーンベクターは，ユウレイボヤでも利用できる可能性は十分あります．他のホヤについては，まずは該当の転写調節領域が予想される発現を示すことを確認してから利用すべきです．

他の海産動物に利用する場合

例えばウニではZFNによりゲノム編集ができることが示されていますので[4]，TALENやCRISPR/Cas9についても応用できる可能性があります．また刺胞動物のクラゲではTALENとCRISPR/Cas9によるゲノム編集の成功例が報告されています[5]．さらに環形動物のゴカイでもTALENの利用例があります[6]．今後，他の海産動物で同様のゲノム編集技術の報告が次々と増えていくと予想されます．それらの動物に，ホヤで利用したベクターがそのまま転用できるかどうかについてはデリケートな問題（後述）ですので，まずはGFPなどのレポーター遺伝子を用いて十分にテストする必要があります．また，少なくとも本章で述べている方法論は，他の海産生物においてゲノム編集技術を導入する際の参考になると思いますので，大いにご活用ください．ホヤが本書で取り上げられている唯一の海産動物であるため，その点を強調した書き方になりましたが，もちろんこのことは他の一般的な生物にも当てはまります．

他の生物に転用する際の注意点

ベクターを他の生物に転用し，TALENやCRISPR/Cas9をカタユウレイボヤのプロモーターを用いて発現させる実験では，全く発現しない場合の他に，予想と異なる組織で発現する場合が考えられます．例えばカタユウレイボヤでユビキタスな発現を示す*EF1α*プロモーターが他の生物では一部の組織でのみ発現したり，組織特異的プロモーターが別の組織で発現したりすることが起こりえます．また，カタユウレイボヤで効率のよい翻訳を示す*in vitro*で合成したmRNAが，他の動物では翻訳効率が低い，もしくは全く翻訳されないことも可能性としてあげられます．これらの可能性を鑑み，カタユウレイボヤ用のベクターを転用する場合には十分なテストを行ってください．

文 献

1）Akanuma T & Nishida H：Dev Genes Evol, 214：1-9, 2004
2）Yoshida S, et al：Development, 122：2005-2012, 1996
3）Bertrand V, et al：Cell, 115：615-627, 2003
4）Ochiai H, et al：Genes Cells, 15：875-885, 2010
5）Ikmi A, et al：Nat Commun, 5：5486, 2014
6）Bannister S, et al：Genetics, 197：77-89, 2014

（笹倉靖徳）

Q66 ショウジョウバエでのゲノム編集による遺伝子機能解析の概要を教えてください.

A データベースや系統センターが整備されているため，古典的な変異株や多彩なトランスポゾン挿入株を利用して効率的に解析を行うことが可能です.

解説

ショウジョウバエの実験系統とデータベース

ここでは研究リソースの整ったキイロショウジョウバエ（図）について，染色体，遺伝子を人為的に改変して研究に利用する広義の意味でのゲノム編集を説明します．ショウジョウバエ研究の現場でゲノム編集の実験が検討される場合，遺伝子機能の阻害とマーカー挿入による発現のモニタリングが主要な用途となります．ショウジョウバエでは長年の遺伝学的な成果の蓄積により，多数の変異株や染色体の欠失およびトランスポゾンの挿入株が報告され，さまざまな情報がいくつかのデータベースに登録されており，FlyBaseに集約されています（表）．また伝統的に実験系統を共有する慣習が研究者コミュニティに徹底しており，系統センターおよび研究者間の交流を通じて数多くの有用な研究用の系統を入手することができます．実験を計画する際には関心のある遺伝子，染色体領域に対応する既存の

図　キイロショウジョウバエの成虫（雌）

表　ショウジョウバエのリソースセンターとデータベース

カテゴリー	名称	URL	運営機関	備考
リソースセンター	BDSC (Bloomington Drosophila Stock Center)	http://flystocks.bio.indiana.edu/	Indiana大学	Cas9リソース，RNAi系統，各種変異系統を有する．
	Kyoto DGGR (Kyoto Drosophila Genomics and Genetic Resources)	http://www.dgrc.kit.ac.jp/	京都工業繊維大学	別名Kyoto Stock Center．Cas9リソース，変異系統，プロテイントラップ系統を保有．RNAi系統を保有．
	NIG-FLY (Fly Stocks of National Institute of Genetics)	http://www.shigen.nig.ac.jp/fly/nigfly/	国立遺伝学研究所	*nos-Cas9*系統やプロトコールなど．筆者の実験の多くはここを参考にしている．
	VDRC (Viena Drosophila Resourse Center)	http://stockcenter.vdrc.at	The Campus Science Support Facilities GmbH (CSF)	RNAi系統，Gal4系統を保有．
	DGRC (Drosophila Genomics Resource Center)	https://dgrc.bio.indiana.edu/Home	Indiana大学	ショウジョウバエに関連するベクター，クローン，培養細胞などを入手できる．
情報サイト	FlyBase	http://flybase.org/	—	ショウジョウバエに関する最大の総合データベース．研究を行う場合にまずこのサイトを参照し，遺伝子に関する情報を把握すべきである．
	flyCRISPR	http://flycrispr.molbio.wisc.edu/	Wisconsin大学 (O'Connor-Giles, Wildonger, Harrison)	プロトコール，sgRNA検索ツールなど．初期に立ち上げられたサイトで頻繁にアップデートされ，ディスカッショングループが活発に運営されている．
	CRISPR fly design	http://www.crisprflydesign.org/	Cambridge大学 (Port, Bullock)	独自のプロトコールや系統情報など．
	OXfCRISPR	http://www.dpag.ox.ac.uk/research/liugroup/liugroup-news/oxfcrispr	Oxford大学 (Liu)	プロトコールなど．

系統リソースの有無をFlyBaseで確認し，用途に合った系統を入手することでより効率的な研究の推進が可能です．すなわち，ゲノム編集技術を用いて新規の系統を作製することだけではなく，リソース全体を俯瞰して研究計画を立てることが，効率的な研究には重要です．一般的に利用可能なキイロショウジョウバエ系統リソースには，EMSやX線などの変異源を用いて作製された古典的な変異系統，ゲノム配列レベルでマップされたトランスポゾン挿入系統などがあります．これらの系統は公的な系統センターより入手可能です（表）．以下ではゲノム編集技術に関連した2種類のリソースについて紹介します．

蛍光タンパク質プロテイントラップ系統

ゲノム編集の用途の1つにGFPなどのレポーターの挿入（ノックイン）による遺伝子発現のモニタリングがあります．プロテイントラップ法はコーディングエキソンに挟まれたイントロン内にGFPなどを含むミニエキソンを挿入し，タンパク質の読み枠に合った挿入株を選択することで融合タンパク質生産株を得る方法です[1,2]．大規模なスクリーニングで得られた挿入株をKyoto DGGRなど（表）より入手できます．

MiMIC系統

これはさまざまな二次的な利用を考慮して構築された組換えトランスポゾン（*Minos*-mediated integration cassette：MiMIC）挿入株のセットです[3]．MiMICの特徴は両端に部位特異的な組換え標的配列*attP*を２カ所もつことで，その間にスプライスアクセプターに続く終始コドン，GFP，転写終結配列をもちます（Q67図も参照）．このため目的とする遺伝子のイントロンに順方向で挿入された場合には翻訳および転写が終結し，遺伝子機能が阻害されます．7,000を越えるMiMIC挿入株が作製され，マップされており，米国Indiana大学のBDSC（表）より入手できます．MiMICの利用は多岐にわたりますが，一例としてプロテイントラップ系統の作製があります．MiMIC内に存在する*attP*配列を標的として部位特異的な組換えにより蛍光タンパク質を挿入できるようにされた融合タンパク質作製用カセットのなかから，翻訳の読み枠が合うプラスミドをDGRC（表）より入手し，組換え酵素phiC31発現系統と標的MiMIC系統をかけ合わせた系統の受精卵に注入すれば高率でカセットの挿入株を得ることができます．この方法をRMCE（recombinase-mediated cassette exchange）といいます．

組織特異的RNAi法とゲノム編集

また組織特異的RNAi法は，UAS-RNAi系統をGal4系統に交配することによって目的の組織で遺伝子機能を阻害することでさまざまなアッセイを可能とする方法で，迅速かつ網羅的に新規の遺伝子機能を同定することに利用されています．しかしRNAiの効果は遺伝子機能を完全に阻害するレベルに至らないことが多く，阻害効果の特異性も遺伝子ノックアウト株を使うなど独立の方法で確認する必要があります．

このような場合にいわゆる「ゲノム編集」の手法を用いて変異体を新たに作製することが重要な選択枝となるでしょう．

文 献

1）Morin X, et al：Proc Natl Acad Sci U S A, 98：15050-15055, 2001

2）Lowe N, et al：Development, 141：3994-4005, 2014

3）Venken KJ, et al：Nat Methods, 8：737-743, 2011

（林　茂生）

Q67 ショウジョウバエではどのようなゲノム編集が可能ですか？

A CRISPR/Cas9, TALENなどを用いた部位特異的な変異導入や遺伝子ノックアウト，ノックインに加えて，相同遺伝子組換え（HR）などが可能です．

解説

部位特異的欠失変異の導入

ここではCRISPR/Cas9を用いた例を紹介します．主な利用は二本鎖DNA切断（DSB）と非相同末端結合（NHEJ）による欠失変異の導入で，突然変異体が存在しない，もしくは既存の変異体が目的に合わない場合などに行われます．例えば多くのトランスポゾン挿入株はタンパク質のORFがそのまま残っており，完全な機能喪失タイプの変異とはみなせません．またEMSなどの化学変異原で誘導された変異では変異サイトが未同定であったり，アミノ酸置換のみのケースもあります．さらには長期間維持されてきた変異体ストックにはさまざまな二次的変異が蓄積してそれが実験結果の解釈に影響することもあります．特に行動実験などでは実験結果が遺伝的バックグラウンドに影響を受けるために標準系統にバッククロス（戻し交配）を繰り返す必要があります．そのような場合には標準系統に新たに変異を導入する方が早いこともあるでしょう．CRISPR/Cas9法やTALENの導入によってゲノムDNAを切断し，NHEJの過程で切断カ所近傍に1～20bp程度の欠失を誘導することができます．翻訳開始点近傍にフレームシフト変異が誘導されればほぼ完全な機能喪失変異が起こるとみなせます[1) 2)]．複数のsgRNAを導入して大きな欠失を誘導する実験も可能です．

部位特異的ノックイン

またDSBとともに標的サイト近傍に相同性をもつベクターを同時に導入すれば相同組換え（HR）によるノックインも可能です[3) 4)]．われわれやZhangら[5)]は最初にノックイン株の選別のためのマーカーを*attP*サイトで挟んだ形でイントロンに挿入した後に，RMCE (recombinase-mediated cassette exchange)（Q66参照）によってマーカーを挿入する

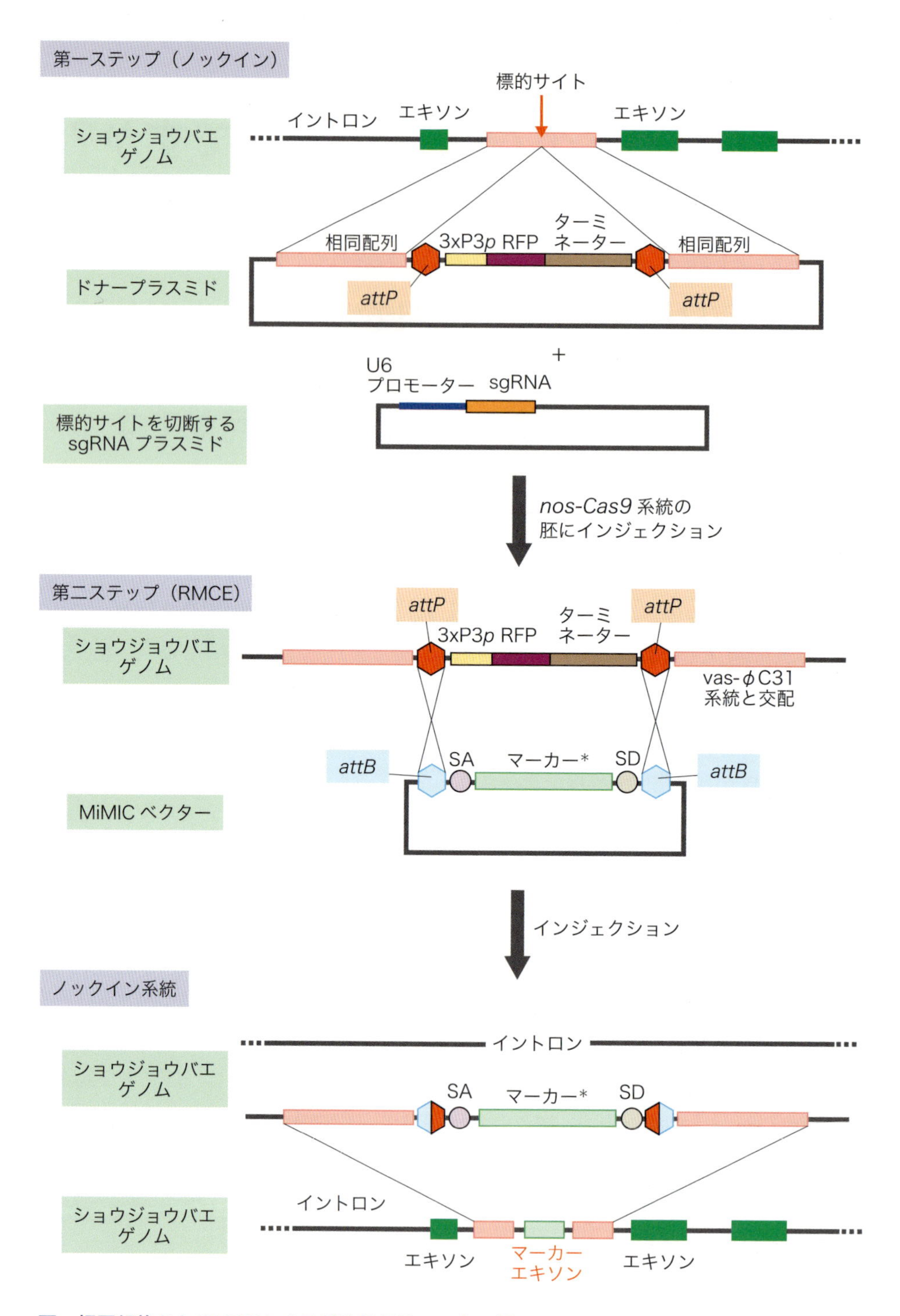

図　相同組換えとRMCEによる部位特異的マーカー挿入

＊：GFPなど．SA：スプライスアクセプター配列．SD：スプライスドナー配列．

二段階方式をとっています（図）．

最近，特筆すべき手法としてノックインベクターのなかにCas9と標的サイトのsgRNAを組み込んだものが開発されました[6]．MCR（mutagenic chain reaction）と称されたこの方法ではいったん標的配列に組み込まれたベクターが対立遺伝子にもコピーされるために高効率で突然変異のホモ接合体を得られます．しかしこのような系統は正常株と交配させると子孫のほとんどが両アレルの変異となり変異体の集団内への拡散（gene drive）が急速に起きるために，実用上のメリットとともに組換え生物の管理上の問題が指摘されています[7]．

文献

1）Kondo S & Ueda R：Genetics, 195：715-721, 2013
2）Sakuma T, et al：Genes Cells, 18：315-326, 2013
3）Ren X, et al：Cell Rep, 9：1151-1162, 2014
4）Yu Z, et al：Biol Open, 3：271-280, 2014
5）Zhang X, et al：G3 (Bethesda), 4：2409-2418, 2014
6）Gantz VM & Bier E：Science, 348：442-444, 2015
7）Bohannon J：Science, 347：1300, 2015

（林　茂生）

Q68 ショウジョウバエでゲノム編集を行う場合，どのような準備をすればよいですか？

CRISPR/Cas9の場合，Cas9発現系統，sgRNA発現プラスミド，およびノックインベクターなどを用意する必要があります．

解説

Cas9発現系統の準備

変異系統を得るためには生殖細胞にCas9とsgRNA（single guide RNA）を導入する必要があります．それぞれの発現にはRNAもしくはプラスミド上の遺伝子の形で導入するか，恒常的に各遺伝子を生殖系列で発現させる系統を作製して交配する方法があります[1]．われわれは近藤と上田が報告した方法を用いています．具体的にはCas9を生殖系列特異的な*nanos*プロモーターで発現させる*nos-Cas9*系統（NIG-FLY，Q66表参照）の受精卵に，恒常的なU6 RNAのRNAポリメラーゼⅢ依存的プロモーター支配下のsgRNA発現遺伝子をプラスミド（pBFv-U6.2，NIG-FLY）の形でマイクロインジェクションにより導入し，その子孫をスクリーニングしています[2]．マイクロインジェクションの受託サービスも提供されています[3]．

sgRNAとノックインベクター

sgRNA発現遺伝子の作製はまず標的とする領域（ノックアウトであれば翻訳開始部位直下のコーディング領域，ノックインであればイントロン）のなかから，NGGからなるPAM（protospacer adaptor motif）配列を検索してその5′側20bpを標的配列として選定します．米国Wisconsin大学のO'Conner-Gilesらが管理しているサイト「flyCRISPR」では，ショウジョウバエでのCRISPR/Cas9研究のさまざまな情報とともに標的配列検索プログラムを提供しています（Q66表参照）．

また，標的配列の特異性についての研究が報告されています[4]．線虫（第Ⅱ部第10章参照）での研究結果[5]と合わせるとPAM配列の5′側に隣接する配列がGGであるときに特異性が高まるとされているので参考にしてください．20bpの標的配列が選定されれば二本鎖になるように合成DNAを2本発注し，pBFv-U6.2にクローン化すればプラスミドは完成です．

ノックイン用ベクターは相同組換え（HR）用のホモロジーアーム（左右各500bp程度）と挿入用のカセット配列（*attB*配列に挟まれた選択用マーカー遺伝子）をPCRで増幅し，In-Fusion® HD Cloning Kit（Clontech社）などの方法でクローニングしてマイクロインジェクションに用います．

TALENを用いる場合

TALENを用いる場合，標的配列に対する切断酵素コンストラクトを作製し，合成mRNA2種類を作製して胚に注入して変異体を検索します[1) 6)]．この場合注入用の胚には特段の組換え酵素を必要としません．ノックインもCRISPR/Cas9法と同様に行われています[7)]

標的配列を見直した方がよい場合

一般にCRISPR/Cas9法では標的配列とsgRNAのデザインによって切断効率に差が出るといわれています．筆者の経験では欠失変異導入効率は高く，1ラウンドのインジェクション実験で10個体以上の独立したインジェクションを受けた胚の子孫を各10個以上検索すれば目的に合った変異体を得ることができます．これで変異が得られない場合にはインジェクションを繰り返すよりもsgRNAのデザインを見直した方が無難でしょう．TALENについても同様です．ノックインの場合にはドナープラスミドの作製と配列確認を慎重に行ったうえで実験に臨むべきだと思います．

文献・URL

1）Kondo S & Ueda R：Genetics, 195：715-721, 2013
2）林 茂生，他：「実験医学別冊 今すぐ始めるゲノム編集」（山本 卓/編），pp130-139，羊土社，2014
3）Best Gene（https://www.thebestgene.com/）
4）Ren X, et al：Cell Rep, 9：1151-1162, 2014
5）Farboud B & Meyer BJ：Genetics, 199：959-971, 2015
6）Kondo T, et al：Dev Growth Differ, 56：86-91, 2014
7）Katsuyama T, et al：Nucleic Acids Res, 41：e163, 2013

（林　茂生）

Q69 ショウジョウバエでの変異体のスクリーニング方法について教えてください．

A 表現型が予想できる場合は相補性テストを，予想できない場合はHMAを行います．

解説

表現型の予想できる場合

世代時間の比較的短いショウジョウバエの場合，生殖系列でゲノムを編集し，変異体系統を作出し，変異の分子的性質を確認してから表現型の解析に取りかかります．*nos-Cas9*系統（Q68参照）の受精卵にsgRNA発現プラスミドを注入し（ノックインであればノックイン用DNAプラスミドも），その子孫で変異を検索します※1．標的遺伝子に対応する変異体（トランスポゾン挿入，染色体欠失）などがあり，その遺伝子の機能欠損の表現型が予想されている場合（致死，もしくは形態異常など）には標準的な相補性テスト※2を行うことで変異体を同定することができます（図）．

表現型が予想できない，もしくは予想に手間がかかる場合

しかし表現型が予想できない，もしくは行動解析などアッセイに手間がかかる場合には直接ゲノムDNAの改変を解析する方法を取ります．われわれの場合，1回のセットで50個程度の受精卵にマイクロインジェクションを行い，生育してきたG0個体をバランサー系統に交配し（クロス1），G1世代の子孫を1匹ずつ再度バランサー系統に交配します（クロス2）．このG1世代はG0世代の生殖細胞のなかで独立に起きた変異をもっている可能性があるので，10個体程度を使って1匹ずつ交配を行います．クロス2のバイアルに子孫の幼虫を確認したうえでG1個体の翅を片方切断し，PCR反応液（KOD FX Neo，東洋紡社など）に

※1 プラスミドの代わりに*in vitro*転写で合成したsgRNAをインジェクションに用いることも行われています[1)～3)]．sgRNA発現プラスミドを形質転換して系統化してから*nos-Cas9*系統に交配する方法も報告されています[4)]．Q66，Q68参照．

※2 相補性テストを行う場合は標的遺伝子の変異系統をストックセンターから取り寄せておき，文献情報からその遺伝子の変異体の表現型を予想しておきます．そのうえで変異候補のハエと交配してその子孫を観察することで変異の有無を判定することができます．いったん交配すれば次世代が出る2週間後まで放置しておけばよいので簡便です．

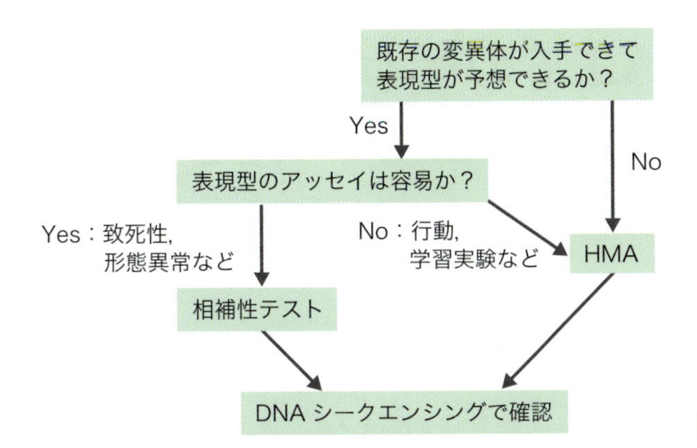

図　変異体のスクリーニング

加えてそのまま増幅反応を行います（図）．増幅された反応物の一部を用いてHMA（heteroduplex mobility assay）[5]を行います．この方法はヘテロ接合体からのPCR産物から生じるヘテロ二本鎖がホモ二本鎖に比べてポリアクリルアミドゲル電気泳動で移動度が遅れることを利用した簡便な検出方法です[※3]．この方法で変異の候補株が得られたらホモ接合体を選別してゲノムDNAをPCR増幅し，シークエンシングで変異を確認します．われわれの経験では適切にデザインされたsgRNAによって1セットのインジェクションから複数の変異体を得ることができます．

二段階方式のノックインを行う場合には眼の赤色蛍光で挿入株の候補を見出せるので，あとはDNA解析で確認します．ssODNのインジェクションで点突然変異などを導入する場合，優性マーカーの選別なしに直接DNA配列解析でスクリーニングすることもあるでしょう．

変異系統の分離にはバランサー系統を用いることで安定な系統化を行うことができます．相補性テストの際にバランサーの選択を工夫することで系統化と相補性テストを同時に行うことも可能です．実験ごとにケースバイケースで工夫の必要があるので遺伝学的解析の経験ある指導者と相談して実験計画を立ててください．

文献

1）Gratz SJ, et al：Genetics, 194：1029-1035, 2013
2）Yu Z, et al：Genetics, 195：289-291, 2013
3）Bassett AR, et al：Cell Rep, 4：220-228, 2013
4）Kondo S & Ueda R：Genetics, 195：715-721, 2013
5）Ota S, et al：Genes Cells, 18：450-458, 2013

（林　茂生）

※3　変異を100％確実に検出できないケースもあります．HMAでは欠失が1〜2bpのときにゲルの移動度の違いが生じないケースがあるといわれており，必ずしも変異を100％検出しないこともあります．しかし通常は複数の変異が得られるのでHMAで同定できる変異のみに着目すれば問題はありません．

Q70 ショウジョウバエでのゲノム編集について その他の注意事項を教えてください．

A 他の遺伝学的解析と同様，ゲノム配列の多型に由来する二次的な変異の存在に注意しましょう．

解説

遺伝子多型と二次的変異

ゲノムは必ずしも安定なものではなく，世代を重ねるごとにDNA複製のエラーに由来するさまざまな多型が生じることが知られています．ゲノム編集に限らず変異誘導実験一般に共通するポイントとして，これら遺伝子多型がホモ接合の条件下でさまざまな表現型を引き起こし，目的とする遺伝子の解析を混乱させることがあげられます．ショウジョウバエでのCRISPR/Cas9の系でのオフターゲット変異誘導はあまり報告されてはいないものの，変異体のゲノム上に未同定の変異が紛れ込むチャンスは数多く存在します．実験計画を立てる際には，誘導した変異をもつ染色体に第二，第三の変異が存在する可能性を前提として，それらの効果を解析結果から極力排除するように実験を組むことが遺伝学的解析の常道です．そのためには独立に分離された複数の変異アレルを用意し，変異体のヘテロ接合体で表現型を確認することは最低限の確認事項です．さらには野生型のゲノムDNAの導入によるレスキュー実験で確実を期す研究者もいます．多重に用意した適切なコントロール実験を繰り返すこと，思い込みを排して客観的に実験結果を評価することなどの基本を忘れてはなりません．

sgRNAの配列をデザインするにあたっては，特にイントロンなどのノンコーディング領域にDNA配列の多型が頻発することを想定する必要があります．実際に実験を行う系統（vasa-Cas9など）で，変異誘導の標的となる染色体のゲノム配列を確認してから実験に取りかかることが望ましいです．

ショウジョウバエ近縁種におけるゲノム編集の可能性

ゲノム編集技術のインパクトは一部のモデル生物種にとどまりません．これまで変異誘導や遺伝学的解析が困難だった生物種でもゲノム配列さえわかればゲノムの改変は可能と考えられます．ショウジョウバエ近縁種においても研究者の想像力次第でさまざまなアプリケーションの適用が可能になるこの技術を生かして，各研究者がユニークな研究を発展させていくことが期待されます．

（林　茂生）

Q71 カイコでは，どのようなゲノム編集が可能ですか？

A ノックアウトは非常に効率よく誘導できます．染色体欠失や逆位は約8.9 Mbまで成功しています．長い遺伝子カセットのノックインも実用レベルになってきました．

解説

非相同末端結合（NHEJ）によるノックアウト

カイコではTALENやCRISPR/Cas9を用いた遺伝子ノックアウトの例が数多く報告されるようになっています（図1）[1]．NHEJによる遺伝子ノックアウトでは，数塩基の挿入や欠失が誘発されることが多いですが，数十～100塩基程度の長い挿入や欠失が得られることもあります．実験の目的が単に変異アレルを得ることである場合，このような長い挿入や欠失

図1　ノックアウトカイコの例

TALENを用いて*BLOS2*遺伝子をノックアウトしたカイコ（赤矢印）では，皮膚が透明になり油紙のようにみえる．青矢印は野生型のカイコ．

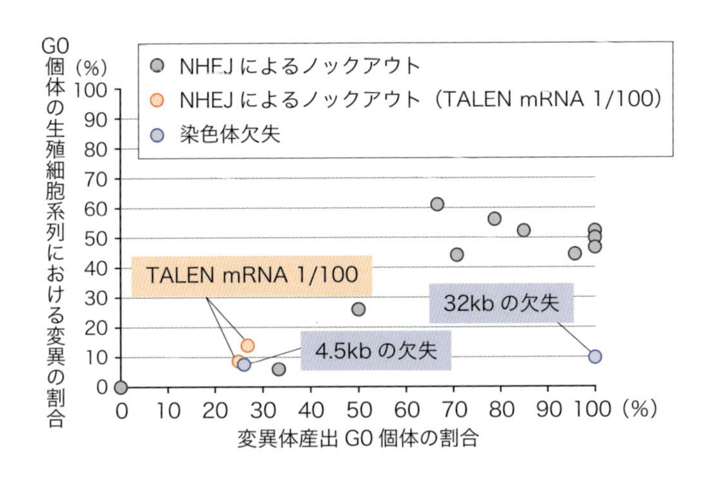

図2　カイコにおけるTALENを用いた遺伝子ノックアウトの効率

筆者が行った，TALENを用いたノックアウトカイコ作出の効率を示す．横軸は少なくとも1頭の変異体を遺したG0個体（産出個体）の割合，縦軸は1頭以上の変異体を次代に遺したG0個体の生殖細胞系列における変異の割合を示す．●はNHEJによるノックアウトの効率，○はTALEN mRNAを通常の1/100に希釈した際のノックアウト効率，●は2ペアのTALENによって作出した染色体欠失の効率を示す．各丸は別々のターゲット遺伝子またはターゲットサイトを示す．

は後のPCRによるジェノタイピング作業を格段に楽にするため，優先的に残すとよいでしょう．図2に筆者がTALENを用いて行ったカイコのノックアウト実験の効率をまとめました．カイコでは初期胚にTALEN mRNAをマイクロインジェクションしますが，マイクロインジェクションされた個体は標準型とノックアウト型の細胞からなるモザイク個体になります．モザイク個体が致死にならない遺伝子の場合，通常70％以上のG0個体（インジェクション当代の個体，ファウンダー個体ともいう）が次世代に変異体を遺すため，容易にノックアウトアレルを得ることができます（図2●）．また，1頭のG0成虫が複数のノックアウトアレルを遺すので，数頭のG0成虫が得られれば，ほとんどの場合次代以降でノックアウトアレルを固定することができます．

染色体欠失・逆位

カイコでもTALENやCRISPR/Cas9を用いて染色体欠失・逆位を誘発することができます．カイコ初期胚に2ペアのTALEN mRNAをマイクロインジェクションすることで約8.9Mbの欠失と逆位の誘発に成功した例が報告されています[2)]．筆者の研究グループも，2ペアのTALENを用いた染色体欠失を行っており，最長で約32kbの染色体欠失をもつカイコ系統の樹立に成功しています．NHEJによるノックアウトと比べると効率は落ちますが，PCRによって目的の個体をスクリーニングすることが十分可能なレベルでした（図2●）．

一本鎖オリゴ DNA (ssODN) ノックイン

ssODN ノックインについては染色体欠失の修復の際にテンプレートとして用いられた例が報告されています[2]．一塩基置換の導入などの典型的な利用法については論文化された例はありませんが，十分実用的な効率で導入できるという情報を得ています．

長い遺伝子カセットのノックイン

GFP など長い遺伝子カセットのノックインは，カイコにおいてはきわめて困難でした．ZFN を用いた GFP ノックインの成功例はありますが，その効率はきわめて低く，とても実用に耐えうるレベルではありませんでした[1]．最近になって，TAL-PITCh 法とよばれる新規の遺伝子ノックイン法がカイコにおいても有効であり，高い効率で遺伝子ノックインカイコを作出することができることが報告されました[3]．TAL-PITCh 法で用いるターゲティングベクターの構築は非常に簡便であることもあり，TAL-PITCh 法は，今後遺伝子ノックインカイコを作出するうえでスタンダードな技術になると考えられます．

文 献

1）Daimon T, et al：Dev Growth Differ, 56：14-25, 2014
2）Ma S, et al：BMC Genomics, 15：41, 2014
3）Nakade S, et al：Nat Commun, 5：5560, 2014

（大門高明）

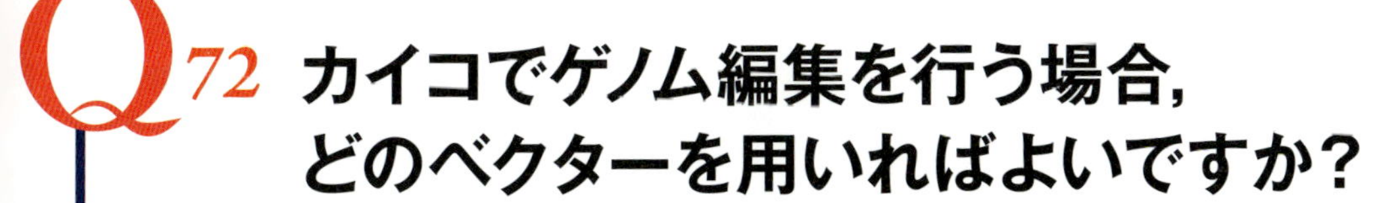

Q72 カイコでゲノム編集を行う場合，どのベクターを用いればよいですか？

TALENの場合はカイコ・昆虫用のベクターを用いると切断活性がきわめて高いものができます．一方，CRISPR/Cas9のベクターについてはまだ決まった答えはなく，改善の余地が大きく残されています．

解説

TALENベクター

TALENベクターを自作する場合，カイコ・昆虫用のTALEN mRNA作成用ベクターであるpBlue-TAL（Addgene）を用いるときわめて活性の高いTALENをつくることができます[1]．このベクターでは，TALENの5′-UTR，翻訳開始点，そしてC末端・N末端・Fok Iドメインのコドンが昆虫用に最適化されています．ここに任意のRVD（repeat-variable di-residue）モジュールを組み込むことで，標的配列に合わせたTALENベクターを構築することができます．RVDモジュールは，Voytasラボで開発されたGolden Gate TALEN and TAL Effector Kit 2.0（Addgene）を用いるか，またはこのキットと山本ラボで開発されたTALEN Construction Accessory Pack（Addgene）を組合わせることで構築することができます．筆者は後者の方法でRVDモジュールをpBlue-TALベクターに導入していますが，詳しいマニュアルは日本のゲノム編集コンソーシアムのホームページ[2]で公開されています．ただし，最近山本ラボで開発されたPlatinum Gate TALEN Kit（Addgene）はpBlue-TALベクターとの互換性がないことに注意が必要です．

pBlue-TALベクターのTALENアーキテクチャーは＋136/＋63です．TALENの認識サイトは15～19bp，左右の認識サイトの間のスペーサーは14～16bpにするとよいでしょう．筆者がTALENをデザインする際は，TAL Effector Nucleotide Targeter 2.0[3]を利用しています（Q1参照）．オフターゲット検索をカイコの全ゲノム配列に対して行う必要がありますが，筆者はTALENoffer[4)5)]というプログラムを利用しています．イントロンやUTRは反復配列が蓄積しているため，ここをターゲットにする際には特に注意する必要があります．通常，100～200bpの標的配列に対して10以上の候補配列がみつかります．筆

表　CRISPR/Cas9によるカイコの遺伝子ノックアウト

対象	ターゲット遺伝子	変異導入効率	Cas9ベクター	sgRNAベクター	核酸の種類	PAM直上配列	文献
初期胚	*BmBLOS2*	35.6～100％（G0個体）＊1	不明	おそらくpDR274	RNA	GAC, AGC	11)
初期胚	*BmBLOS2*	0～25％（G0個体）；0.46％（G0生殖細胞）	pMLM3613	pDR274	RNA	TTG, GCT	12)
初期胚	*Bm-ok*	28.6％（G0個体）	pSP6-2sNLS-SpCas9	pMD19-T sgRNA	RNA	AAG, GCC	13)
培養細胞	*Bm-Ku70*	16.8～30.3％（PCR産物）	pUC57-hA4-Cas9	pUC57-gRNA	DNA	TGT, ACA, AGG＊3	9)
初期胚	*Bm-Ku70*	0.87％（G0生殖細胞）	pUC57-hA4-Cas9	pUC57-gRNA	DNA	AGG	9)
培養細胞	*BmBLOS2*	5.7～18.9％（PCR産物）	pUC57-hA4-Cas9	T-U6-gRNA1, 2, 3＊2	DNA	AAA, AGT, TTG	14)
初期胚	*Bmsage*	75％（G0個体）	pSP6-2sNLS-SpCas9	pMD19-T sgRNA	RNA	CTC	15)

＊1：2種類のsgRNAを同時にインジェクション．
＊2：3種類のsgRNAスキャホールドを比較したが，顕著な差は観察されなかった．
＊3：3種類のsgRNAのうち，末端がAGGのものが最も効率が高かった．

者はこのなかから特定の塩基の連続や偏りがないものを選ぶようにしていますが，どれを選んでも大差はない印象をもっています．

CRISPR/Cas9ベクター

CRISPR/Cas9については，TALENに匹敵するほどの高活性のものはカイコでは報告されていません．表に，これまでに報告されたCRISPR/Cas9を用いたカイコの遺伝子ノックアウトの結果をまとめました．使用されたCas9ベクター，sgRNAベクター，そして核酸の形態はさまざまですが，論文によってその効率には大きな差異があります．また，1つのターゲット遺伝子に対して複数のsgRNAを設計しても，sgRNAによっては全く切断活性が検出されない場合もあります．明らかに，カイコにおいてはCRISPR/Cas9のベクター系は最適化の途上にあり，どれを用いるべきかという明確な答えはないのが現状です．CRISPR/Cas9を用いる場合の現実的な選択肢は，1つの標的配列に対して複数のsgRNAを同時に導入することでしょう．ただしこの場合は，オフターゲット作用の危険性が増大することに注意する必要があります．オフターゲット配列は，CRISPRdirect[6)7)]というプログラムで簡単に検索することができます（Q7参照）．また，最近，sgRNAのデザインについて1つの新しいガイドラインが提案されました．それは，PAM配列の直上をNGGにすると切断活性が増大する，というものです[8)]．実際に，Maらが用いた3種のsgRNAのうち，カイコ培養細胞で最も活性が高いと報告されたものの末端はAGGでした[9)]．このガイドラインがカイコ個体でもどの程度有効であるか今後検証していく必要があります．また，ネッタイシマカではCas9 mRNAの代わりに，市販のリコンビナントCas9タンパク質を用いることで好成績が得られています[10]（第Ⅰ部第2章 参照）．

TALENベクターの構築

TALENベクターを構築する際は，プロトコールに厳密にしたがうことがきわめて重要です．例えばDNAライゲースの場合，プロトコールに記載のものと手持ちのものとでは，作製の効率が大きく異なる場合があります．筆者も手持ちの酵素で試したのですが，ほとんどうまくいかず，プロトコールのものをすべて買いそろえました．

標的配列の設計

マイクロインジェクションする系統が純系ではない場合（*pnd; w-1*など，Q73参照），標的配列をシークエンスして系統内に塩基多型がないことを確認しておく必要があります．もし塩基多型があった場合，Cel-Ⅰアッセイの際に擬陽性のフラグメントが生じてしまうためです．

文献・URL

1）Sajwan S, et al：Insect Biochem Mol Biol, 43：17-23, 2013
2）ゲノム編集コンソーシアム（http://www.mls.sci.hiroshima-u.ac.jp/smg/genome_editing/index.html）
3）TAL Effector Nucleotide Targeter 2.0（https://tale-nt.cac.cornell.edu/）
4）Grau J, et al：Bioinformatics, 29：2931-2932, 2013
5）TALENoffer（http://www.jstacs.de/index.php/TALENoffer）
6）Naito Y, et al：Bioinformatics, 31：1120-1123, 2015
7）CRISPRdirect（http://crispr.dbcls.jp/）
8）Farboud B & Meyer BJ：Genetics, 199：959-971, 2015
9）Ma S, et al：Sci Rep, 4：4489, 2014
10）Kistler KE, et al：Cell Rep, 11：51-60, 2015
11）Wang Y, et al：Cell Res, 23：1414-1416, 2013
12）Daimon T, et al：Dev Growth Differ, 56：14-25, 2014
13）Wei W, et al：PLoS One, 9：e101210, 2014
14）Liu Y, et al：Insect Biochem Mol Biol, 49：35-42, 2014
15）Xin HH, et al：Arch Insect Biochem Physiol, 90：59-69, 2015

（大門高明）

73 カイコでゲノム編集を行う場合に必要となる材料や設備について教えてください.

初期胚へのマイクロインジェクションには特殊な装置とトレーニングが必要になります．また，カイコを継代維持できる清潔な飼育環境が必要です.

解説

カイコ系統

一般的なカイコ系統は休眠卵を産んでしまうため，初期胚へのマイクロインジェクションには休眠卵を産まない系統を用いる必要があります．頻繁に用いられる系統は，*pnd; w-1*（*pigmented non-diapause; white egg 1*）という二重突然変異系統で，この系統は常に非休眠卵を産みます．また，白卵・白眼となるためにGFPなどの組換えマーカーを用いたスクリーニングをしやすくなります．N4とよばれる非休眠性の熱帯品種が使われる場合もありますが，この系統は黒卵・黒眼の野生型です．実験の都合で休眠卵を産む一般的な系統を使う際は，例えば親世代の卵を低温・暗条件で保護・孵化させることで，次世代の卵が非休眠卵となるように運命づけることができる場合があります．カイコの系統は，農業生物資源研究所[1]や，九州大学（NBRPのSilkworm）[2]で系統保存・配布事業を行っています.

マイクロインジェクション装置（図）

カイコの初期胚へマイクロインジェクションする際は，硬い卵殻が問題となるため，2本の針を用いてインジェクションする方法が一般的に用いられています．この方法では，まず金属の針で小さな穴を開けて，そこにできた穴にDNA/RNA溶液を充填したガラスキャピラリーを挿入してインジェクションします．オリジナルの方法では2本の針の位置合わせを手動で行っていたために相当な熟練を必要としていましたが，現在では位置合わせを電動で行うように装置が改良されています．国内の研究機関（農業生物資源研究所の遺伝子組換えカイコ研究開発ユニット）から，インジェクションの技術支援・ゲノム編集カイコの作出支援を受けることもできます.

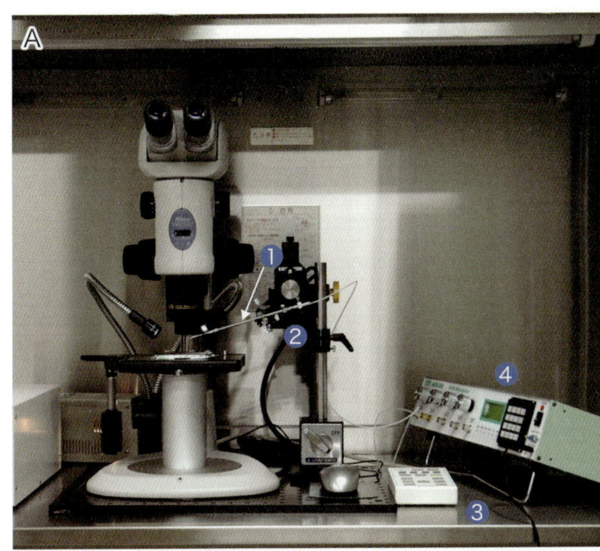

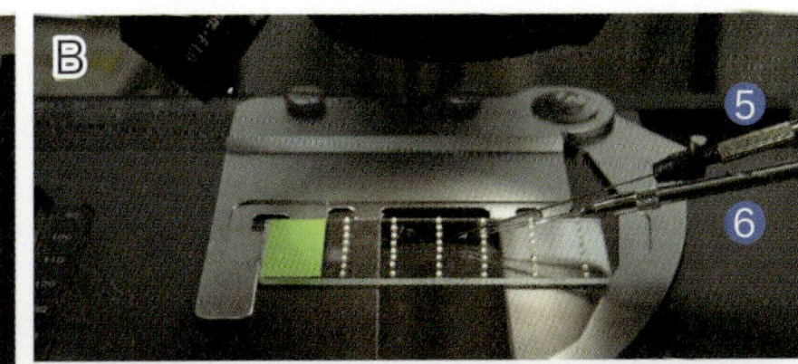

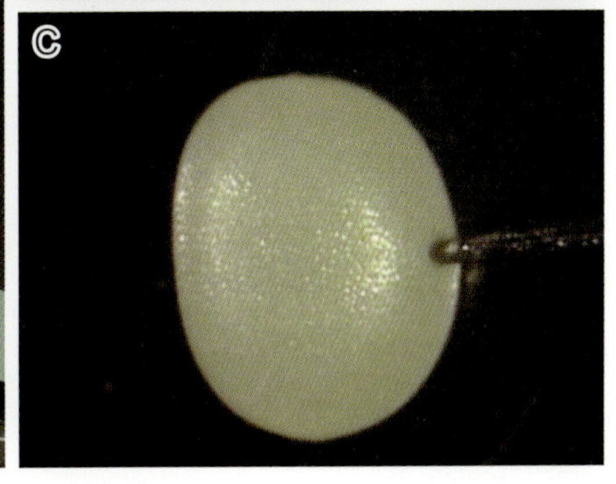

図　カイコ初期胚へのマイクロインジェクション装置

A）マイクロインジェクション装置の概要．❶タングステンニードルとガラスキャピラリー．❷電動マニピュレーターと❸コントローラー．❹インジェクター．B）スライドグラスに卵を接着剤で貼付けてインジェクションする．❺卵殻に穴を開けるためのタングステンニードル．❻注入する溶液が入ったガラスキャピラリー．C）タングステンニードルを刺した状態のカイコの卵．ここにできた穴にガラスキャピラリーを挿入してインジェクションする．写真提供：内野啓郎（農業生物資源研究所）．

カイコの飼育設備・器具

ゲノム編集カイコを作出・解析する際に最も重要なことは，カイコを清潔な環境で飼育し，累代飼育することができる環境を整えることです．生理学の実験材料としてカイコを用いる際には蚕種（カイコの卵）をその都度購入すれば済むのですが，カイコで遺伝学を行う際は，蚕種の適切な保護管理・幼虫の飼育・成虫の交配と採卵を行って世代を回して行く必要があります．カイコの飼育法や遺伝学についての基礎的な情報は文献3，4にまとめられています．

カイコは病気に弱いため，蚕病の発生・蔓延を防ぐために細心の注意を払う必要があります．われわれは，人工飼料で周年飼育していますが，プラスチック製の容器（15 cm×20 cm程度の弁当箱）を大量に購入して使い捨てにしています．過密・過湿の条件で飼育すると病気が発生しやすくなります．筆者は1箱あたりのカイコ頭数の上限を決めて飼育密度を管理し（5齢幼虫は上限20頭/箱），ステージによってフタをずらして湿度を調節しています（脱皮期・5齢期は乾燥気味にする）．5齢の4，5日目には糸を吐いて繭をつくりはじめます（上蔟）．上蔟したカイコを1頭ずつ別の袋に移すのは手間がかかるため，筆者は4日目にはカイコと人工飼料が入っている弁当箱ごと（フタは捨てる）クラフト紙の袋に入れ，そのまま放置して上蔟させています．カイコは当日か翌日には自力で飼育箱から紙袋へと登っていき，繭をつくりはじめます．

マイクロインジェクションの実験系の立ち上げ

カイコの初期胚へのマイクロインジェクションは非常に難しく，一から実験系を自分で立ち上げることはきわめて困難です．実際の方法や必要な装置などについて，まずは国内の研究機関に技術的な相談をすることをお勧めします．

蚕病発生の予防

カイコの遺伝学を行う際に一番怖いのは病気の発生です〔養蚕学用語で（さんびょう）とよびます〕．人工試料で飼育する際は，特に細菌病の発生に気をつける必要があります．一度蚕病が蔓延してしまうと，病原体を飼育室から除くことは困難になります．蚕病の発生と蔓延を防ぐために，筆者は次のような工夫をしています．

❶常に手袋をはめて作業を行う
❷飼育容器を使い捨てにする
❸幼虫は小分けにして飼育し，蚕病の疑いがあるときは容器ごと廃棄する
❹幼虫を飼育する部屋と，蛹の保護や成虫の交配を行う部屋を分ける
❺餌の食べ残しや糞などは，その都度廃棄して飼育室に放置しない
❻ピンセットやナイフなどは使用前・使用後にアルコール消毒する
❼少なくとも週に1度は床や机の全面を殺菌消毒液（日本製薬社のオスバン® など）で消毒する

筆者は行っていませんが，さらに可能であれば，飼育の開始前にホルマリンを燻蒸して部屋全体を消毒してもよいでしょう．

文献・URL

1）「Silkworm」（http://silkworm.nbrp.jp/），ナショナルバイオリソースプロジェクト
2）農業生物資源研究所（http://www.nias.affrc.go.jp/）
3）「The silkworm：an important laboratory tool」（Tazima Y, ed），Kodansha, 1978
4）「カイコによる新生物実験－生物科学の展開」（森 精/編），筑波書房，1986

（大門高明）

Q74 カイコでゲノム編集を行う場合，どのような導入方法が適切ですか？

A 初期胚へのマイクロインジェクションが基本となります．目的によっては虫体への*in vivo*エレクトロポレーションも有用だと考えられます．

解説

初期胚へのマイクロインジェクション

カイコの初期胚は多数の核からなるシンシチウム（合胞体）であり，細胞膜形成は産下後9時間ころからはじまります．したがって，産下後8時間までの胚にインジェクションする必要があります．また，インジェクションまでの間に核の分裂が進行していくため，インジェクション当代（G0）の個体はモザイク個体となります．G0個体はファウンダー（F0）個体ともいいます．

TALENやCRISPR/Cas9のDNA/RNAはインジェクションバッファー中に適切な濃度になるように調製します．TALEN mRNAの濃度は200～400 ng/μL，CRISPR/Cas9の場合はCas9 mRNAの濃度が300～600 ng/μL，sgRNAが150～300 ng/μLとする場合が一般的です．インジェクションした個体は孵化が数日遅れることが多く，注射後11～14日ほどで孵化します．

モザイク解析と*in vivo*エレクトロポレーション

実験の目的によっては，ノックアウト系統を樹立する必要がない場合があります．例えば，体細胞でのノックアウトモザイク解析を行いたい場合，初期胚にインジェクションすれば孵化個体の多くがモザイク個体となり，表現型の観察が可能になります．特にTALENを用いると孵化個体の100％近くがモザイクになるケースも多く観察されます．具体的な実験例を図に示します．ただし，この方法ではノックアウト細胞の出現部位が予測できず，狙った場所やステージにモザイクを誘導することは困難になります．一方で，カイコでは*in vivo*エレクトロポレーションを用いた遺伝子の強制発現・RNAiに成功しており[1]，この技術をTALENやCRISPR/Cas9に応用することで，特定の部位・ステージでモザイク個体

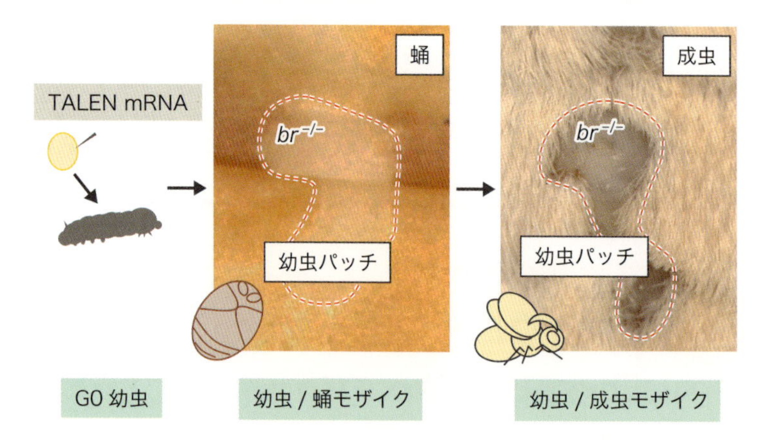

図　TALENを用いた*broad*遺伝子の体細胞モザイク解析

蛹変態の鍵遺伝子とされる*broad*（*br*）をターゲットとするTALEN mRNAをカイコ初期胚にインジェクションし，孵化したG0モザイク個体の表現型を観察した．幼虫期には何の表現型も観察されなかったが，蛹へと変態するとパッチ状の幼虫クチクラが出現した（点線で囲まれた部分）．この幼虫パッチは宿主が成虫へと変態した際にも幼虫パッチのままであった．このことから，真皮細胞において*broad*は蛹変態に必須であり，*broad*がないと幼虫脱皮を繰り返してしまうことがわかった[2]．

を作製できるようになると考えられます．

TALENとCRISPR/Cas9のどちらを使うか？

現時点では，TALENを用いるとほぼ間違いなくノックアウトカイコを作出することができると考えられます．筆者の経験では，TALENベクターの構築やmRNAの調製がうまく行われてさえいれば，100％の確率でノックアウトカイコが作出できています（20以上の標的遺伝子；G0が致死になる場合を除く）．染色体欠失の誘発や，ノックインを行う場合のように，きわめて高いゲノム切断活性が必要な場合もTALENを用いるのが現実的だと考えられます．

一方，CRISPR/Cas9にはsgRNAの構築がきわめて簡便という大きなメリットがあります．変異体のスクリーニングを表現型ベースで高効率に行える場合はCRISPR/Cas9でも十分だと考えられますが，PCRで変異を検出しなければならない場合，スクリーニングの規模と労力がTALENより大きくなると考えられます．

文 献

1）Ando T & Fujiwara H：Development, 140：454-458, 2013
2）Daimon T, et al：Proc Natl Acad Sci U S A, 112：E4226-E4235, 2015

（大門高明）

Q75 カイコでの変異体のスクリーニング方法について教えてください.

変異の検出はPCRが基本です. GFPなどのマーカー遺伝子をノックインすれば, マーカーを指標にスクリーニングすることも可能です.

解説

遺伝子ノックアウト個体のスクリーニング

遺伝子ノックアウトを行う際は, 期待される表現型にもとづいて目視で変異体のスクリーニングを行うことが可能な場合もありますが, 変異の検出はPCRが基本になります. PCRのテンプレートに変異型アレルが混ざっていた場合, 変異型と野生型のPCR産物のヘテロ二本鎖 (heteroduplex) が形成されます. このヘテロ二本鎖はCel-Iで特異的に切断されるため, 切断フラグメントの有無で, もとのDNAサンプル中に変異型のアレルが存在していたか判定できます.

われわれは, 図に示した交配スキームでノックアウトカイコを作出しています. 200～400個の初期胚にマイクロインジェクションした後, 孵化した個体 (G0世代) を個体別に親系統と交配して次世代 (G1) を得ます. G1の卵塊 (養蚕学では蛾区とよびます) を1/4ほど切り取り (約100個の卵に相当), ここから孵化した幼虫または卵を4～10個体ごとにチューブに入れ, Cel-Iアッセイを行います. ここでポジティブと判定された蛾区 (Q71図2の横軸に相当) を4～6蛾区ほど選び, 蛾区あたり50～100個体を飼育して成虫まで育てます. G1成虫を兄妹交配させ, 個体ごとに固有の番号をつけて再びCel-Iアッセイを行って変異アレルの有無を調べます (Q71図2の縦軸に相当). ポジティブなG1個体について, PCR産物のシークエンスを行ってどのような変異が導入されたか確認します. 最後に目的の配列の変異アレルをもつG1個体が遺したG2蛾区を選び, 系統維持およびその後の解析を行います. G1成虫のシークエンスを行う際は, PCR産物中に野生型/野生型および変異型/変異型のホモ二本鎖 (homoduplex) と, 野生型/変異型のヘテロ二本鎖が混在することに注意が必要です. ダイレクトシークエンスを行うと波形のピークが重なってしまいますが, Poly peak parser[1) 2)] というツールを使うと変異型の配列を抽出することができます. 実験の詳しいプロトコールは文献3を参照してください.

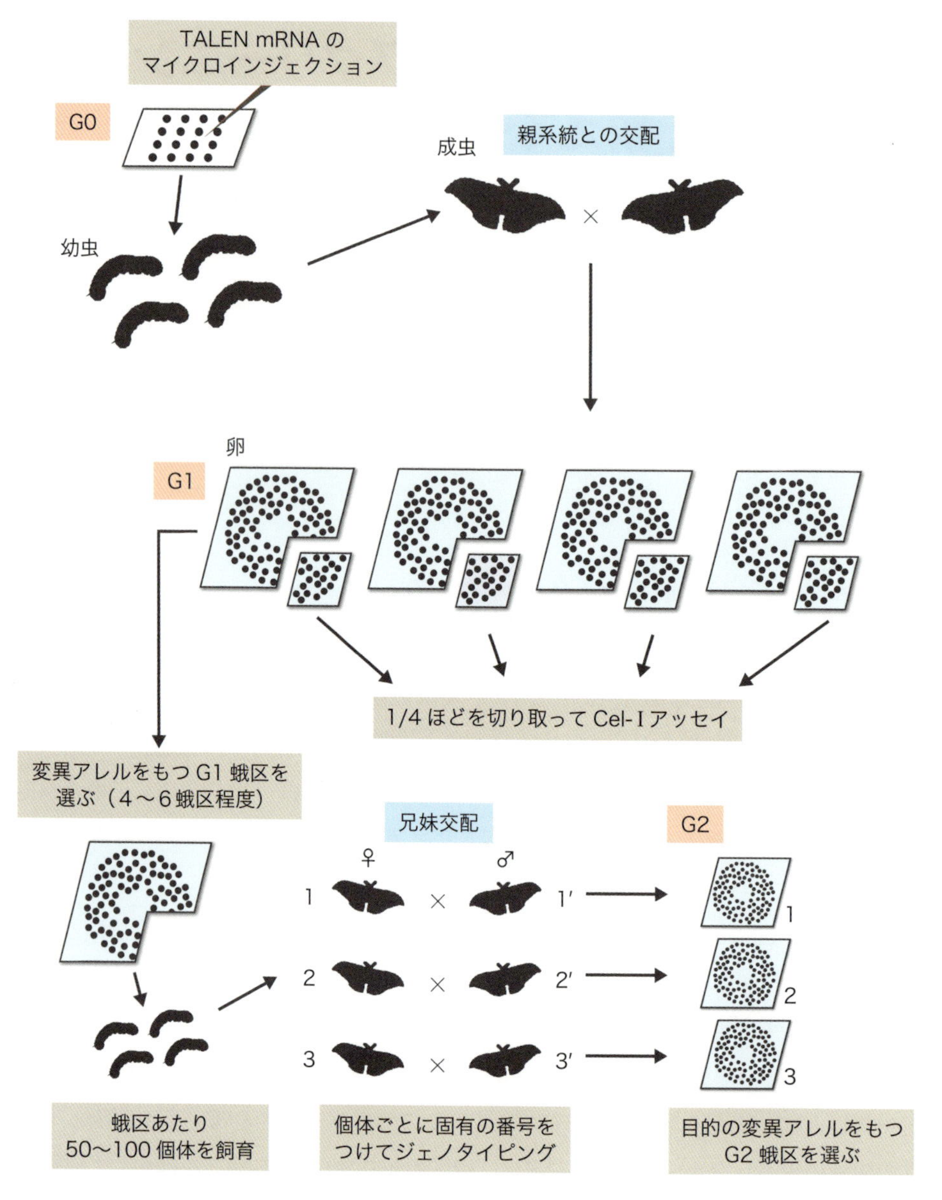

図　Cel-Iアッセイによるノックアウトカイコ作出のスキーム

詳細は本文も参照．文献3より引用．

一本鎖オリゴDNA（ssODN）ノックイン個体のスクリーニング

ssODNによってエピトープタグなどの短い配列を挿入したり数塩基の塩基置換を導入する際もPCRによるスクリーニングが基本となります．ただしこの場合は既知の配列を導入することになるため，ノックインアレルのみを増やすことができるPCRプライマーを用いたスクリーニングが可能になります．また，ノックインによって新しい制限酵素サイトが生じるようにssODNをデザインしておくことで，制限酵素による切断の有無でノックインアレルを追跡することもできます．ssODNをデザインする際には，TALENやCRISPR/Cas9による標的配列の再切断を防ぐためのブロッキング変異をアミノ酸配列を変えないように入れる必要があります（Q20参照）．

マーカー遺伝子のノックインによる変異検出

以前はGFPなどのマーカー遺伝子のノックインは非常に困難でしたが，TAL-PITCh法の開発によって，蛍光マーカー遺伝子を指標に蛍光顕微鏡を用いて目視でスクリーニングすることが現実的な選択肢になってきました[4]．ノックインの戦略としては，❶プロモーター付きの蛍光タンパク質遺伝子をノックインする方法と，❷標的遺伝子に蛍光タンパク質遺伝子をインフレームで融合させる方法が考えられます．前者ではアクチンやie-1などの恒常的に発現するプロモーターを利用するとよいでしょう．後者では転写因子などの標的遺伝子の発現量が低い場合には蛍光タンパク質が蛍光実体顕微鏡では検出できない可能性があることに注意する必要があります．

変異系統の樹立・維持について

変異系統を樹立するまでに3世代（約半年）はかかってしまうので，実験をはじめる前に入念な計画が必要です．また，樹立した系統は少なくとも年1回，継代のために飼育する必要があります．一方で，現在カイコでは精子や卵巣の凍結保存技術の実用化が進められており，将来的には精子や卵巣を凍結保存することで，ゲノム編集したアレルを長期保存できるようになると期待されます．

変異アレルの配列決定について

長い挿入・欠失の場合，Poly Peak Parser[2]でうまく変異アレルの配列を予測できないことがあります．その場合は，配列を確定させるためにPCR産物をサブクローニングしてシークエンスするとよいでしょう．

文献・URL

1）Hill JT, et al：Dev Dyn, 243：1632-1636, 2014
2）Poly peak parser（http://yost.genetics.utah.edu/software.php#PolyPeakParser）
3）大門高明：「実験医学別冊 今すぐ始めるゲノム編集」（山本 卓/編），pp140-148, 羊土社，2014
4）Nakade S, et al：Nat Commun, 5：5560, 2014

（大門高明）

Q76 カイコでゲノム編集を行う際のその他の注意事項について教えてください.

標的遺伝子によってはインジェクションした個体がほとんど死んでしまう場合があります.インジェクションするRNA濃度を減らすことである程度回避できます.

解説

G0個体のほとんどが死んでしまう場合への対処法

TALENやCRISPR/Cas9をマイクロインジェクションしたG0個体は必ずモザイク個体になりますが（Q74参照），標的遺伝子によってはモザイク個体のほとんどが致死になってしまうことがあります．例えば*Kr-h1*という遺伝子を標的とするTALEN mRNAを初期胚にマイクロインジェクションすると，幼虫と蛹のモザイク個体となってしまい死んでしまいます[1]．このような「G0致死問題」を解決するためには，生殖細胞のみでTALENやCRISPR/Cas9を働かせるための特別な仕掛けが必要になります．キイロショウジョウバエでCas9を生殖細胞特異的に発現する系統が利用されていますが，カイコではまだそのようなCas9発現系統は開発されていません．最近，われわれは，インジェクションするRNAの濃度を薄めることでこの問題をある程度解決できることを見出しました．通常，カイコではTALEN mRNAの濃度を400 ng/μLにしてインジェクションしていますが，これを1/100に薄めると，G0個体の生存率が高くなり妊性のある成虫を得ることができるようになります．全体としての変異導入効率は低下してしまいますが，この場合でもノックアウト個体を得るのに十分な効率が保持されています（Q71図2）．現在では，この方法によって今までノックアウトできていなかった致死性の高い遺伝子についてもノックアウトカイコを得ることができるようになっています．また，RNAの濃度を減らすとモザイクの領域も小さくなるため，G0世代におけるモザイク表現型の程度をある程度コントロールすることができます[2]．われわれは現在，致死性が高いと予想される遺伝子については最初から1/100に希釈してインジェクションしています．キイロショウジョウバエのように将来的には生殖細胞特異的なCas9発現カイコを使うことになると考えられますが，現時点では希釈する方法が最も現実的だといえるでしょう．

ハイスループットのジェノタイピング

変異体のスクリーニングや，致死遺伝子のヘテロ維持を行うために，ゲノム抽出とPCRをハイスループットで行う必要があります．われわれは96ウェルプレートを用いたHotShot法※でゲノムDNAを簡易抽出し，PCRしています[3]．このように致死遺伝子をヘテロ維持するためには，毎世代，親個体のジェノタイピングが必要になりますが，これが大きな負担となっています．ジェノタイピングの作業を軽減させることができることもあり，GFPなどのノックインがこれからのノックアウトカイコ作出のスタンダードになると考えられます．

RNAサンプルのジェノタイピング

qRT-PCRを行う際にもRNAサンプルのジェノタイピングが必要になる場合があります．この場合，筆者はサンプリングを個体別に行い，個体ごとに遺伝子型を確定させてからRNA抽出を行っています．組織はRNA抽出試薬（Thermo Fisher Scientific社のTRIzol®，QIAGEN社のBuffer RLT Plus，など）にホモジェナイズして凍結保存しておき，そのうち10 μL程度をゲノムDNA回収用のサンプルとして用いています．詳しい方法は文献2に記載されています．

ジェノタイピングについて

ジェノタイピングPCRがうまくいかない場合は，夾雑物の多いサンプル対応のDNAポリメラーゼ（東洋紡社のKOD FX Neoなど）を使うとよいでしょう．筆者の経験では，1つの卵から，ジェノタイピング用のゲノムDNAとtotal RNAの両方を抽出できています（例：卵1個を210 μLのTRIzolでホモジェナイズする．そのうち10 μLをジェノタイピングに使用し，残りの200 μLをRNA抽出に使用する）．

文献

1）Daimon T, et al：Dev Growth Differ, 56：14-25, 2014

2）Daimon T, et al：Proc Natl Acad Sci U S A, 112：E4226-E4235, 2015

3）大門高明：「実験医学別冊 今すぐ始めるゲノム編集」（山本 卓/編），pp140-148, 羊土社，2014

（大門高明）

※ HotShot法：まず組織を50mM NaOH中でつぶし，熱変性させます．中和後，そのサンプルをテンプレートとしてPCRを行う方法です．

Q77 線虫では，どのようなゲノム編集が可能ですか？

A ノックアウト，ssODNノックイン，レポーターノックインなどは報告があり，可能です．

解説

ノックアウト

これまで，染色体欠失の報告はありませんが，ノックアウトについては，*mbk-2*遺伝子領域や*swan-1*と*swan-2*のオペロンの5′側と3′側を標的とするsgRNAを用いたCRISPR/Cas9システムにより，これらのゲノム領域を非相同末端結合（NHEJ）で欠失させた例などが報告されています[1]．また，開始コドンの直後に変異を誘発し，フレームシフトを起こすことにより，ノックアウトと同様の変異体を作製することも可能です[2]．さらに，線虫ではさまざまな細胞特異的もしくは時期特異的に任意の遺伝子を発現させるためのプロモーターが多く同定されていることが特徴で，これを用いることにより，特定の細胞のみもしくは特定の時間以降にのみノックアウトをすることが可能と報告されています[3]．

ノックイン

ssODNのノックインについても，V5タグ，HAタグ，3×Flagタグ，Mycタグ，OLLASタグなどの挿入や，アミノ酸置換が行われています[1]．また，レポーターノックインは，Dickinsonらの論文で報告されており，図に示すように，相同組換えを利用したストラテジーを利用しています[4]．まず，CRISPR/Cas9システムにより，ミオシンIIをコードする遺伝子*nmy-2*の下流（図では遺伝子Aと3′UTRの間の領域に相当）を標的とし，GFPと*unc-119*のcDNAを導入します．そして，*unc-119*のcDNA由来の表現型※を指標にGFPが導入された個体を選別後，Cre/loxPシステムにより，*unc-119*配列を取り除くことで，レポーターGFPのみがゲノムに残るように工夫されています．

※ uncはuncoordinated movementの略．通常，線虫はサインカーブを描きながら前進するが，この表現型では，体の前部と後部の統合（coordination）が取れないため，運動が不規則となる．

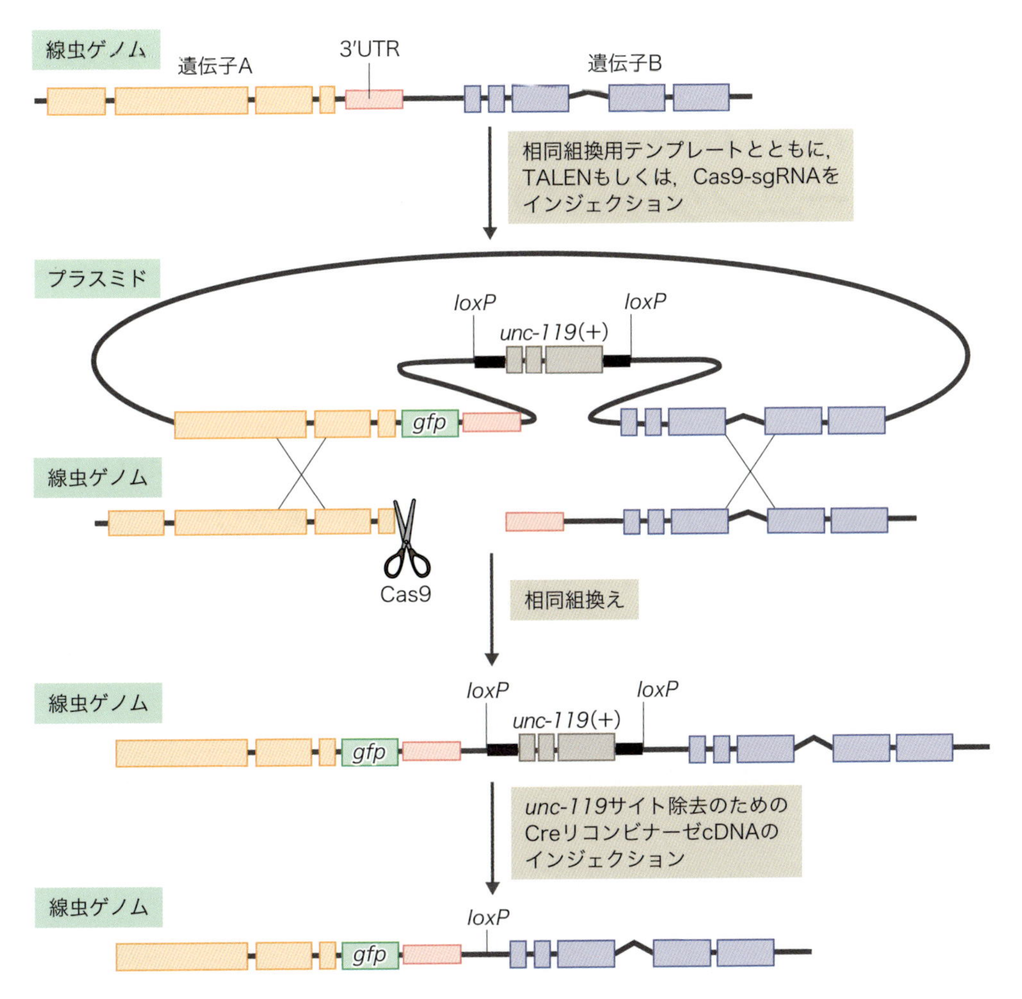

図　相同組換えによるレポーターノックインの方法の概略

*unc-119*のサイトはCre/loxPシステムにより，最終的に除去される．本文も参照．文献4をもとに作成．

文 献

1）Paix A, et al：Genetics, 198：1347-1356, 2014
2）Sugi T, et al：Dev Growth Differ, 56：78-85, 2014
3）Cheng Z, et al：Nat Biotechnol, 31：934-937, 2013
4）Dickinson DJ, et al：Nat Methods, 10：1028-1034, 2013

（杉　拓磨）

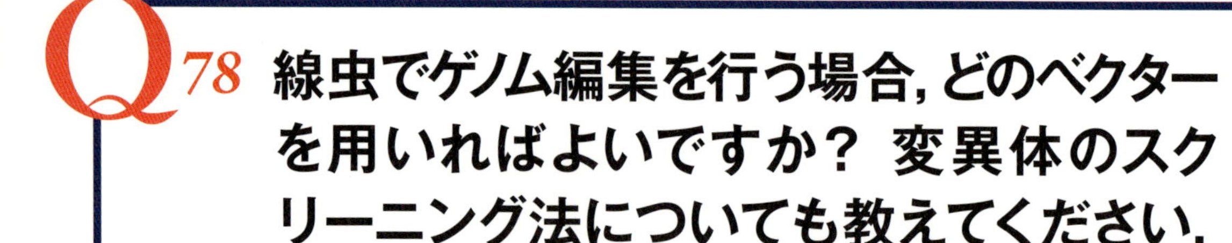

Q78 線虫でゲノム編集を行う場合，どのベクターを用いればよいですか？ 変異体のスクリーニング法についても教えてください．

TALENに関してはPlatinum Gate TALEN Kitを用い，CRISPR/Cas9に関しては目的に応じてベクターを選ぶのがよいかと思います．スクリーニングは目視もしくはPCRで行います

解説

Platinum Gate TALEN Kitを用いた場合

Platinum Gate TALEN Kit（Addgene）については，筆者自身が利用しており，非常に優れたキットの1つではないかと思います．実際，われわれは，親世代P0へ遺伝子導入後，4～15時間の間に得られたF1世代の線虫74個体から7個体のヘテロ変異株を得ています[1)]．Woodらの論文で報告されている通り，一般的なTALENのキットを用いた場合，同様の実験で約3.5％しかヘテロ変異株が得られていないことから[2)]，現在，線虫におけるTALENの応用では，Platinum Gate TALEN Kitは最も相性がよいのではないかと考えています．

CRISPR/Cas9システムを用いた場合

CRISPR/Cas9システムに関しては，Addgeneから購入が可能なプラスミドに限った場合においても，いくつかの選択肢があるかと思います．例えば，Goldsteinのグループにより作製されたpDD162プラスミドにsgRNA配列を挿入することにより，Cas9と任意のsgRNAを生殖巣に共発現させることが可能です[3)]．また，Calarcoらのグループにより作製されたプラスミド（*Peft-3::cas-9*）を利用し，Melloらのグループにより開発されたCo-CRISPR法を用いるのもよいのではないでしょうか[4) 5)]．Co-CRISPR法の最も重要なポイントは，すでにCRISPR/Cas9システムにより変異導入が確実に保証されているsgRNAを共発現させるという点です．図に概略を記載しました．線虫におけるCRISPR/Cas9システムによる変異導入効率はそれほど高くないため，通常，ローラー（roller※1）とよばれる表現型を引き

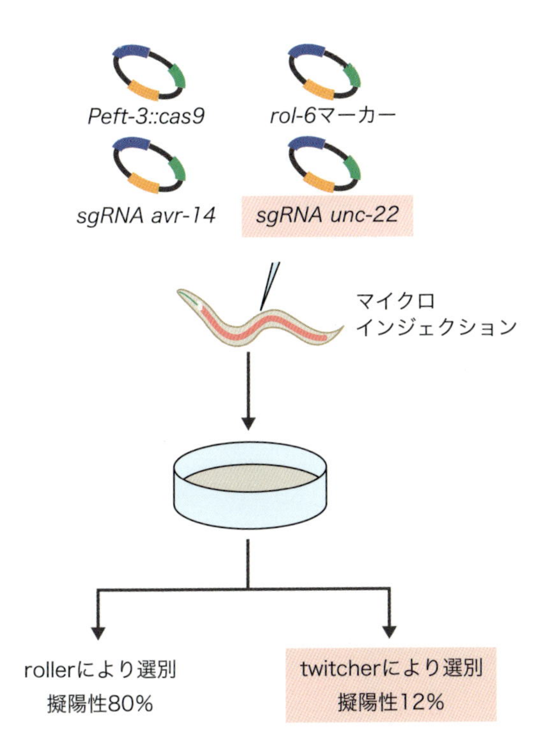

図　Co-CRISPR法の概略
通常のCRISPR/Cas9システムでは，*rol-6*マーカー由来のrollerの表現型で変異株を選別するが，擬陽性の確率が高い．そこで，変異導入が保証されている*unc-22*のsgRNAを共導入することにより，*unc-22*変異由来の表現型twitcherを指標に，目的変異株のスクリーニング効率を大幅に改善できる．文献5をもとに作成．

起こすマーカー遺伝子*rol-6*を共発現させます．rollerは，目視で線虫の体軸を中心とした右回りの回転運動が確認できる表現型のため，CRISPR/Cas9システムで作製された変異株のスクリーニングを効率化できます．しかし，rollerの表現型が陽性の線虫においても，CRISPR/Cas9システムによる変異が確認されない擬陽性の確率は高く，さらに効率のよい判別方法が望まれていました．Melloらは，すでに変異導入が保証されている*unc-22*遺伝子のsgRNAを目的のsgRNAと共発現させることにより，*unc-22*遺伝子由来のtwitcher※2とよばれる表現型を指標に変異株をスクリーニングしました．その結果，rollerを指標にしたスクリーニングでは80％の擬陽性があったのに対し，twitcherを指標にしたスクリーニングでは12％まで擬陽性を減らし，スクリーニング効率を劇的に改善しています．したがって，例えば，Cas9と*unc-22*のsgRNAを乗せたpDD162プラスミドを作製し，このプラスミドを任意のsgRNAとともに共発現させることにより，効率的な変異株作製が可能になると予想されます．

※1　rollerは体の軸に対し，回転しながら前進する運動異常を示す．uncoordinated movement（unc）表現型の1つ．
※2　twitcherは体全体が，筋肉の痙攣により引きつった表現型．unc表現型の1つであり，運動異常を示す．

スクリーニングについて

スクリーニング方法については，本来の生物学的なメカニズムの解析への応用とは異なり，一般的に論文では，実験系の確立を主とするため，迅速に評価が可能な目視によるスクリーニングを用いています．そのため，通常は，rollerやtwitcher，もしくはGFPなどの蛍光タンパク質の発現を指標にスクリーニングします[2)〜5)]．一方，本来の生物学的なメカニズムの解析への応用を視野に入れるなら，HMA（heteroduplex mobility assay）などのPCRを応用した方法でスクリーニングを行います．線虫における，HMAによるスクリーニングの具体的な方法については文献6をご参照ください．

文献

1）Sugi T, et al：Dev Growth Differ, 56：78-85, 2014

2）Wood AJ, et al：Science, 333：307, 2011

3）Dickinson DJ, et al：Nat Methods, 10：1028-1034, 2013

4）Friedland AE, et al：Nat Methods, 10：741-743, 2013

5）Kim H, et al：Genetics, 197：1069-1080, 2014

6）杉 拓磨：「実験医学別冊 今すぐ始めるゲノム編集」（山本 卓/編），pp122-129，羊土社，2014

（杉　拓磨）

Q79 線虫でゲノム編集を行う場合，どのような導入方法が適切ですか？ 必要な設備と手順についても教えてください．

線虫においてはエレクトロポレーションが確立していないため，電動インジェクターを用いたマイクロインジェクション（顕微注入）が最も適切かと思います．

解説

線虫では，遺伝子導入の際には，成虫の生殖巣にDNA溶液をマイクロインジェクションする方法が最もよく使われます[1]．一般的に利用される線虫は雌雄同体であるため，親（P0）世代の線虫へDNA溶液をインジェクションすると，外来DNAをもつF1世代の線虫が数パーセントの確率で得られます．また，ゲノム編集技術の場合，得られたF1世代の線虫は通常，変異をヘテロにもつため，次世代のF2世代から変異をホモにもつ個体を単離する必要があります．

マイクロインジェクションの設備

筆者らのグループでは，マイクロインジェクションのため，文献1にならい以下の設備を整えています．

- アガロースパッド（作製方法は後述）（図B）
- 線虫飼育用NGM（Nematode Growth Medium）プレート
- 線虫飼育用恒温器
- M9溶液（線虫洗浄用）
- 流動パラフィン（和光純薬工業社：128-04375）
- 電動インジェクター（ナリシゲ社：IM-31）（図A）
- マイクロマニピュレーター，コンプレッサー（クロダインターナショナル社：JUN-AIR コンプレッサー給油式3-4マイナ）（図A）
- ニードルプラー（ナリシゲ社：PC-10）（図A）
- インジェクション用ニードル（ナリシゲ社：GD-1）（図C）

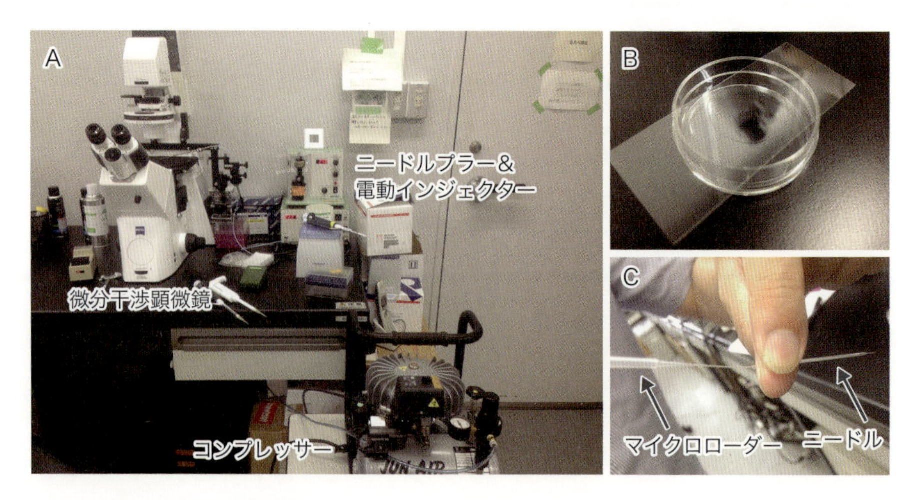

図　インジェクション用設備

A）主な機材としては，微分干渉顕微鏡，ニードルプラーと電動インジェクター，コンプレッサーが必要となる．B）アガロースパッド．C）インジェクション溶液が充填されたニードル．

・マイクロローダー（エッペンドルフ社：5242 956.003）（図C）
・回転ステージ付き微分干渉顕微鏡（カールツァイス社：Axio Observer. A1）（図A）

実際の手順

導入方法としては，一般的なマイクロインジェクションにしたがい，以下のように行うことが適切かと思います．

線虫固定用アガロースパッドの作製

❶電気泳動用のアガロースを用いて，2％のアガロース溶液をつくり，スライドガラス上に滴下し，その上にスライドガラスをかぶせます．
❷この操作を繰り返します．
❸鉄板の上に乗せ，乾熱滅菌器にて100℃で5分間乾燥させます．
❹かぶせたスライドガラスを外し，アガロースが定着したスライドガラスを保存します（図B）．

DNA溶液を注入したニードルの作製

❶ニードルプラーにインジェクション用ニードルを設置し，ニードルを作製します．
❷マイクロローダーによりDNA溶液をニードルへ注入し（図C），得られたニードルを顕微鏡へ設置します．

線虫へのインジェクション

一連の操作は素早く行う必要があります．

❶アガロースパッド上に流動パラフィンを1滴落とし，その上に線虫を置き，アガロースパッド上に線虫を固定します．流動パラフィンは線虫の乾燥を防ぐ役割をもちます．

❷微分干渉顕微鏡にアガロースパッドを乗せ，低倍率のレンズから少しずつ倍率を上げて，40倍のレンズで線虫の生殖巣が視野の中央にみえるように調整します．

❸ニードルの先端が線虫の体に対し角度30～40度になるように回転ステージを回転させます．ニードルを生殖巣へ突き刺し，注入圧を約300 psiに設定した電動インジェクターのフットスイッチを押し，DNA溶液を注入します．

❹M9溶液を線虫へ滴下した後，線虫を飼育用NGMプレートへ回収します．

❺20℃の恒温器で飼育後，4日後にF1世代をスクリーニングします．

インジェクションの注意点

線虫のアガロースパッドへの吸着の強さ，およびニードルの先端の形状は，各研究室で異なるかと思います．したがって，これらはまず各研究室で条件を検討したほうが，後の実験にとって大きな効果をもたらすのではないでしょうか．ニードルの先端の形状については，周囲の温度にも影響を受けるため設定が同じでも異なるニードルができます．したがって，そのような環境にも注意を払う必要があります．また，一般に，うまく生殖腺にDNA溶液が注入された場合，風船が膨らむように緩やかに注入される様子が観察されます．一方，生殖腺以外の部位に誤って注入された場合は瞬間的な注入となり，明確な違いが観られます．したがって，F1世代が得られない場合には，インジェクション時にこれらの点に注意するとよいかと思います．

文 献

1）「線虫ラボマニュアル」（三谷昌平/編），シュプリンガー・フェアラーク東京，2003

（杉　拓磨）

Q80 線虫でゲノム編集を行う際のその他の注意事項について教えてください．

A オフターゲット変異の影響に注意する必要があります．また，スクリーニング法の整備が効率化に重要です．

解説

オフターゲット変異について

具体的な報告，統計的なデータはありませんが，他のモデル生物同様に，線虫においても，非特異的な変異導入の危険性があります．特に，他のモデル生物では，CRISPR/Cas9システムを用いた場合にオフターゲット変異がよくみられることから，その危険性には十分注意をしたほうがよいと思います[1)]．さらに，ダブルニッキング法[2)]（Q12，Q13参照）についても，現在までのところ線虫では応用されていません．そこで，このようなオフターゲット変異の影響による実験結果の誤認を防ぐため，ゲノム編集操作後は，必ず，野生株との交配によりバックグラウンドのオフターゲット変異を除去する必要があります．線虫のライフサイクルは20℃で約4日と非常に早く，通常必要とされる3回の交配でも2週間ほどで完了するため，sgRNAの作製を含めますと約1カ月程度で，目的の変異を導入した線虫株が得られます．一方，TALENを用いた場合，オフターゲット変異導入の可能性が低いとされています．しかし，通常，mRNAへと転写してから導入するため，mRNAの分解などの危険性に極力配慮しながら，実験を進める必要があります．

スクリーニングについて

TALENとCRISPR/Cas9システムの両方についていえることですが，スクリーニングの方法を早期に整備しておくことも実験の効率化の1つのコツではないかと思います．一般的に利用される表現型によるスクリーニングでは，その表現型を誘発する変異そのものが，本来評価したい変異由来の実験結果に影響を与えることが懸念されます．これらの表現型によるスクリーニング法は，論文化をめざした新たなゲノム編集技術を確立する過程では，簡便に技術効果を確かめることが可能なためよく用いられます．一方で，実際にゲノム編集技術を生物学的なメカニズムの解析に応用する際には，他のスクリーニング方法を利用することが望ましいと思います．われわれは，主にPCRを用いたジェノタイピング，特にHMA (heteroduplex mobility assay) によるスクリーニングを行っていますが，各研究グループにおいて自分たちの実験系に適した汎用的なスクリーニング方法を早期に確立することが重要と思います．

文献

1）Hsu PD, et al : Cell, 157 : 1262-1278, 2014

2）Ran FA, et al : Cell, 154 : 1380-1389, 2013

（杉　拓磨）

81 植物では，どのようなゲノム編集が可能ですか？

ノックアウト/ノックイン，染色体欠損，オリゴヌクレオチドによる塩基置換などさまざまなゲノム編集がモデル植物で報告されています．また，ノックアウトは非モデル植物についても報告があります．

解説

ノックアウトや染色体欠損，ノックインなど他の生物種で知られているゲノム編集は植物細胞においても原理上可能です（表）．

ノックアウトと染色体欠損

まずノックアウトに関しては，シロイヌナズナやイネ，タバコといったモデル植物（図）以外にも，ジャガイモ，トマト，ダイズ，パンコムギといった実用作物でも報告があります[1)〜13)]．形質転換がルーチンにできる植物であれば，ノックアウトは可能だと考えてよいでしょう．染色体欠損では，イネにおいてCRISPR/Cas9システムを使用し，同一染色体の2あるいは4カ所を同時に切断し，ジテルペン生合成酵素遺伝子クラスターを含む数百kbpの領域を取り除いた研究が知られています[14)]．また，同一染色体上に相同遺伝子が存在する場合，1組のTALENによって2カ所の切断を行うことも可能であり，シロイヌナズナにおいて約4.4 kbpの欠損の導入が報告されています[2)]．人工ヌクレアーゼの標的配列設計を工夫することで，倍数性を示すゲノム上の全アレルを同時に改変することが可能です．現在までにTALENを用いて四倍体ジャガイモの4アレルすべての標的遺伝子の同時破壊[6)〜8)]，異質六倍体パンコムギ同祖対立遺伝子の同時破壊[4)]が行われています．なお，染色体欠損を行う場合，同一染色体上の2カ所を同時に切断する必要があるため，TALEN，CRISPR/Cas9のどちらのシステムを使用する場合にも高い切断活性を有するヌクレアーゼを作製する必要があります．

表　植物におけるゲノム編集研究例

ゲノム改変	ヌクレアーゼ	導入方法	植物種	遺伝子	文献
遺伝子破壊	TALEN	*Agrobacterium* 法	イネ	*Os11N3* プロモーター	1)
	TALEN	*Agrobacterium* 法	シロイヌナズナ	*ADH1, TT4, MAPKKK1, DSK2B, NATA2*	2)
	TALEN	*Agrobacterium* 法	ダイズ	*FAD2-1A, FAD2-1B*（同時破壊）	3)
	TALEN, CRISPR/Cas9	*Agrobacterium* 法	パンコムギ	*TaMLO*（同祖対立遺伝子同時破壊）	4)
	TALEN	*Agrobacterium* 法	トマト	*PRO*	5)
	TALEN	*Agrobacterium* 法	ジャガイモ	*SSR2*	6)
	TALEN	プロトプラスト法	ジャガイモ	*ALS*	7)
	TALEN	プロトプラスト法	ジャガイモ	*Vinv*	8)
	CRISPR/Cas9	プロトプラスト法	イネ，パンコムギ	*OsDEP1, OsBADH2, TaMLO* など	9)
	CRISPR/Cas9	プロトプラスト法 Agroinfiltration 法	シロイヌナズナ， タバコ	*AtDS3, NbPDS3* など	10)
	CRISPR/Cas9	Agroinfiltration 法	タバコ	*PDS*	11)
	CRISPR/Cas9	Agroinfiltration 法	トマト	*AGO7, Solyc08g041770, Solyc07g021170, Solyc12g044760*	12)
	CRISPR/Cas9	パーティクル・ガン法 *Agrobacterium* 法	ダイズ	*GFP*, 他内在の配列	13)
染色体欠損	CRISPR/Cas9	プロトプラスト法 *Agrobacterium* 法	イネ	ジテルペン生合成酵素遺伝子クラスター（115～245kbp）	14)
	TALEN	*Agrobacterium* 法	シロイヌナズナ	*GLL22a*（約4.4kbp）	2)
ノックイン	TALEN	プロトプラスト法	タバコ	*SurB/YEP* 導入	15)
	TALEN	プロトプラスト法	パンコムギ	*TaMLO/GFP* 導入	4)
	CRISPR/Cas9	プロトプラスト法	イネ	*PDS*/制限酵素サイト導入	9)
	CRISPR/Cas9	プロトプラスト法	シロイヌナズナ	*AtPDS3*/制限酵素サイト導入	10)
オリゴヌクレオチドによる塩基置換	-	パーティクル・ガン法	タバコ	*ALS*	16)
	-	パーティクル・ガン法	トウモロコシ	*AHAS*	17)

Agrobacterium 法，Agroinfiltration 法は，どちらも植物細胞に *Agrobacterium* を感染させることで外来遺伝子を導入する方法です．*Agrobacterium* 法は外来遺伝子（T-DNA）が核ゲノムへ挿入される安定（stable）な形質転換法ですが，Agroinfiltration 法は外来遺伝子を一過的（transient）に発現させる方法です．

ノックイン

　また，人工ヌクレアーゼを用いた植物におけるノックインはTALENを用いてタバコ[15]およびパンコムギ[4]で，CRISPR/Cas9システムを用いてイネ[9]やシロイヌナズナ[10]で行われています．これらの研究ではプロトプラストに相同組換えの鋳型となるDNA鎖と人工ヌクレアーゼ発現ベクターを共導入することで，数塩基の置換やレポーター遺伝子を標的の配列に導入するノックインが植物においても可能であることが示されました．しかし，ノックインされた“植物体”はいまだに報告がなく，また，現在までに知られているノックインの報告はモデル植物での比較的単純な挿入に限定されており，いまだに一般的な技術ではありません．

図　モデル植物

A）土植えで生育したシロイヌナズナ野生株（Col-0）．B）ハイグロマイシンによる形質転換シロイヌナズナ植物体の選抜．C）無菌培養下のタバコ．

オリゴヌクレオチドによる変異導入

オリゴヌクレオチドを使用した変異導入では，タバコ[16]およびトウモロコシ[17]などにおいて*ALS*遺伝子などにアミノ酸置換変異を導入することで除草剤耐性個体を作出した研究が報告されています．しかし，スクリーニングが容易な変異誘導であり，汎用性はあまり高くありません．動物細胞では人工ヌクレアーゼとssODNを共導入することで多様な遺伝子にアミノ酸置換を導入できており[18]，今後植物においてもssODNとヌクレアーゼを組合わせることで自由度の高い塩基置換が可能となるかもしれません．

報告のない植物についてゲノム編集実験を行う場合

ゲノム配列情報についての報告のない植物についてゲノム編集実験（ノックアウト）を行う場合，cDNA配列にもとづいて設定した標的配列がゲノム上ではイントロンで分断されている可能性もあるため，最初に標的とする遺伝子のゲノム配列を確認する必要があります（Q86参照）．非モデル植物であれば純系であることは稀ですので標的とする遺伝子のすべてのアレルについて確認する必要があると思われます．標的遺伝子の配列確認後，人工ヌクレアーゼの設計・構築へ進みます（Q1，Q8参照）．この際破壊したい遺伝子に対して複数のヌクレアーゼを設計しておいた法がよいでしょう．対象とする植物種においてプロトプラスト・PEG法やAgroinfiltration法などを用いた一過的な発現が可能であれば，作製したヌクレアーゼ発現コンストラクトについて活性試験を行い，活性の高いコンストラクトについて実際の形質転換操作に用いることで時間と手間を減らすことができます．

文献

1）Li T, et al：Nat Biotechnol, 30：390-392, 2012
2）Christian M, et al：G3（Bethesda）, 3：1697-1705, 2013
3）Haun W, et al：Plant Biotechnol J, 12：934-940, 2014
4）Wang Y, et al：Nat Biotechnol, 32：947-951, 2014
5）Lor VS, et al：Plant Physiol, 166：1288-1291, 2014
6）Sawai S, et al：Plant Cell, 26：3763-3774, 2014
7）Nicolia A, et al：J Biotechnol, 204：17-24, 2015
8）Clasen BM, et al：Plant Biotechnol J, in press（2015）
9）Shan Q, et al：Nat Biotechnol, 31：686-688, 2013
10）Li JF, et al：Nat Biotechnol, 31：688-691, 2013
11）Nekrasov V, et al：Nat Biotechnol, 31：691-693, 2013
12）Brooks C, et al：Plant Physiol, 166：1292-1297, 2014
13）Jacobs TB, et al：BMC Biotechnol, 15：16, 2015
14）Zhou H, et al：Nucleic Acids Res, 42：10903-10914, 2014
15）Zhang Y, et al：Plant Physiol, 161：20-27, 2013
16）Beetham PR, et al：Proc Natl Acad Sci U S A, 96：8774-8778, 1999
17）Zhu T, et al：Nat Biotechnol, 18：555-558, 2000
18）Inui M, et al：Sci Rep, 4：5396, 2014

（安本周平，關　光，刑部祐里子，刑部敬史，村中俊哉）

82 植物でゲノム編集を行う場合，どのベクターを用いればよいですか？

TALENであれば高活性型であるPlatinum TALENを，CRISPR/Cas9であれば植物用にコドンを最適化したベクターの使用をおすすめします．

解説

植物でゲノム編集を行う際には高い活性を示す人工ヌクレアーゼを使用する必要があります．これからゲノム編集を行おうと考えている場合，標的配列やその目的によってTALEN，CRISPR/Cas9のどちらかを選択すると思います．

TALENを用いる場合

通常の研究室でTALENベクター構築を行う場合，Golden Gate TALEN and TAL Effector Kit 2.0（Addgene），TALEN Construction Accessory Pack（Addgene），Platinum Gate TALEN Kit（Addgene）などの構築システムを選択できます．今後研究室で新しく系を立ち上げる場合，高活性型として知られているPlatinum TALENの導入をお勧めします．

また，これらのTALEN構築キットに付属のエントリーベクターは植物で発現可能なプロモーターやターミネーターなどを含まないため，そのままの形で植物に使用することができません．植物においてTALENを利用する場合には，作製した2組のTALENコード配列を制限酵素処理などによって1つのバイナリーベクター※1へ再クローニングする必要があります．AddgeneからはpZHY500，pZHY501，pZH19などのプラスミドDNAが配布されており，これらを用いることで，制限酵素処理とライゲーション反応，LR反応※2によって植物発現用のバイナリーベクターが作製可能です[1)]．また，大阪大学大学院工学研究科村中

※1 バイナリーベクター：*Agrobacterium*法（Q84参照）によって植物の形質転換を行う際に利用されるベクター．大腸菌および*Agrobacterium*中で保持可能な複製開始点，大腸菌および*Agrobacterium*での薬剤選抜遺伝子に加え，LB（left border）とRB（right border）に挟まれたT-DNA領域に植物での薬剤選抜遺伝子，導入したい遺伝子発現カセットなどをもつ．バイナリーベクターの詳細については文献7を参照のこと．

※2 LR反応：Thermo Fisher Scientific社（Invitrogen社）が販売するGateway® システムにおいて，エントリーベクター中の*att*L配列とデスティネーションベクター中の*att*R配列間の組換えを行い，発現ベクターを作製する酵素反応．Gateway® システムの詳細についてはThermo Fisher Scientific社の資料[8)]を参照のこと．

研究室[2]ではGolden Gate，Platinum GateそれぞれのTALENシステムに対応したベクター構築系を開発しています．本ベクター構築系ではTALEN構築用のエントリーベクター上にMultisite Gateway®（Thermo Fisher Scientific社）用のサイトを付加しておくことで，LR Clonase® II Plus（Thermo Fisher Scientific社）によるLR反応によって一度にTALEN発現用バイナリーベクターを作製することができます（図）．本系で作製したベクターをシロイヌナズナに導入することで，標的配列へ変異が導入されることを確認しています（未発表データ）．この系では*att*R1，*att*R2サイトを保持する通常のデスティネーションベクター※3を使用することができるため，これまでの研究で使用していたそれぞれの植物に適合したプロモーターや薬剤選抜マーカーを保持したデスティネーションベクターを利用することが可能です．

CRISPR/Cas9を用いる場合

CRISPR/Cas9システムを使用する場合，植物用のベクターであるpFGC-pcoCas9やpK7WGF2::hCas9などがAddgeneから入手可能です．他にもシロイヌナズナでのノックアウトの報告例に使用されたベクター[3]がKarlsruhe工科大学のPuchtaから分譲可能になっています．また，徳島大学刑部研究室で構築されたベクター系についても，シロイヌナズナ，トマトで変異導入確認（刑部ら，未発表）がされているものについて分譲が可能です．

また標的配列に対するsgRNAのデザインについては，さまざまなオンラインツールが公開されていますが，植物ゲノム上のターゲットを調べるサイトとしてCRISPRdirect[4]（シロイヌナズナ，イネおよびソルガムのターゲットが検索可能）やCRISPR-P[5]（シロイヌナズナ，イネ，ミヤコグサをはじめ30種以上の植物ゲノムのターゲットが検索可能）があります（sgRNAのデザインについては，Q7，あるいは文献6を参照してください）．

編集が上手くいかない，ヌクレアーゼの発現量が低い場合に考えること

植物において効率よくゲノム編集を行うためには作製した人工ヌクレアーゼを効率よく対象植物細胞内で発現させる必要があります．シロイヌナズナやタバコといったモデル植物ではカリフラワーモザイクウイルス35Sプロモーターなどを使用することで恒常的にヌクレアーゼを高発現することが可能ですが，対象とする植物によってはモデル植物で有効なプロモーター（あるいはターミネーター）を使用しても高発現させることが困難な場合があります．ゲノム編集を成功させるために植物種・細胞種に合うプロモーター，ターミネーター，

※3　デスティネーションベクター：Gateway® システムにおいてエントリーベクターとのLR反応によって発現ベクターを作製するためのベクター．植物発現用のデスティネーションベクターはインプランタイノベーションズ社やAddgeneなどから販売されています．

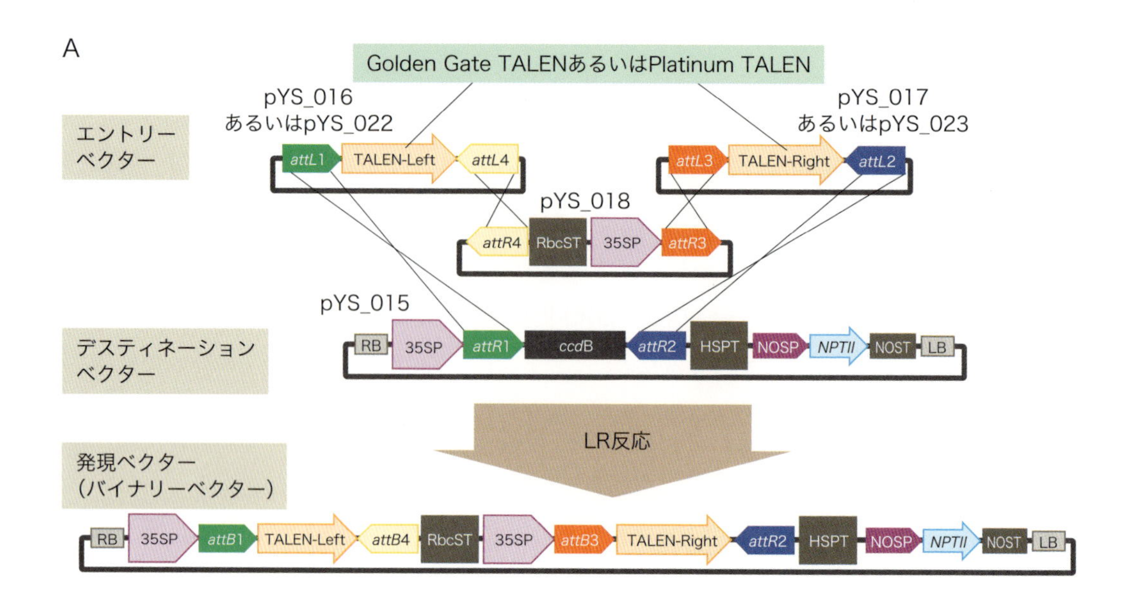

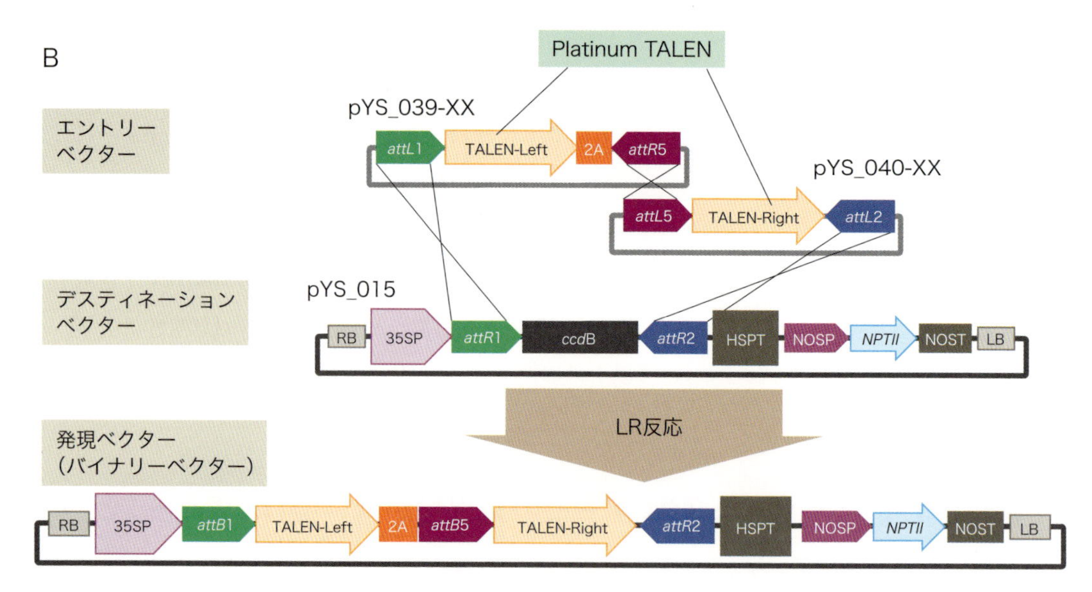

図　MultiSite Gateway® によるTALEN発現ベクターの作製

MultiSite Gateway® 用のエントリーベクターを使用することでLR反応によって任意のプロモーター，ターミネーター，選択マーカーをもつデスティネーションベクターへ2つのTALENコード配列を移すことができる．**A)** 左右のTALENをそれぞれ独立した発現カセットで転写・翻訳させるためのTALEN発現ベクターの構築．**B)** 2Aペプチド※4を用いたTALEN発現ベクターの構築（左右のTALENが1つのプロモーターによって転写され，翻訳時に2Aペプチドによって独立したタンパク質として発現する）．

※4　2Aペプチド：ウイルス由来の約20アミノ酸で構成されるペプチド．2つ（以上）のタンパク質コード配列間にこのペプチド配列を挿入しておくと，タンパク質への翻訳過程において2Aペプチド配列が自己開裂することで2つのタンパク質に分断される[9]．この2Aペプチドを用いることで発現ベクターのサイズを小さく抑えることが可能となる[10]．

選択マーカーを使用する必要があります．

文献・URL

1）Christian M, et al：G3（Bethesda），3：1697-1705, 2013
2）大阪大学大学院工学研究科村中研究室（http://www.bio.eng.osaka-u.ac.jp/pl/index.html）
3）Fauser F, et al：Plant J, 79：348-359, 2014
4）CRISPR direct（http://crispr.dbcls.jp/）
5）CRISPR-P（http://cbi.hzau.edu.cn/cgi-bin/CRISPR）
6）「実験医学別冊 今すぐ始めるゲノム編集」（山本 卓/編），羊土社，2014
7）Lee, LY, and Stanton SB：Plant Physiol, 146：325-332, 2008
8）Gateway® クローニングテクノロジー（https://www. thermofisher. com/jp/ja/home/life-science/cloning/gateway-cloning. html），Thermo Fisher Scientific社
9）Halpin C, et al.：Plant J, 17：453-495, 1999
10）Zhang Y, et al.：Plant Physiol, 161：20-27, 2013

（安本周平，關　光，刑部祐里子，刑部敬史，村中俊哉）

83 植物でゲノム編集を行う場合に必要となる材料や設備について教えてください.

サーマルサイクラーやクリーンベンチなど一般的な分子生物学実験が可能な設備，遺伝子組換え植物体を扱うことが可能な実験室が必要です.

解説

設備や材料について

植物発現用のベクターを構築するために，一般的な分子生物学実験が可能な設備（サーマルサイクラー，クリーンベンチ，振盪培養器，オートクレーブなど）が必要となります．また，*Agrobacterium*法が利用できる場合には必要ありませんが，使用する植物種によってはパーティクル・ガン（図1）やエレクトロポレーターといった高価な機器が効率的な形質転換に必要となる場合があります．また，得られた形質転換体を生育させるために温度や湿度，日長などを制御可能な植物育成機（グロースチャンバー）（図2）あるいは植物培養室が必要となります．

植物の形質転換に使用される一般的な*A. tumefaciens*であるLBA4404株はタカラバイオ社やThermo Fisher Scientific社から購入可能です．他の株が望ましい場合は，NBRC[1]，ATCC[2]などのバイオリソースを扱っている機関からの取得，研究者からの分与などが必要です．

実験室について

植物においてゲノム編集を行う場合，実験の過程で遺伝子組換え生物を扱うことになります．そのため，組換え微生物，あるいは組換え植物体を扱うことが可能な実験室・設備（P1あるいはP1P設備）が必要です．また，研究機関によってゲノム編集された植物の取り扱い方が変わる可能性があります．詳しくは各研究機関の遺伝子組換え実験安全委員会などにお問い合わせ下さい．

植物の生育が悪い場合

植物を生育させる場合，光，温度，湿度が管理された植物育成機（グロースチャンバー）が必要となります．光源としては蛍光灯やLED，電球などがありますが，生育させる植物

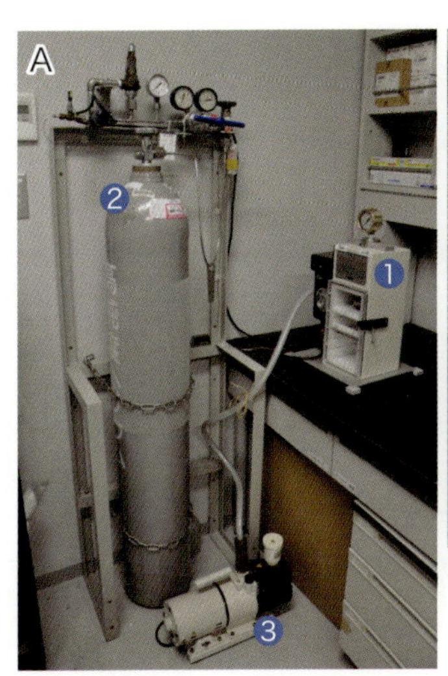

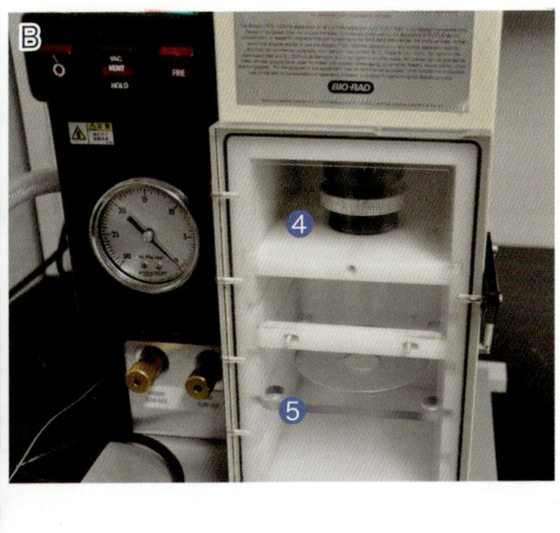

図1　植物細胞へのパーティクル・ガン設備（PDS-1000/He™ システム，Bio-Rad社）

A) パーティクル・ガン設備．❶パーティクル・ガン本体．❷高圧ヘリウムガスボンベ．❸バキュームポンプ．**B)** パーティクル・ガン本体（拡大）．❹DNAをコートした金属粒子の付着したマイクロキャリア・ラプチャーディスクを保持する部分．❺植物サンプルを保持する部分．❹の部分に植物細胞へ導入したいDNAをコートした金属粒子をセットし，❺の部分に植物サンプルを設置し，❸のバキュームポンプにより❺の部分を減圧する．❷のヘリウムガスを用いて金属粒子をサンプルへ打ち込む．

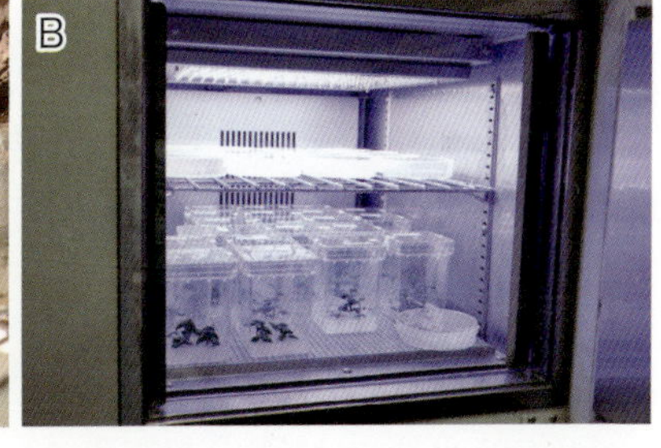

図2　植物育成機（グロースチャンバー）

A) 蛍光灯照明を用いたグロースチャンバー．**B)** LED照明を用いたグロースチャンバー．実験に使用する植物を生育させるためには光の強さや日長，温度などが管理された設備が必要となる．

によって生育に必要となる波長が異なる場合がありますので，生育に問題がある場合は光源の強さや期間だけでなく種類を変更することで改善される場合があります．

URL

1）NBRC（http://www.nite.go.jp/nbrc/index.html）

2）ATCC（http://www.summitpharma.co.jp/japanese/service/s_ATCC.html）

（安本周平，關　光，刑部祐里子，刑部敬史，村中俊哉）

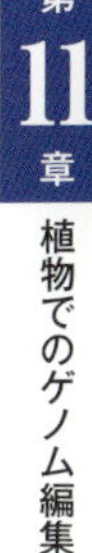

Q84 植物でゲノム編集を行う場合，どのような導入方法が適切ですか？

対象植物において確立されている遺伝子導入法の使用をお勧めします．*Agrobacterium*法は特別な機器を必要とせず幅広い植物種に利用できます．

解説

植物は細胞壁をもつため，ゲノム編集を行う場合，培養細胞や動物で行われているように人工ヌクレアーゼをRNAやタンパク質の形で細胞に導入することが困難です．そのため植物においてゲノム編集を行う場合，通常はゲノムDNAに人工ヌクレアーゼ発現ベクターを導入し，外来遺伝子として人工ヌクレアーゼを発現させ，ゲノム上の標的配列の改変を行います．

はじめて植物のゲノム編集に挑戦しようとする場合，人工ヌクレアーゼ発現ベクターを構築し，その植物種でよく行われている形質転換法で導入することをお勧めします．植物でよく使われている形質転換法には，*Agrobacterium*法，パーティクル・ガン法などがあります（Q81，Q83参照）．

*Agrobacterium*法

*Agrobacterium*法では植物病原細菌である*Agrobacterium tumefaciens*とバイナリーベクターとよばれる特殊なプラスミドDNAを使用し，植物の形質転換を行います．*Agrobacterium*はバイナリーベクター上のT-DNA領域とよばれるLB（left border），RB（right border）に挟まれた内側のDNA配列を植物のゲノム中のランダムな位置に導入します．このT-DNA領域に目的の遺伝子（TALENやCRISPR/Cas9発現カセットなど）や，選抜用のマーカー遺伝子を挿入させておくことで，目的の外来遺伝子が挿入された細胞（個体）を抗生物質や除草剤に対する耐性によって選抜することが可能です（Q82参照）．*Agrobacterium*にはさまざまな菌株がありますが，対象植物への形質転換実績のある株であれば問題ないと思われます．

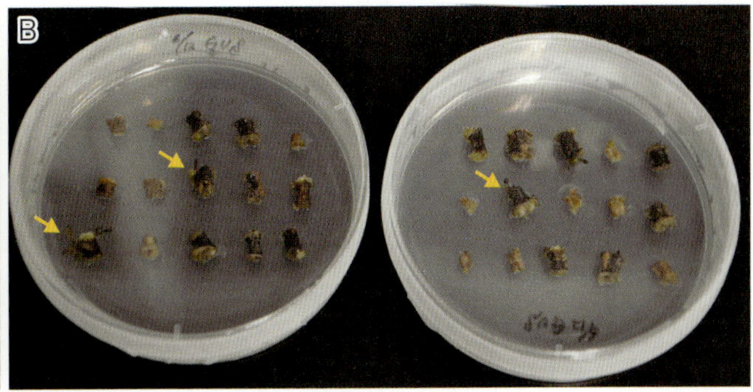

図　ジャガイモにおける形質転換

A）ジャガイモ無菌培養（*in vitro* culture）．B）*Agrobacterium*感染後におけるカナマイシン選抜中のジャガイモ切片．無菌的に生育させた植物体に*Agrobacterium*を感染させ形質転換を行う．感染後の植物切片を抗生物質を加えた培地上で生育させることで，形質転換された植物体がカルスを経て再生してくる．➡で示した切片には再生した不定芽がみられる．

パーティクル・ガン法

パーティクル・ガン法では，植物細胞に導入したいDNAを金やタングステンの微粒子に付着させ，これを高圧ガスの力によって植物サンプルに対して打ち込み，形質転換を行います（設備はQ83参照）．*Agrobacterium*法と同様に，導入されるDNAはゲノム上のランダムな位置に挿入されます．やはり，*Agrobacterium*法と同様に，導入するDNAに目的の遺伝子とマーカー遺伝子を挿入しておくことで，形質転換体を選抜します．

その他の方法

プロトプラスト・PEG法では植物細胞の細胞壁を酵素的に取り除いたプロトプラストとPEG（ポリエチレングリコール），DNA を混合することで外来DNAを植物細胞に導入します．細胞壁が取り除かれたプロトプラストは容易に破裂するため，調製・取り扱いには細心の注意が必要となります．

また，特殊なエレクトロポレーターを利用した種子への直接遺伝子導入法がイネ，コムギなどいくつかの植物種で報告されています．詳しくはメーカーにお問い合わせ下さい[1)]．

図にジャガイモでの形質転換の例を示します．各植物への形質転換に必要な詳細な情報は文献2を参照してください．

形質転換細胞の選抜のために遺伝子導入時に気をつけること（Q85も参照）

植物の形質転換に利用される選抜用抗生物質にはいくつかの種類がありますが，抗生物質の効果は植物によって異なるため形質転換を行う前に，対象とする植物の抗生物質への感受性を確認し最適な選抜濃度を確立しておく必要があります．

また，対象とする植物に適した選択マーカーを保持するバイナリーベクターを用いた発現ベクターの構築が必要です．例えば，イネをNPT IIマーカーによって選抜する場合，選抜用抗生物質としてカナマイシンを使用すると擬陽性の個体が出やすいため，HPTマーカーとハイグロマイシンを用いる選抜方法が頻繁に利用されています．G418を用いることでNPT IIマーカーを保持する形質転換体イネの選抜は可能です．

さらに，機能未知遺伝子の破壊を試みる場合，人工ヌクレアーゼ発現ベクターを植物に導入する際に形質転換操作のポジティブコントロール（空ベクター，あるいはGUSやGFPなどの発現ベクター）を同時に行うことをお勧めします．もちろんネガティブコントロールを置き，薬剤による選抜が働いていることを確認することも場合によっては必要です．標的とする遺伝子が植物の生育に必須である場合，発現ベクターが導入された細胞が生育できず形質転換体が得られないことが考えられますが，適切なコントロールを置いておくことで遺伝子導入の操作に問題がなかったかどうかを確認できます．

文献・URL

1）「エレクトロポレーションによる植物種子への遺伝子直接導入」（http://www.nepagene.jp/products_nepagene_0003.html#a13），ネッパジーン社
2）「形質転換プロトコール【植物編】」（田部井 豊/編），化学同人，2012

（安本周平，關 光，刑部祐里子，刑部敬史，村中俊哉）

Q85 植物での変異体のスクリーニング方法について教えてください.

A 標的配列，植物種に応じてRFLP，HMA，Cel-Iアッセイ，シークエンス解析などを行います.

解説

一般的に人工ヌクレアーゼによって標的配列に生じた変異を検出するためには，RFLP（restriction fragment length polymorphism），HMA（heteroduplex mobility assay），Cel-Iアッセイ，シークエンス解析などの方法があります.

各方法の概略

RFLPは標的配列を含む数百bpの断片をPCRによって増幅し，標的配列中の認識配列を切断する制限酵素で処理，電気泳動を行うことで制限酵素認識配列への変異導入を検出するものです．HMAは標的配列を含む数百bpの断片をPCRによって増幅し，PCR産物をポリアクリルアミドゲル中で分離することで，変異が導入された配列と変異が導入されていない（あるいは異なる変異が導入された）配列の間で形成されるヘテロ二本鎖（heteroduplex）のバンドを検出する方法です．Cel-IアッセイはHMAと同様にPCRを行った後，ヘテロ二本鎖の部分を切断するCel-Iヌクレアーゼで処理，アガロースゲル上で分離することで変異の導入を確認する方法です．シークエンス解析は標的配列をPCRによって増幅後，ダイレクトシークエンスに供したり，ベクターへクローニング後，配列を確認する方法です（詳しい原理などは文献1を参照）.

各方法の特徴と使い分け

RFLPではPCR産物を制限酵素処理し泳動するため操作が面倒ですが，HMAではPCR産物を泳動するだけですので操作が容易です．また，HMAの結果からどのような変異が導入されたかを簡単に推測することが可能です．例えば，電気泳動の結果，シングルバンドが観察された場合，変異が導入されていない，あるいは標的配列へホモに変異が導入されていることが推測できます（図）．加えて，増幅するPCR産物の長さを短くし，アクリルアミドゲル濃度を高くすることで移動度の違いによって数bpの欠損でも検出が可能です．Cel-I

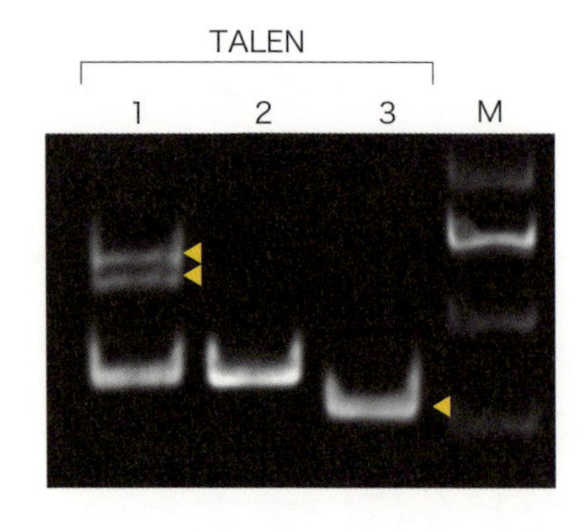

図　シロイヌナズナでのHMA例
TALEN発現ベクターを導入したシロイヌナズナT2個体からゲノムDNAを抽出し，約100bpを増幅し，ポリアクリルアミドゲルで泳動を行った結果．個体1ではヘテロ二本鎖の形成がみられる．個体2，3ではサイズの異なるシングルバンドがみられる．シークエンス解析の結果，個体3では十数bpが欠損した配列が確認された．

アッセイでは高価な試薬が必要なこと，PCRによって増幅させる配列中に一塩基多型（SNP）が含まれる場合に結果の解釈が難しくなることが問題となります．シークエンス解析では標的配列へどのような変異が導入されたかを確実に検出することができますが，ダイレクトシークエンスでは変異効率が低い場合に検出が困難であり，ベクターへのクローニングを伴う方法では手間と時間がかかることが問題としてあげられます（詳細は文献1を参照）．

形質転換体選抜の概要

植物において変異体のスクリーニングを行う場合，まず形質転換体の選抜を行います．形質転換に使用したバイナリーベクターに適した抗生物質耐性（カナマイシンやハイグロマイシン耐性など），あるいは除草剤耐性（バスタ耐性など）によって形質転換された植物体，あるいはカルス（脱分化した植物細胞塊）を選抜します（Q84も参照）．導入したベクターが誘導発現型であれば誘導後に，恒常発現型であればそのまま，得られた形質転換体からゲノムDNAを抽出し標的配列を含む数百bpの領域をPCRによって増幅させHMA，RFLP，Cel-Iアッセイ，シークエンスなどの解析に供します．

*Agrobacterium*法によりゲノム中に人工ヌクレアーゼ発現ベクターを挿入しゲノム編集を行う場合，得られる形質転換体がモザイクとなる場合が多くみられます．個体中すべての細胞が同じ変異をもつ「変異体」を取得するためには次世代を取得したり継代培養を繰り返すことで特定の変異が固定化された個体をつくり出す必要があります．

スクリーニング時のPCRを効率よく行うために

変異体のスクリーニングには標的配列を含む領域のPCRが行える程度のゲノムDNAが必要となります．逆にいえば高価なキットを用いて高精製度のゲノムDNAを調製する必要はありません．使用するDNAポリメラーゼが伸長可能な精製度のゲノムDNA（あるいは植物体そのもの）で十分です．複数の会社から植物由来のクルードサンプル（夾雑物の多いサンプル）からの増幅が可能なポリメラーゼが販売されていますので，これらのPCR酵素を上手に使用することで手間や時間を減らすことができます．

文献

1）「実験医学別冊 今すぐ始めるゲノム編集」（山本 卓/変），羊土社，2014

（安本周平，關 光，刑部祐里子，刑部敬史，村中俊哉）

86 非モデル植物でゲノム編集を行う際のその他の注意事項について教えてください.

ゲノム配列が解読されていないため，はじめに標的遺伝子のゲノム配列を確認する必要があります. また，形質転換の効率化も重要です.

解説

標的配列の確認

モデル植物の多くはゲノム配列が明らかとなっていますが，非モデル植物では標的遺伝子のゲノム配列をデータベースなどから得ることが困難です. cDNAの配列しか明らかにされていない遺伝子のゲノム編集を行う場合には，標的遺伝子のゲノム配列（エキソン・イントロン構造）を確認後，人工ヌクレアーゼの設計・構築を行う必要があります. また，ゲノムが解読されている植物種であっても，ゲノム編集を行う品種とゲノムが解読された品種が異なる場合，標的配列の確認を行う必要があります.

形質転換の効率化

また，通常の形質転換によって得られる植物体は標的遺伝子に関してモザイクあるいはキメラとなる場合が多いため，植物体中のすべての細胞で標的遺伝子が改変された変異体を作出するためには次世代の種を取得したり，再分化を行ったりする必要があります. また，植物の形質転換は長い時間を必要とする場合があるため，可能であれば作製した人工ヌクレアーゼに対してSSAアッセイ※のような簡易的な活性評価を行い，高い活性を示すことを確認した後に実際の形質転換を行うほうが時間や労力の削減となるかもしれません.

文 献

1）安本周平，他：「実験医学別冊 今すぐ始めるゲノム編集」（山本 卓/編），pp189-199，羊土社，2014

（安本周平，關　光，刑部祐里子，刑部敬史，村中俊哉）

※　SSAアッセイ：single strand annealing アッセイ. 人工ヌクレアーゼの標的配列をGFPやルシフェラーゼ，GUSなどのレポーター遺伝子中に挿入したSSAコンストラクトをヌクレアーゼ発現ベクターとともに細胞へ導入することで，ヌクレアーゼの切断活性をレポーター遺伝子の発現により定量的に評価する手法. 詳しくは文献1を参照していただきたい.

Q87 報告のない生物・細胞種でゲノム編集を行う際に何に気をつけたらよいですか？

A ゲノム編集ツールが十分量発現しているかの確認と，変異導入の効果が特異的であるかの検証が重要です．

解説

ゲノム編集ツールの選択

ゲノム情報が整備されていない生物種では，ゲノム配列中のオフターゲットとなる配列を調べることができません．そのため，ゲノム配列が未解読の生物種でゲノム編集をする場合は，特異性の高いゲノム編集ツール〔人工ヌクレアーゼであれば認識配列の長いTALEN（Q2参照），CRISPR/Cas9であれば2種類のsgRNAを利用するニッカーゼやFok I-dCas9（Q12，Q13参照）〕を利用することによって，オフターゲット変異導入を可能な限り低減したいところです．しかし，TALENやニッカーゼなどの導入条件を報告のない生物種で検討することは容易ではなく，まずはヌクレアーゼ型CRISPR/Cas9を用いて，標的遺伝子の改変を試みるのが現実的と考えられます．この場合，標的遺伝子内の異なる箇所への変異導入によって同じ効果が得られるかどうか，あるいは変異個体や変異細胞での標的遺伝子mRNAの過剰発現によってレスキュー効果が認められるかどうかなど，効果の特異性についての検証が必要と考えられます．

ゲノム編集ツールの導入方法の検討と発現量の確認

遺伝子改変の実験例が報告されていない生物種や細胞株では，まず第一にゲノム編集ツールの発現ベクターやmRNAの導入方法の検討が必要となります．例えば，動物個体でのゲノム編集であれば受精卵への顕微注入（マイクロインジェクション）が可能かどうか，培養細胞でのゲノム編集であればどのトランスフェクション法が適しているのかを検討します．この検討は，一般にGFP遺伝子などのレポーター遺伝子の発現を指標として行いますが，遺伝子導入効率に加えて導入レポーター遺伝子の転写や翻訳効率についても検討が必要となることがあります．レポーター活性が検出できない場合は，導入遺伝子の転写・翻訳をRT-PCRやウエスタンブロットなどの解析によって確認する必要があります．転写・

翻訳過程の問題としては，発現ベクターのプロモーターが機能していない可能性や，翻訳に必要なtRNAを対象とする生物や細胞種が十分量もっていない可能性などが考えられます．ゲノム編集ツールのmRNAの発現量が少ない場合は，その生物で強い発現を誘導するプロモーターを単離し，そのプロモーターを用いた発現ベクターを構築して導入することで改善を試みます．一方，mRNAが十分発現しているにもかかわらずタンパク質の発現量が少ない場合は，その生物や細胞種のコドン使用頻度を考慮したゲノム編集ツール遺伝子の改変（コドンの最適化）が必要となります．市販のCas9タンパク質を利用するのも有効な方法です．化学合成したcrRNA/tracrRNA複合体や*in vitro*転写によって合成したsgRNAとともに，Cas9タンパク質を生物あるいは細胞に直接導入することで，発現効率や翻訳効率の問題を回避することができます（Q14，Q15を参照）．

微生物でのゲノム編集

これまでに，レンサ球菌[1]，大腸菌[1) 2)]，酵母[3]，イネいもち病菌[4]などさまざまな微生物でのゲノム編集が報告されています．ゲノム情報の整備された微生物では，オフターゲット予測にもとづいて既存のゲノム編集ツールを利用したゲノム編集が可能です．一方，ゲノム未解読の微生物においても，微生物はゲノムサイズが比較的小さいので，次世代シークエンサーによるゲノム解読とさまざまなゲノム編集ツールでの標的遺伝子改変が有効と考えられます．いずれの場合も，前述の遺伝子導入方法の検討やゲノム編集ツールの発現量の確認が必要となります．特に，微生物のコドンの使用頻度は他生物種と大きく異なる可能性があり，多くの場合，導入遺伝子の翻訳効率を上げるためのコドンの最適化が必要です．また，ゲノム編集したい微生物が，NHEJ（非相同末端結合）経路やHR（相同組換え）経路など一般的なDSB（DNA二本鎖切断）修復経路をもっていないあるいは修復活性が弱いことも考えられます．その場合，NHEJエラーでの欠失変異体やHR経路でのノックイン微生物が得られない可能性も考えられます．このように，微生物では予想できない部分もありますが，基本的にはゲノム編集ツールを発現させることさえできれば標的遺伝子の改変が可能であることから，今後，微生物研究においてもゲノム編集は中心的な遺伝子改変法になると予想されます．

文 献

1）Jiang W, et al：Nat Biotechnol, 31：233-239, 2013

2）Jiang Y, et al：Appl Environ Microbiol, 81：2506-2514, 2015

3）Bao Z, et al：ACS Synth Biol, 4：585-594, 2015

4）Arazoe T, et al：Biotechnol Bioeng, 112：1335-1342, 2015

（山本　卓）

第Ⅲ部

その他のQ&A

Q88 ゲノム編集ツールを転写調節に応用できるようですが，どのようなことが可能ですか？

A TALEやdCas9に転写活性化/抑制ドメインを融合させることで，標的遺伝子の転写レベルをコントロールすることができます.

解説

ゲノム編集ツールを用いた転写調節

ゲノム編集技術を応用した部位特異的な転写調節は，多種多様な派生技術のなかで，最も広く利用されているものの1つです．そもそも，ゲノム編集技術の基盤を築いたZFNおよびTALENは，どちらももともと転写因子として機能するタンパク質からDNA結合ドメインを取り出して利用していますので，それを人工転写因子として利用することはごく自然な発想といえます．最もシンプルな使い方は，ZFやTALE，あるいはdCas9（ヌクレアーゼ不活化型Cas9）に転写活性化/抑制ドメイン（活性化にはVP64，抑制にはKRABがよく用いられます）を融合させ，目的遺伝子のプロモーターあるいはエンハンサー配列に結合させるという方法です（図A）．この方法を用いて，培養細胞や生物個体で内在遺伝子の活性化および抑制が可能であることが，これまでに多数の文献によって実証されています[1)～3)]．

転写調節能を高めた応用型システム

しかしながら，特に転写活性化に関しては，VP64を直接ゲノム編集ツールに連結する従来の構造では，1分子では十分な活性化能を示さず，1つの遺伝子に対して複数のTALE-VP64やdCas9-VP64/sgRNA複合体を結合させる必要があるという問題点がありました[3) 4)]．この点を克服するために，さまざまな手法で転写活性化能を高めた報告があります．

1つはSunTagシステム[5)]と名付けられた手法で，dCas9に10個あるいは24個のエピトープタグを付加しておきます．このエピトープタグにトランス因子として結合するVP64分子を別途発現させると，1つのdCas9分子に複数のVP64ドメインがリクルートされますので，通常のdCas9-VP64よりも高度な活性化を誘導することができます（図B）．

他にも，tracrRNA（trans-activating CRISPR RNA）に由来するsgRNAのループ構造

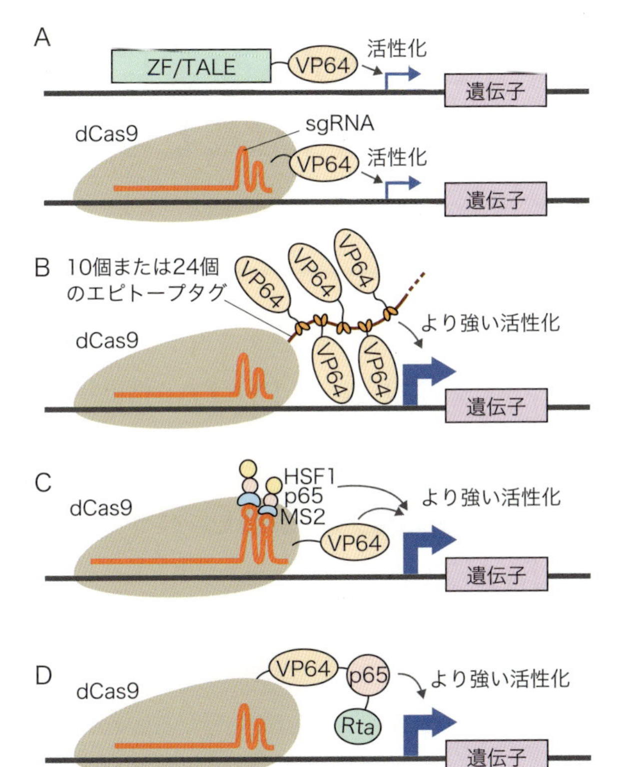

図　ゲノム編集ツールを用いた転写の活性化の例

A) 基本型のシステム. **B)** SunTagシステム. **C)** SAMシステム. **D)** VPRシステム.

の部分に，RNA結合タンパク質であるMS2の結合モチーフを付加したうえで，dCas9-VP64とともにトランス因子としてMS2-p65-HSF1を発現させる方法（SAMシステム）[6] が開発されています．SAMシステムでは，転写活性化複合体を形成させることで劇的な転写の活性化を誘導できます（図C）が，VP64に直接その他の転写活性化因子（p65とRta）を融合させたVPRシステム[7] も，同様に転写活性化能を劇的に上昇させることが報告されています（図D）．VPRシステムについては，すでに動物個体（ショウジョウバエ）での実用化も進んでいます[8]．

文献

1）Sánchez JP, et al：Plant Biotechnol J, 4：103-114, 2006
2）Crocker J & Stern DL：Nat Methods, 10：762-767, 2013
3）Hu J, et al：Nucleic Acids Res, 42：4375-4390, 2014
4）Maeder ML, et al：Nat Methods, 10：243-245, 2013
5）Tanenbaum ME, et al：Cell, 159：635-646, 2014
6）Konermann S, et al：Nature, 517：583-588, 2015
7）Chavez A, et al：Nat Methods, 12：326-328, 2015
8）Lin S, et al：Genetics, 201：433-442, 2015

（佐久間哲史）

Q89 ゲノム編集ツールをエピゲノム改変に応用できるようですが，どのようなことが可能ですか？

ヒストンのアセチル化や脱メチル化，DNAの脱メチル化などを部位特異的に誘導することができます．エンハンサーやがんの転移にかかわるCpGアイランドの同定など，幅広い応用が可能です．

解説

エピゲノム編集の概要

Q88でも紹介したように，ZFやTALE，dCas9に任意のエフェクタードメインを融合させることで，ゲノム上の特定の位置に任意の機能性タンパク質をリクルートさせることができます．VP64やKRABドメインなどを用いることで，転写の活性化や抑制は比較的容易に実行可能となりましたが，内在の転写制御機構を理解するうえでは，ゲノム上のエピゲノム環境を直接書き換える“エピゲノム編集”の技術が必須です．具体的には，ヒストンやDNAの化学修飾を触媒する酵素をゲノム編集ツールに付加し，部位特異的に作用させる操作を指します（図）．エピゲノム編集は，転写調節と非常に深く関連する技術ではありますが，似て非なる部分もありますので，以下に実例をあげつつ紹介します．

DNAの修飾状態を改変するエピゲノム編集

DNAの修飾状態については，現在のところ，C（シトシン）のメチル化/脱メチル化が主に解析されています〔ショウジョウバエなどにおいては，A（アデニン）のメチル化/脱メチル化の重要性も徐々に明らかにされつつあります〕．シトシンのメチル化を担うメチルトランスフェラーゼをZFに融合させるストラテジーは，非常に早くから試みられており，*in vitro*や大腸菌内，培養細胞内での成功例が蓄積されています[1)～3)]．一方，TETタンパク質をZFやTALEに融合させて脱メチル化を誘導した例も報告されています[4) 5)]．最近では，TALE-メチル化酵素とTALE-脱メチル化酵素の両者を利用して，マウス個体内での前立腺

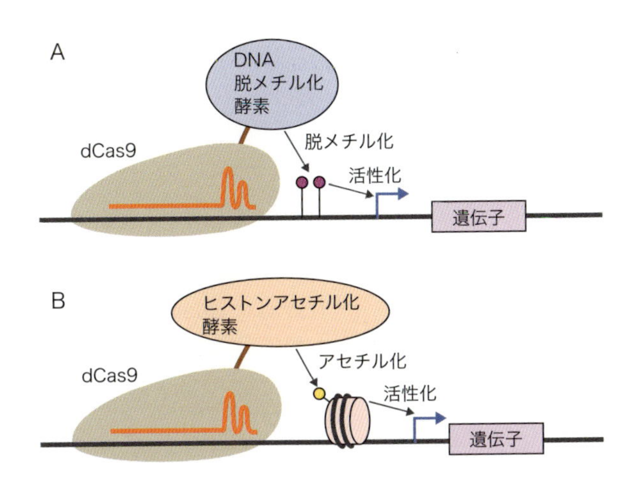

図　ゲノム編集ツールを用いたエピゲノム改変の例
A) DNAの脱メチル化を誘導した例．**B)** ヒストンのアセチル化を誘導した例．

がん細胞の転移にかかわるCpGアイランドを解析した例も報告されており，がん研究におけるエピゲノム編集技術の有用性が実証されています[6)]．他にも，核外移行シグナル（NES）を付加したZF-メチル化酵素を用いて，ミトコンドリアDNAのメチル化を誘導した報告もあり[7)]，さまざまな応用が可能です．

ヒストンの修飾状態を改変するエピゲノム編集

ヒストンの化学修飾は，修飾のタイプ，修飾されるアミノ酸残基ともに，バラエティに富んでいます．現時点でエピゲノム編集に応用された実績があるのは，H3K4の脱メチル化酵素であるLSD1，H3K9のメチル化酵素であるEHMT2のSETドメイン（以下SET），H3K27などの脱アセチル化酵素であるp300のコアドメイン（以下p300 Core）です．LSD1はTALEおよびdCas9の融合タンパク質として実施例があり[8) 9)]，SETはTALE-SETとして実施例があります[10)]．P300 CoreはZF，TALE，dCas9のいずれに融合させた場合でも機能的であることが示されています[11)]．これらのヒストン修飾は，いずれも転写制御にかかわることが知られていますが（LSD1とSETは転写抑制，p300 Coreは転写活性化），KRABやVP64を用いた転写制御とはメカニズムが異なるため，特にエンハンサーのターゲティングに効果的です[9) 11)]．

文 献

1）Carvin CD, et al：Nucleic Acids Res, 31：6493-6501, 2003
2）Li F, et al：Nucleic Acids Res, 35：100-112, 2007
3）Smith AE & Ford KG：Nucleic Acids Res, 35：740-754, 2007
4）Chen H, et al：Nucleic Acids Res, 42：1563-1574, 2014
5）Maeder ML, et al：Nat Biotechnol, 31：1137-1142, 2013
6）Li K, et al：Oncotarget, 6：10030-10044, 2015
7）Minczuk M, et al：Proc Natl Acad Sci U S A, 103：19689-19694, 2006
8）Mendenhall EM, et al：Nat Biotechnol, 31：1133-1136, 2013
9）Kearns NA, et al：Nat Methods, 12：401-403, 2015
10）Cho HS, et al：Oncotarget, 6：23837-23844, 2015
11）Hilton IB, et al：Nat Biotechnol, 33：510-517, 2015

（佐久間哲史）

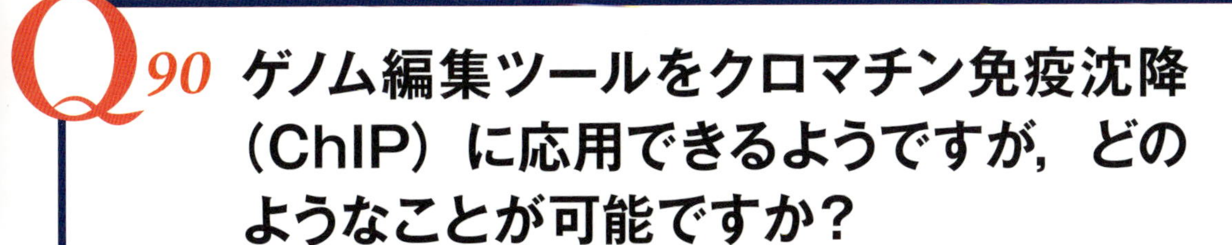

Q90 ゲノム編集ツールをクロマチン免疫沈降（ChIP）に応用できるようですが，どのようなことが可能ですか？

TALEやCRISPR技術を利用したChIP法（enChIP法）では，特定のゲノム領域に結合する分子を同定できます．

解説

enChIP法の概要

ゲノム編集ツールをChIPに応用したenChIP法は，大阪大学の藤井穂高准教授らによって開発されました[1) 2)]．enChIP法については，文献3に詳細が記載されていますので，ここでは簡単にその概要を記載します．

クロマチン免疫沈降（ChIP）法は，転写因子などの特定のタンパク質が結合するDNA領域を解析する手法として広く用いられています．これに対し，特定のDNA領域に結合するタンパク質を解析する手法として開発されたのがenChIP法です．enChIP法では，TALEやdCas9にタグ配列を付加しておき，抗タグ抗体で免疫沈降をすることで，当該のTALEやdCas9/sgRNAが認識する配列の周辺領域に結合するタンパク質やDNA，RNAを単離することができます．

enChIP法の使用例

これまでに報告されているenChIP法の使用例を紹介します．まず，テロメア配列を認識するTALEを用いて，テロメア領域に結合するタンパク質が正しく単離されることが示されました[1)]．その後，CRISPR/Cas9システムを用いて，*IRF-1*遺伝子座に結合するタンパク質が同定されました[2)]．さらに，CRISPR/Cas9ベースのenChIPに利用可能なレトロウイルスベクターのシステムも構築されています[4)]．これらの論文で使用されたプラスミド類は，Addgeneを介して入手することが可能です[5)]．

enChIP法で解析できるDNA結合因子は，タンパク質だけではありません．enChIP法とRNA-seq法を組合わせることで，テロメアに結合するRNAを網羅的に同定した論文も発表されました[6]．この手法を用いれば，特定のゲノム領域と相互作用するnon-coding RNAなどを解析することができます．さらに，論文上ではまだ報告がありませんが，ゲノムDNAの相互作用についても解析可能であると考えられます．

文献・URL

1）Fujita T, et al：Sci Rep, 3：3171, 2013
2）Fujita T & Fujii H：Biochem Biophys Res Commun, 439：132-136, 2013
3）藤井穂高：「実験医学別冊 今すぐ始めるゲノム編集」（山本 卓/編），pp42-43, 羊土社，2014
4）Fujita T & Fujii H：PLoS One, 9：e103084, 2014
5）Fujii Lab CRISPR Plasmids Available from Addgene（http://www.addgene.org/crispr/fujii/）
6）Fujita T, et al：PLoS One, 10：e0123387, 2015

（佐久間哲史）

Q91 ゲノム編集ツールを染色体可視化に応用できるようですが，どのようなことが可能ですか？

TALEやdCas9に蛍光タンパク質を融合させることで，テロメアやサテライトなど，反復配列を有する染色体領域を可視化することができます．また，単一の遺伝子座を可視化することも可能になってきました．

解説

反復配列の可視化

理論上は，TALEやdCas9に蛍光タンパク質を融合させることで，任意のゲノム領域を生細胞内でリアルタイムに観察することが可能となります．しかしながら，バックグラウンドの蛍光シグナルが存在するなかで，核内の特定の領域を可視化するためには，なるべく多くの蛍光タンパク質分子を目的の領域に結合させる必要があります．そこで，まずはTALE融合タンパク質を用いてテロメアやメジャーサテライト，マイナーサテライトといった反復配列を標的とした実証実験が行われました[1)〜3)]．これらの実証実験の結果，リピート配列については1種類のTALE-GFPやdCas9-GFP/sgRNA複合体によって可視化できることが明らかとなっています．TALE-GFPを用いた反復配列の可視化については，文献4に詳しく解説されていますので，そちらをご参照下さい．

単一遺伝子座の可視化

その後，dCas9-GFPと多数のsgRNAを用いて，単一遺伝子座をラベリングすることに成功した論文が発表されました[5)]．しかしながらこの手法では，sgRNAを数多く導入しなければいけない点と検出感度が課題としてあげられます．これらを解消する1つの方法が，Q88にも登場したSunTagシステム[6)]です．SunTagシステムを用いれば，1つのdCas9/sgRNA分子で多数のGFP分子をリクルートできるため，検出感度を飛躍的に上げることができるようです（ただし論文中ではテロメアをラベリングしたデータしか示されていません）．もう1つの方法は，あらかじめ目的の遺伝子座に反復配列（MS2配列など）を挿入しておいて，その配列を標的としたdCas9-GFPを導入する手法です．さらにこの方法を発展させ，染色体領域の可視化と同時に転写をモニターする技術も開発されています[7)]．その他にも，別の種に由来するdCas9を併用することで，単一細胞内で複数の染色体領域を，それぞれ異なる波長の蛍光タンパク質で別々に可視化することも可能であることが示されています[8)]．また，目的のゲノム領域をPCR増幅した後，特殊な制限酵素を利用してsgRNAライブラリーを構築し，単一遺伝子座をラベリングする手法[9)]なども開発されており，今後もさまざまな応用例が報告されるものと期待されます．

文 献

1）Miyanari Y, et al：Nat Struct Mol Biol, 20：1321-1324, 2013
2）Ma H, et al：Proc Natl Acad Sci U S A, 110：21048-21053, 2013
3）Thanisch K, et al：Nucleic Acids Res, 42：e38, 2014
4）宮成悠介：「実験医学別冊 今すぐ始めるゲノム編集」（山本 卓/編），pp159-160，羊土社，2014
5）Chen B, et al：Cell, 155：1479-1491, 2013
6）Tanenbaum ME, et al：Cell, 159：635-646, 2014
7）Ochiai H, et al：Nucleic Acids Res, in press（2015）
8）Ma H, et al：Proc Natl Acad Sci U S A, 112：3002-3007, 2015
9）Lane AB, et al：Dev Cell, 34：373-378, 2015

（佐久間哲史）

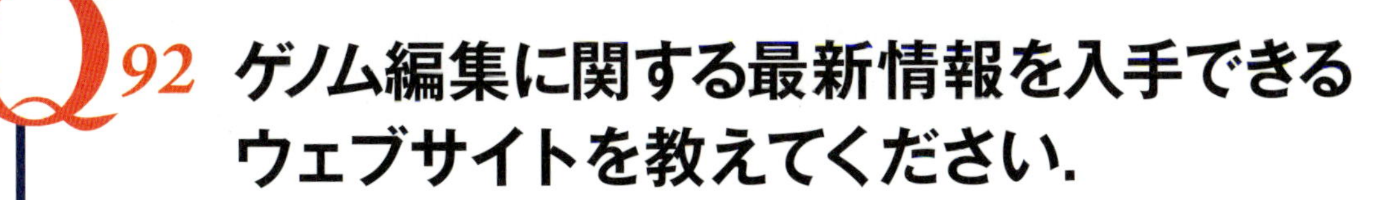

Q92 ゲノム編集に関する最新情報を入手できるウェブサイトを教えてください.

A 国内外のニュースサイトやフォーラムなどを活用しつつ，データベース上でのキーワードサーチまたはメールアラートによる情報収集を心がけるとよいでしょう.

解説

日本語ウェブサイトでの情報収集

ゲノム編集を専門に扱うニュースサイトはまだありませんが，「文部科学省創薬等支援技術基盤プラットフォーム」が運営する「創薬等PF・構造生命科学ニュースウオッチ」[1]では，頻繁にゲノム編集の話題が取り上げられています．また，「日経バイオテクONLINE」[2]でもゲノム編集の記事がよく掲載されています．われわれも日経バイオテクONLINE上で「山本研ゲノム編集アップデイト」という連載を担当しています．

英語ウェブサイトでの情報収集

英語のゲノム編集関連ニュースサイトとしては，GEN（Genetic Engineering & Biotechnology News）[3]が最大手といえるでしょう．ゲノム編集に特化してはいないものの，よく記事が掲載されるニュースサイトとしては，MIT Technology Review[4]やThe Scientist[5]などがあげられます．Googleのニュース検索[6]を利用すれば，これらのニュースサイトを横断的に検索することもできます．

もう1つの情報源として，ゲノム編集関連のフォーラムも大変有用です．Broad研究所のZhangらが運営するCRISPR Genome Engineering Discussion Group[7]と，マサチューセッツ総合病院のJoungらが運営するGenome Engineering newsgroup[8]が最も賑わっています．これらのフォーラムは，ゲノム編集研究者の生の声が聞けるだけでなく，議論に参加することもできますので，インタラクティブな情報交換が可能です．

データベース上での情報収集

最新の論文情報を漏れなく網羅するには，やはりPubMed[9]やGoogle Scholar[10]などのデータベース上で，「TALEN」「CRISPR」「Cas9」などのキーワードで定期的にサーチをかけるか，メールアラートの機能を利用することが推奨されます．

URL

1）創薬等PF・構造生命科学ニュースウオッチ（http://p4d-info.nig.ac.jp/newswatch/index.php）
2）日経バイオテクONLINE（https://bio.nikkeibp.co.jp/）
3）Genetic Engineering & Biotechnology News（GEN）（http://www.genengnews.com/gen-news-highlights）
4）MIT Technology Review（http://www.technologyreview.com/）
5）The Scientist（http://www.the-scientist.com/）
6）Googleニュース検索（https://news.google.co.jp/）
7）CRISPR Genome Engineering Discussion Group（https://groups.google.com/forum/#!forum/crispr）
8）Genome Engineering newsgroup（https://groups.google.com/forum/#!forum/talengineering）
9）PubMed（http://www.ncbi.nlm.nih.gov/pubmed）
10）Google Scholar（http://scholar.google.co.jp/）

（佐久間哲史）

Q93 ゲノム編集に関するトラブルシューティングを相談できる窓口はありますか？

ゲノム編集コンソーシアムでは，ゲノム編集全般に関する相談を受け付けています．より専門的な質問はそれぞれの専門家への問い合わせを推奨します．また，海外のフォーラムなどの情報源もうまく活用しましょう．

解説

国内の主な相談窓口

「ゲノム編集コンソーシアム」(代表：広島大学教授・山本 卓)[1]では，ゲノム編集技術全般に関する相談や質問を随時受け付けています．また，「大阪大学微生物病研究所・附属感染動物実験施設」(施設長：大阪大学教授・伊川正人)[2]や「筑波大学生命科学動物資源センター」(筑波大学教授・高橋 智)[3]などでは，CRISPR/Cas9による遺伝子改変マウスの受託作製を行っており，これらのサービスに関する相談を受け付けています．

特定のベクターや手法にかかわる相談

例えばAddgeneの特定のベクターに関する相談や，論文として発表された特定の手法に関する相談など，専門性の高い質問事項については，ベクターの寄託者や論文の責任著者に連絡を取るのがよいでしょう．またメーカーから購入したベクターやキット，受託サービスで作製した細胞株などに関する質問についても，購入元・作製元のメーカーにまずは問い合わせましょう．

海外の情報源

Q92で紹介したCRISPR Genome Engineering Discussion Group[4]などのフォーラムでは，陥りがちなトラブルへの対応が日々議論されています．また，Addgeneのウェブサイト内にあるCRISPR/Cas Plasmids：References and Information[5]のページには，同フォーラムを含む有用な外部サイトへのリンクや，フリーでダウンロードできるプロトコール集が掲載されており，大変参考になります．

URL

1）ゲノム編集コンソーシアム（代表：広島大学教授・山本 卓）（http://www.mls.sci.hiroshima-u.ac.jp/smg/genome_editing/index.html）
2）大阪大学微生物病研究所附属感染動物実験施設（施設長：大阪大学教授・伊川正人）（http://www.egr.biken.osaka-u.ac.jp/transgenic_animals/）
3）筑波大学生命科学動物資源センター（筑波大学教授・高橋 智）（http://www.md.tsukuba.ac.jp/LabAnimalResCNT/sakusei.html）
4）CRISPR Genome Engineering Discussion Group（https://groups.google.com/forum/#!forum/crispr）
5）CRISPR/Cas Plasmids：References and Information（https://www.addgene.org/crispr/reference/）

（佐久間哲史）

Q94 ゲノム編集で作製した生物は，遺伝子組換え生物に該当するのでしょうか？

A 遺伝子組換え生物に該当する場合と該当しない可能性のある場合があります.

解説

ゲノム編集ツールの大腸菌での増幅について

ゲノム編集を利用した実験（ゲノム編集実験）にあたって，まず用意するのは標的遺伝子を切断するゲノム編集ツールです（第Ⅰ部参照）．ZFNやTALENなど人工ヌクレアーゼの遺伝子は，ほとんどの場合，大腸菌のプラスミドDNAに挿入して増幅するので，人工ヌクレアーゼの作製や増幅については，遺伝子組換え実験（微生物使用実験）の承認を得る必要があります．CRISPR/Cas9においても，sgRNAやCas9の発現用プラスミドの作製や増幅を行う場合，その実験は同様に微生物使用実験に該当します．最近，Cas9タンパク質の販売やRNAの受託作製がはじまり，微生物使用実験を行わずにCRISPR/Cas9を入手することも可能となってきました．しかし，ゲノム編集ツールの作製や入手の方法にかかわらず，ツールを利用して遺伝子改変生物を作製する場合は，以下に述べるような注意が必要です．

ゲノム編集を用いて欠失変異を導入した生物を作製する実験について

ゲノム編集実験では，生物内で発現したゲノム編集ツールが標的遺伝子を切断し，その後のNHEJ（非相同末端結合）修復過程で欠失や挿入などの変異が切断部位に導入されます．例えば，人工ヌクレアーゼのmRNAやCRISPR/Cas9のRNA（sgRNAとCas9 mRNA）を受精卵に導入して，一過的にゲノム編集ツールを作用させる実験では，基本的にはRNAは発生過程で分解されていくと考えられます．RNAを一過的に作用させる期間が遺伝子組換え実験に該当するかどうかの解釈はまだ定まっていません．その後は欠失変異のみが導入され外来遺伝子産物は残っていないと考えられ，作製された生物はカルタヘナ法[1) 2)]の規制対象から外れる可能性があります．導入された変異は，既存の化学変異原を用いたランダムミュータジェネシスなどの方法で導入されるものと同程度で，自然突然変異との区別が難しいからです．しかし一方，予想外の遺伝子改変（挿入変異など）が導入される可能性も否定できず，現在は各機関がゲノム編集実験の現状を把握して，安全性を判断する科学的な知見を蓄積する段階にあります．そのため，タンパク質およびRNAを用いる場合は，全国大学等遺伝子研究支援施設連絡協議会（大学遺伝子協）で公開している「ゲノム編集技術を用いた実験に関する書式例」の届出書とその記入例[3]を参考に，ゲノム編集実験の実施内容について所属機関へ届け出るとともに，作製した生物の適切な拡散防止措置を執っておくことが必要と考えられます．

前述のようなゲノム編集ツールをRNAで導入する場合と異なり，発現ベクター（DNA）として導入して遺伝子改変生物を作製する場合は，カルタヘナ法の規制のもとに遺伝子組換え実験を申請する必要があります．発現ベクターがゲノム中に取り込まれる可能性があるためです．ウイルスベクターによってゲノム編集ツールを導入する場合も，同様に遺伝子組換え実験に該当します．

ゲノム編集を用いて外来遺伝子を挿入した生物を作製する実験について

ゲノム編集ツールによって標的遺伝子を切断し，ドナーベクター（二本鎖DNA）を利用して外来遺伝子を挿入する実験は，これまでの遺伝子組換え実験と同様にカルタヘナ法の規制対象となります．この場合，ドナーベクターがゲノム中に取り込まれる可能性があるので遺伝子組換え生物作製実験に該当します．最近，動物を用いた遺伝子ノックイン実験に，一本鎖DNA（ssODN）をドナーとして使うケースが増えています．ssODNは，ゲノム中にランダムに取り込まれる可能性は低いものの，短いDNA配列を挿入する場合や塩基置換を行う場合は前述と同様にゲノム編集実験として所属機関への届け出と作製した生物の拡散防止措置を取ることが必要です．

ゲノム編集を用いた植物での遺伝子改変実験について

植物でも動物と同様のゲノム編集ツールを用いてゲノム編集を行うことができますが，動物のようにRNAやタンパク質を直接細胞に導入してゲノム編集を行うことは困難です．したがって，❶植物で発現できるゲノム編集ツールをバイナリーベクターなどに組み込み，❷大腸菌でクローニングしたベクターをアグロバクテリウムに導入し，❸感染によってベクターのゲノム編集ツールを植物ゲノムに組み込み，❹ゲノム編集ツールを植物細胞内で発現させてゲノム編集を起こさせる，という手順を踏むことになります（第Ⅱ部第11章参照）．ゲノム編集ツールが組み込まれた植物は遺伝子組換え植物ですので，大腸菌でのベクターのクローニング，アグロバクテリウムへの導入と植物への感染を含め，いずれも遺伝子組換え実験（微生物使用実験，植物接種実験，植物作成実験）に該当します．また，ゲノム編集ツールを一過的に植物で発現させるために植物個体の葉などにアグロバクテリウムを注入する方法（アグロインフィルトレーション法）については，ゲノム編集ツールを組み込んだバイナリーベクターを保有するアグロバクテリウムを注入するので遺伝子組換え実験（微生物使用実験，植物接種実験）に該当します．

ゲノム編集生物の授受について

ゲノム編集技術によって外来遺伝子がゲノム中に挿入された生物については，カルタヘナ法の規制のもとに授受の手続きを取ることが必要です．一方，外来の遺伝子を導入されていないゲノム編集生物（欠失変異体など）についても，授受を行う場合は使用したゲノム編集ツールの種類，変異のタイプなどの情報提供が必要と考えられます．情報提供の内容については，前述の大学遺伝子協で公開している「ゲノム編集技術を用いた実験に関する書式例」[3]を参考に，遺伝子組換え生物の授受と同様の取扱いをする必要があります．

URL

1）文部科学省「ライフサイエンスの広場」カルタヘナ法説明書（http://www.lifescience.mext.go.jp/bioethics/carta_expla.html）
2）環境省自然環境局「ご存じですか？カルタヘナ法」（http://www.bch.biodic.go.jp/cartagena/）
3）全国大学等遺伝子研究支援施設連絡協議「ゲノム編集技術に関する書式例」（http://www1a.biglobe.ne.jp/iden-kyo/genome-editing2.html）

（田中伸和，山本　卓）

索引 Index

数字

欧文

A～C

D～F

G～I

K〜N

O・P

R・S

T〜Z

Index

U～Z

和文

あ行

か行

さ行

た行

な行

は行

Index

ま行

や行

ら行

編者プロフィール

山本　卓（やまもと　たかし）

1989年，広島大学理学部卒業，'92年，同大学大学院理学研究科博士課程中退．博士（理学）．'92～2002年，熊本大学理学部助手．'02年，広島大学大学院理学研究科数理分子生命理学専攻講師，'03年，同大助教授，'04年より同大教授．'12年よりゲノム編集コンソーシアム代表．研究テーマは，ゲノム編集のツール・技術開発と初期発生における細胞分化機構の解明．

E-mail：tybig@hiroshima-u.ac.jp

実験医学別冊

論文だけではわからない　ゲノム編集成功の秘訣Q&A

TALEN、CRISPR/Cas9の極意

2015年12月10日　第1刷発行

編　集　山本　卓

発行人　一戸裕子

発行所　株式会社　羊　土　社

〒101-0052

東京都千代田区神田小川町2-5-1

TEL　03（5282）1211

FAX　03（5282）1212

E-mail　eigyo@yodosha.co.jp

URL　http://www.yodosha.co.jp/

装　幀　加藤敏和

印刷所　株式会社加藤文明社

ISBN978-4-7581-0193-6

実験医学をご存知ですか!?

ライフサイエンス研究者が知りたい情報をたっぷりと掲載！

「なるほど！こんな研究が進んでいるのか！」「こんな便利な実験法があったんだ」「こうすれば研究がうまく行くんだ」「みんなもこんなことで悩んでいるんだ！」などあなたの研究生活に役立つ有用な情報、面白い記事を毎月掲載しています！ぜひ一度、書店や図書館でお手にとってご覧になってみてください。

特集では ➡ 幹細胞、がんなど、今一番Hotな研究分野の最新レビューを掲載

連載では ➡ 最新トピックスから実験法、読み物まで毎月多数の記事を掲載

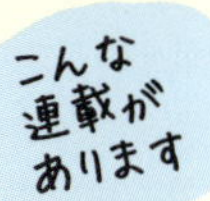

News & Hot Paper DIGEST　トピックス

世界中の最新トピックスや注目のニュースをわかりやすく、どこよりも早く紹介いたします。

クローズアップ実験法　マニュアル

ゲノム編集、次世代シークエンス解析、イメージングなど
有意義な最新の実験法、新たに改良された方法をいち早く紹介いたします。

ラボレポート　読みもの

海外で活躍されている日本人研究者により，海外ラボの生きた情報をご紹介しています。
これから海外に留学しようと考えている研究者は必見です！

その他、話題の人のインタビューや、研究の心を奮い立たせるエピソード、異文化コミュニケーションについてのコラム、研究現場の声、科研費のニュース、論文作成や学会発表のコツなどさまざまなテーマを扱った連載を掲載しています！

バイオサイエンスと医学の最先端総合誌

月刊 毎月1日発行 B5判 定価（本体2,000円+税）
増刊 年8冊発行 B5判 定価（本体5,400円+税）

詳細はWEBで!! 実験医学 online 検索

お申し込みは最寄りの書店，または小社営業部まで！

TEL 03 (5282) 1211　MAIL eigyo@yodosha.co.jp
FAX 03 (5282) 1212　WEB www.yodosha.co.jp

発行 羊土社